原著
第四版

THE FIRST INTERVIEW
(Fourth Edition)

初 始 访 谈

心理评估实践指南

[美] 詹姆斯·莫里森（James Morrison）／著

任金涛／译　　土建平／审校

中国轻工业出版社

图书在版编目(CIP)数据

初始访谈：心理评估实践指南／(美)詹姆斯·莫里森(James Morrison)著；任金涛译．－－北京：中国轻工业出版社，2025.7．－－ISBN 978-7-5184-5171-5

Ⅰ．B841.7-62

中国国家版本馆CIP数据核字第2024Z1Q110号

版权声明

Copyright © 2014 The Guilford Press
A Division of Guilford Publications, Inc.
Published by arrangement with The Guilford Press
ALL RIGHTS RESERVED

保留所有权利。非经中国轻工业出版社"万千心理"书面授权，任何人不得以任何方式（包括但不限于电子、机械、手工或其他尚未被发明或应用的技术手段）复印、拍照、扫描、录音、朗读、存储、发表本书中任何部分或本书全部内容，以及其他附带的所有资料（包括但不限于光盘、音频、视频等）。中国轻工业出版社"万千心理"未授权任何机构提供源自本书内容的电子文件阅览、收听或下载服务。如有此类非法行为，查实必究。

责任编辑：孙蔚雯	责任终审：张乃柬		
策划编辑：孙蔚雯	责任校对：刘志颖	责任监印：吴维斌	

出版发行：中国轻工业出版社（北京鲁谷东街5号，邮编：100040）

印　　刷：三河市鑫金马印装有限公司

经　　销：各地新华书店

版　　次：2025年7月第1版第2次印刷

开　　本：710×1000　1/16　印张：29.5

字　　数：400千字

书　　号：ISBN 978-7-5184-5171-5　定价：128.00元

读者热线：010-65181109

发行电话：010-85119832　010-85119912

网　　址：http://www.chlip.com.cn　http://www.wqedu.com

电子信箱：1012305542@qq.com

版权所有　侵权必究

如发现图书残缺请拨打读者热线联系调换

251091Y2C102ZYW

译 者 序

我特别感谢每一位患者／来访者，他们是我最好的老师。因为患者／来访者可能是我们从未见过的陌生人，他来到咨询室，向你吐露私密的个人信息，只为寻求理解与帮助，以减轻心灵上的重负。而我们无疑从这样的经历中获得了专业成长道路上不可或缺的养分与磨砺，并逐步获得了更高的职业胜任力。

作为一名认知行为治疗师，我最大的感触就是，当我结束初始访谈并给予患者／来访者及其亲属简单反馈的时候，他们的眼里好像有了光，他们好像看到了希望。有时候，当我把我对疾病或问题的理解反馈给他们时，他们会连连点头或认同。甚至有些人说："拜托你了，我们就相信你，你按你的方法来治疗就行。"

无论你面对怎样的患者／来访者，无论最终取得了怎样的治疗效果，良好的初始访谈都是必不可少的。正如老子所言："千里之行，始于足下。"所有的治疗，无论是短程的还是长程的，无论是困难的还是相对简单的，无论是诊断复杂的还是诊断单一且明确的，都要从初始访谈的评估开始。俗话说，好的开始是成功的一半，我相信好的初始访谈在很大程度上决定了治疗的成功。

在做心理治疗的过程中，我发现许多非临床医学出身的心理治疗师／咨询师在症状学、诊断和评估方面的理论知识及技能都有一定的欠缺，有些督导师在这方面的胜任力也有一定的不足。因此，我一直在想，有没有这方面的书能够帮助到大家。在学习第五版《精神障碍诊断与统计手册》

（*Diagnostic and Statistical Manual of Mental Disorders*，DSM-5）的有关内容时，我接触到了本书作者詹姆斯·莫里森（James Morrison）在诊断评估方面的佳作，其中就包括这本《初始访谈——心理评估实践指南》（*The First Interview*）。因此，我萌生了把这本书介绍给国内同行的想法。

当然，估计很多人在看到这本书的时候，第一印象是觉得这本书是写给精神科医生的，以为书中的内容是精神科医生在临床上面对患者时才需要学习和使用的。其实，作为一名认知行为治疗师，我必须诚恳地告诉你，初始访谈的内容是心理咨询与治疗的从业人员都应该掌握的必备技能。举例来说，如果你是跟我一样的认知行为治疗师，你一定知道认知行为疗法是一种循证疗法，而部分循证证据就建立在针对明确诊断的随机对照试验或队列研究等数据的基础上。而且众所周知，阿伦·T. 贝克（Aaron T. Beck）对于认知疗法有效性的研究最早就是针对符合抑郁障碍诊断的患者进行的。同样，随着认知行为疗法应用领域的不断扩大，你肯定经常看到将认知行为疗法用于治疗焦虑障碍、强迫症、人格障碍甚至是精神分裂症等精神障碍的有效性证据。如果你系统地学过心理治疗，尤其是认知行为疗法，你就会发现本书有关初始访谈的介绍是任何评估都必须包含的内容，它以超乎寻常的深入和详尽程度，细致入微地探讨了初始访谈的各个方面，展现了独特的视角和深度，十分难得。在寻找详细介绍初始评估的书籍时，若你正在为资料过于简略而苦恼，那么这本书正好是一剂"良药"。因此，对于心理治疗师/咨询师来讲，本书的内容在专业理论体系中是必须扎实掌握的基础知识。

另外，对于刚刚从业的精神科医生来说，这本书可能是帮助你快速提升专业技能的好帮手。当前在心理门诊和病房留给医生的时间并不宽裕，医生每天在门诊要接待几十例甚至上百例患者/来访者，同期还要在病房内负责几十例甚至上百例患者。所以医生很难做到细致入微地理解患者的问题。如果医生在受训的前几年没有接受系统规范的初始访谈的训练，访谈和评估过程就可能杂乱无章；未来随着工作越发繁忙，医生可能更难有充足的时间弥补知识体系的不足。本书可以帮助精神科医生掌握系统的访谈评估过程，这样的深入学习可令人终身获益。

　　本书的很大一部分内容是对具体提问的展示，我们完全可以直接应用；在不同的领域，本书也对部分心理病理学做了解释；还有部分章节和附录对常见精神障碍的描述进行了概述。这在很大程度上帮助精神科医生、心理治疗师以及心理咨询师节省了原本需要通过不同渠道进行学习，再自行整合的时间。全书共有21章，是初始访谈领域非常具有实操性的一本书。无论你面对什么样的患者/来访者，哪怕是罹患严重精神障碍、人格障碍或者缄默的患者，你都能在本书中找到与这位患者工作的访谈技巧。希望大家能够仔细地阅读本书，并在临床中加以实践，做到"知行合一"，提高在"初始访谈"方面的胜任力。

　　本书由本人完成初稿的翻译和前三稿的校对工作。李炎新（武汉大学－香港树仁大学联合培养人类学硕士）、张雯雯（中山大学心理学硕士）以及北京理工大学的严梦瑶老师（浙江大学心理学硕士）参与了第四稿的部分校对工作。绵阳市中心医院心理科的张芸主任团队雪中送炭，在其他参与校对的老师因个人身体原因或工作原因无法完成第四稿的部分校对工作时，帮忙完成了附录的校对和部分互校工作。在此对他们表示感谢。本人最后统稿，并确认了校对修改的恰当性，完成了后续修改和定稿工作。特别感谢王建平教授向中国轻工业出版社的"万千心理"推荐了这本书，我对于王建平教授的知遇之恩和感激之情难以用言语表达！王建平教授最后审定了全书，为本书的质量做了最后的把关。"万千心理"的孙蔚雯编辑也细心且耐心地提出了很多中肯的翻译建议，在此表示感谢！另外，在翻译本书关于动机式访谈的内容时，本人与国内动机式访谈领域的资深治疗师辛挺翔老师进行了细致的讨论，也在此表示感谢！

　　本书的大多数内容都通过问答来呈现，因此我更倾向于用平时问诊和治疗的"话语"来翻译本书，并保证翻译的准确性。同时，我也试图兼顾本书的读者群体。比如，我没有将"clinician"一词翻译为临床医生，而是考虑到实践中能够对患者进行初始访谈的工作者包括医生、实习见习医学生、心理治疗师、心理咨询师、专门负责访谈的接诊人员以及社会工作者等，因此我认为将"clinician"翻译为"临床工作者"更适合。再比如，对"mental health"的翻译也有类似的考虑。"mental health"在不同地方可以翻译为"精神卫生""心理健康""临床心理"或"精神科/心理科"。为了兼顾更大范围的读者，本书在更多的地方将它翻译成"临床心理"或"心理"。另外，由于本书作者的表达方式与我们中国人的表达方式有一些不同，所以本书也有个别表达方式或许不适合直接用来向中国患者/来访者进行提问。因此，我希望不同地域、不同文化、不同专业背景的中国读者能够做进一步的"翻译"，使之变成适合每一位患者/来访者的语言。如果译文中有不足之处，敬请读者谅解，也请各位读者斧正！

任金涛

2024年7月29日于沈阳

前　言

撰写本书源于一个想法，我希望尽可能基于客观研究和最佳实践原则出版一本关于访谈精神障碍患者的手册。在20多年前，本书第一版出版时，这一目标颇具挑战性，时至今日依然如此。尚未有足够的对照研究来指导访谈者如何评估精神障碍患者。不过，本书依然汇集了我从与患者访谈的科学性和艺术性中凝练出的最优技术。

任何一本书的出版都绝非作者一人之功，我对多年来支持和帮助过我的人心怀感激。虽然所有贡献者的名字无法一一列出，但我特别要感谢以下几人。

为本书第一版的成功做出了重要贡献的有：马特·布卢塞维奇（Matt Blusewicz）博士；丽贝卡·多米尼（Rebecca Dominy），临床社会工作者；尼古拉斯·罗森利希特（Nicholas Rosenlicht）博士；马克·瑟维斯（Mark Servis）博士；凯瑟琳·汤姆斯（Kathleen Toms），注册护士。詹姆斯·博恩莱因（James Boehnlein）博士对本书第三版进行了仔细审阅并提出了宝贵建议。戴大·坎齐（Dave Kinzie）博士为本书第四版提供了重要信息。玛丽·莫里森（Mary Morrison）一如既往地在手稿准备的不同阶段给出了深刻而中肯的建议。我将永远感谢美国吉尔福德出版社（The Guilford Press）的工作人员，特别是我的老朋友兼编辑姬蒂·穆尔（Kitty Moore），感谢她的智慧和支持。玛丽·斯普雷伯里（Marie Sprayberry）可能是世界上最好的文字编辑，她的细心打磨大幅提升了书籍的质量。安娜·布拉克特（Anna Brackett）依然是我的编辑项目经理，感谢她在处理各种修改要求时展现出的耐心和才能。

目 录

引言 什么是访谈? ······001
 评估全面信息的必要性······003
 练习的重要性······005

第一章 开场和介绍 ······009
 时间因素······009
 设置······013
 建立关系······015
 记笔记······016
 开场举例······018

第二章 主诉和自由表达 ······021
 指导性和非指导性提问······021
 开场提问······022
 主诉······024
 自由表达······026
 临床感兴趣的领域······028
 时间分配······031
 继续访谈······032

第三章　发展融洽的关系 ········· 033
关系的基础 ········· 033
评估你的感受 ········· 035
考虑你的说话方式 ········· 037
使用患者的语言 ········· 039
保持边界 ········· 040
展示你的专业性 ········· 043

第四章　访谈的前期管理 ········· 047
非言语的鼓励 ········· 047
言语鼓励 ········· 048
给予肯定 ········· 050

第五章　现病史 ········· 053
当前的发作 ········· 053
描述症状 ········· 054
自主神经症状 ········· 055
疾病的结果 ········· 057
症状的初次发作和时序 ········· 059
应激源 ········· 061
之前的发作 ········· 063
之前的治疗 ········· 064

第六章　了解与现病史有关的事实 ········· 067
明确访谈目标 ········· 067
追踪被打断的信息 ········· 069
使用开放式提问 ········· 069
使用患者的语言 ········· 070
选择恰当的探索性提问 ········· 072

面质 ·· 075

第七章　关于感受的访谈 ············· 079
　　　消极和积极感受 ································· 079
　　　引出感受 ··· 082
　　　其他技术 ··· 083
　　　追问细节 ··· 087
　　　防御机制 ··· 088
　　　处理过度情绪化的患者 ························· 089

第八章　个人和社会史 ·················· 093
　　　儿童期和青少年期 ······························· 094
　　　成年生活 ··· 100
　　　既往史 ·· 106
　　　系统回顾 ··· 110
　　　家族史 ·· 111
　　　人格特质和障碍 ································· 113

第九章　敏感内容 ························· 121
　　　自杀行为 ··· 121
　　　暴力预防 ··· 128
　　　物质滥用 ··· 131
　　　性生活 ·· 136
　　　性虐待 ·· 142

第十章　控制后期访谈 ·················· 147
　　　打断 ··· 147
　　　封闭式提问 ······································ 149
　　　敏感性训练 ······································ 152

过渡 ···152

第十一章　精神状态检查：行为方面 ·················155
　　什么是精神状态检查？ ·······························155
　　一般外貌和行为 ·····································156
　　情绪 ···162
　　思维流 ···165

第十二章　精神状态检查：认知方面 ·················173
　　应该做正式的精神状态检查吗？ ·······················173
　　思维内容 ···175
　　感知觉 ···181
　　意识和认知 ···189
　　自知力和判断力 ·····································199
　　什么时候可以省略正式的精神状态检查？ ···············201

第十三章　临床感兴趣的体征和症状 ·················203
　　精神病性障碍 ·······································204
　　心境紊乱：抑郁 ·····································209
　　心境紊乱：躁狂 ·····································213
　　物质使用障碍 ·······································216
　　社交和人格问题 ·····································220
　　思维困难（认知问题） ·······························225
　　焦虑、回避行为和唤起 ·······························230
　　躯体主诉 ···234

第十四章　结束访谈 ·······························239
　　结束的艺术 ···239
　　过早结束 ···241

第十五章　与知情者进行访谈 ······ 245
- 首先获得许可 ······ 246
- 选择一个知情者 ······ 248
- 你会问什么？ ······ 248
- 团体访谈 ······ 251
- 其他访谈设置 ······ 252

第十六章　阻抗 ······ 255
- 识别阻抗 ······ 255
- 患者为什么阻抗？ ······ 257
- 如何应对阻抗？ ······ 258
- 预防阻抗 ······ 266
- 你的态度 ······ 268

第十七章　特殊的或有挑战性的行为和问题 ······ 269
- 含糊不清 ······ 269
- 说谎 ······ 272
- 敌意 ······ 275
- 潜在的暴力风险 ······ 279
- 意识模糊 ······ 281
- 老年患者 ······ 282
- 儿童和青少年患者 ······ 285
- 其他问题和行为 ······ 286
- 如何应对患者的提问 ······ 299

第十八章　诊断和治疗推荐 ······ 303
- 诊断和鉴别诊断 ······ 303
- 选择治疗方法 ······ 306
- 评估预后 ······ 310

推荐进一步的检查 ·· 313
　　转介 ··· 314

第十九章　与患者分享你的发现 ······················· 319
　　与患者商谈 ··· 319
　　与亲属讨论 ··· 328
　　如果治疗计划被拒绝，该怎么办？ ···················· 329

第二十章　与他人交流结果 ································ 331
　　书面报告 ··· 331
　　记录诊断 ··· 339
　　概念化 ··· 340
　　口头陈述 ··· 343

第二十一章　解决访谈中的问题 ·························· 345
　　识别问题访谈 ··· 345
　　如何确定问题？ ··· 347
　　访谈者可能遇到的阻碍（以及该如何应对） ··· 349

附录 A　初始访谈总结 ··· **355**

附录 B　几种常见的精神障碍 ································· **363**

附录 C　访谈案例、报告书写和概念化 ·················· **385**

附录 D　半结构化访谈 ··· **419**

附录 E　评估你的访谈 ··· **445**

附录 F　参考文献和推荐阅读 ·································· **451**

引 言

什么是访谈？

你可能永远不会忘记你的第一次初始访谈，我知道我会永远记住我的第一次。那是一位因罹患思维障碍而住院的年轻女性患者，最终被确诊为早发型精神分裂症，她的言语含糊不清，说话总是离题。在访谈中，她偶尔对我做出性暗示，而对于当年还是年轻纯真的学生的我来说，这是极少遇到的问题。我不确定要谈些什么，我花了很多时间计划下一步要怎么说，而不是理解她上一个问题的答案。尽管如此，这位患者似乎对我很有好感，这是好事；那个周末我又去了三次病房，进一步了解她的完整病史。

我现在意识到，这种经历是个人早期职业生涯的必经阶段。没有人告诉过我，作为一名访谈新手，连在构思如何提问上都会遇到困难；也没有人告诉过我，在与最开始的几位患者交谈时，感到不自在是自然的。我多么希望当时就有人能传授我现在才意识到的这种经验：临床心理访谈并不难，反而总是充满趣味。

访谈就应该这样，既容易又有趣。毕竟，临床访谈只不过是帮助人们谈论自己，大多数人都乐意这么做。在心理健康领域，我们需要患者透露一些个人的情绪状态和生活细节。我们需要在实践中学会如何提问，并且引导对话的方向，以便获取我们想要的信息，从而更有效地帮助他们。在一项针对临床工作者实践和教学的调查中，全面的访谈技能被认为是临床心理工作者必备的32项技能中最重要的一项。因此，发展这种技能至关重要。

如果访谈仅仅是让患者回答问题，那么临床工作者完全可以将这一任务交给计算机，留出更多时间喝咖啡。但是，计算机和纸质问卷无法分辨患者言语中的微妙差异，也无法评估患者的犹豫不决或泪眼婆娑。对于有经验的临床工作者来说，这些细微的信号为临床工作者提供了关键线索，有助于给出更有效的诊断以及制订更有针对性的治疗方案。优秀的访谈者擅长与不同性格和有不同问题的患者一起工作：让健谈的患者充分表达，引导说话漫无目的的患者聚焦在目标上，鼓励沉默寡言的患者主动表达，安抚充满敌意的患者。几乎所有人都可以学习和掌握这些技巧。并不存在一成不变的访谈方式，临床工作者可以根据患者的特点和需求选择不同的访谈形式。通过持续得到指导和实践，访谈者最终会形成适合自己的访谈风格。

临床访谈可用于实现各种目标，来自不同专业领域的专家有各自的访谈安排和议程。无论是精神病学家、心理学家、家庭医生、社会工作者、护士、职业治疗师、助理医生，还是戒毒专家（如果我有遗漏，请原谅我），每个访谈者在与患者接触时，首先都需要获取患者的基本信息。虽然访谈者的受训背景和观点各有不同，但是所需的基本信息类型是相似的。

优秀的访谈者通常具备以下三个共同特征，他们：

1. 会尽可能多地采集与诊断和治疗有关的准确信息；
2. 用尽可能短的时间；
3. 同时，能够与患者建立并维持融洽的关系。

在这三个特征中，信息和关系更为重要。如果忽视了时间限制，你仍可以为患者提供优质的治疗，只不过这意味着你可能难以同时接诊多位患者。

你可能出于不同的原因而与患者有了首次接触，例如，简单的筛查、门诊摄入性访谈、急诊访视、住院摄入性访谈、药物治疗或心理治疗中的同行磋商等。护士可能需要根据多种行为诊断制订护理治疗计划。虽然司法鉴定报告和研究性访谈的目标可能有所不同，但采用的方法和内容与其他类型的访谈大致相同。我们认为每种方法都是对基础、全面的初始访谈的具体应用。无论访谈目标为何，本书都旨在呈现针对任何患者都必须采集的信息内容，并为不同阶段的访谈推荐有帮助的技术。

在过去的几十年里，我们对访谈过程有了相当深入的了解。然而，在对年轻的临床心理工作者的日常评估过程中，我经常为他们在受训中表现出的知识匮乏感到不安。临床工作者在访谈中往往时间有限，可能忽略了对精神障碍患者自杀意念的评估；也可能没有意识到，很多临床心理障碍患者同时可能受到物质滥用的困扰。总的来说，我们可能会忽视访谈和评估的许多关键方面。本书正试图弥补这一不足。本书主要面向初学者，强调了所有心理健康领域的临床工作者都必须掌握的基础知识。同时，我希望经验丰富的临床工作者也能从本书中获益。

评估全面信息的必要性

临床工作者的诊疗方式可能会令人惊叹。在临床实践中，临床工作者需要综合生物、动力、社会和行为等多方面因素来全面了解患者的情况，以便制订个性化的治疗方案，因为对患者的治疗可能要考虑一种或者全部理论观点。例如，对于一个有酗酒问题的已婚年轻女性患者，我们需要考虑以下因素。

- **动力因素**。她酗酒的丈夫像她酗酒的父亲一样专横。
- **行为因素**。她喝酒是为了缓解人际关系引发的紧张。
- **社会因素**。她的几个女性朋友也喝酒，在她的社交圈中，喝酒是被接受的行为，甚至是被鼓励的行为。
- **生物因素**。我们应该考虑她父亲酗酒问题的遗传因素对她的影响。

一项全面的评估会将上述所有因素对于酗酒的影响程度都呈现出来，治疗计划会考虑所有因素。

在整本书中，我始终强调，在进行全面访谈时，访谈者需要考虑所有方面，除非你的评估面面俱到，否则你可能会忽视重要数据。例如，你可能不会知道，因"生活问题"来寻求帮助的患者实际上患有隐匿性精神病，即患者正处于抑郁发作期或者共病物质滥用问题。即使患者被证明没有精神障碍，你也需要理解过去的经历是如何导致和影响当前问题的。只有通过全面的访谈，你才能充分地获得这些信息。

毋庸置疑，随着治疗的进行，你将获得更多额外信息，甚至可能需要调整你在第一次会谈中形成的部分观点。但只有在初始访谈中仔细引导患者提供相关信息，你才能合理地制订治疗计划。

你作为临床心理访谈者的成功取决于对多种技术的综合运用。你能否引导患者讲述完整的故事？你能否深入探寻以获取所有相关信息？你能否迅速地引导患者分享准确、相关的事实？你能否充分评估患者的情绪，并做出适当的回应？必要时，你能否鼓励患者分享尴尬的经历？所有这些技巧对于需要详细了解病史的临床工作者来说都至关重要。通常，临床工作者会在早期培训中学习这些技术，并且可能需要一些时间才能熟练而高效地使用它们——最终，这种访谈方法将成为你个人风格的一部分。尽早接受相关培训将会让你终身受益。

半个世纪以前，有两本书为访谈风格定下了基调：吉尔（Gill）、纽曼（Newman）和雷德利奇（Redlich）的《精神科实践中的初始访谈》（*The Initial Interview in Psychiatric Practice*），以及哈里·斯塔克·沙利文（Harry Stack Sulllivan）的《精神科访谈》（*The Psychiatric Interview*）。虽然多年来，还有许多关于初始访谈的书籍陆续出版，但它们大多沿用了这两本书所建立的框架。但是，几十年过去了，读者的品位和需求都发生了变化，这些老的著作已经不再能满足临床心理访谈者的需求了。许多研究论文，尤其是考克斯（Cox）及其同事的研究，为当前的访谈实践提供了坚实的科学依据。本书的大部分内容都基于这些文献。此外，我还查阅了在过去60年内出版的几乎所有与访谈相关的专著和研究论文，其中比较重要的引用可见附录F。

坎内尔和卡恩（Cannell & Kahn, 1968）在他们的专著中指出："那些为访谈者撰写指南和书籍的人并不真正擅长访谈。"至少对本书来说，这种说法是完全错误的。本书的大部分内容都来自我多年来对超过15 000名精神障碍患者进行诊疗的丰富经验。而我所推荐的访谈方法结合了临床研究、他人的经验以及我个人对访谈的见解。尽管这些方法有时可能看起来有些公式化，但是确实行之有效。一旦你掌握了基础知识，你就可以加以调整和拓展，创造出属于自己的访谈风格。

练习的重要性

在我受训时，教授们经常说，患者是学生最好的教科书。在学习临床心理访谈时，这句话再正确不过了。事实上，任何教科书都只能作为一种补充，为真正的学习提供指导，而真正的学习来自经验。因此，我建议你尽早练习，并且经常练习。

首先，快速浏览本书第一至五章。不要试图死记硬背这些内容，因为这会令你感到沮丧。章节是按顺序呈现的，以帮助你逐步学习。（附录A对你需要掌握的信息以及你在每次典型的初始访谈中的每个阶段可使用的策略进行了总结。）之后，去找能帮助你学习的患者进行练习。

对于访谈新手来说，临床心理科住院患者是非常宝贵的资源。他们中的很多人曾接受过访谈（有些患者甚至经验丰富！），因此他们很清楚你的期待。尽管现代医院病房安排了各种固定活动，但他们仍有充足的时间。许多患者很希望有机会与人交谈，而且大多数患者也喜欢利用自己的遭遇给他人提供帮助——尤其是能够在临床心理工作者培训方面帮上忙。（根据1998年的研究，大多数患者对医院治疗团队中的学生表示满意；另一份研究报告，患者认为学生们"善良而富有同情心"，他们中的绝大多数人表示很乐意反复与学生交流。）有时，新的观察者，即使是一名见习生，也可能带来新的见解，从而有助于改变治疗方向。

因此，寻求一位愿意合作的患者的帮助，并开始工作吧。不必担心能否找到"好的教学患者"；对你来说，任何愿意合作的患者都可以，因为每个生命在本质上都是有趣的。不要试图过于死板地遵循访谈大纲，特别是在早期。放松心情，让访谈变成令自己和患者都享受的愉悦体验。

大约1小时之后——太长时间的访谈会让你和患者都感到疲惫——适时中断访谈，并承诺你之后会回来继续做访谈。在遇到困难时，不妨查阅本书中相关领域的内容。将你所获得的个人和社会史信息与本书第八章中的建议进行仔细比较（附录A也概述了这些信息）。精神状态检查（mental status examination，MSE）的完整度如何？可以将你的观察结果与第十一章和第十二章中的建议进行比较。

作为学生，你可能会有这样的疑问："在精神障碍知识匮乏的情况下，我该如何进行访谈呢？"这是一个极其合理的问题。完成全面的访谈评估确实需要你对各种精神障碍的典型症状、体征和病程有所了解，但在学习访谈技巧的同时，你也可以逐步学习这些知识。通过向曾经经历过这些疾病的患者学习关于这些疾病的知识，这些诊断特征将会永远印刻在你的脑海中。第十三章列出了你应该在访谈中涵盖的特征，并按照患者所呈现的临床兴趣领域进行分类。

带着你在第一次访谈时忘记问的问题清单再次与患者进行讨论。通过查漏补缺的方式，你会逐渐掌握提问技巧。你越来越多地与不同的患者进行访谈，在每次访谈中遗漏的信息会越来越少。当你完成了对患者的访谈后，你可以参考多本标准教科书（可参考附录 F 中带注释的材料清单），来帮助你对患者的疾病进行鉴别诊断。

如果你能从经验丰富的访谈者那里得到反馈，你就能更快地掌握和提升自身的技巧。这种反馈可以是直接的，比如一位指导老师坐在旁边观察你与患者的访谈。此外，研究表明，录音或录像也是非常有效的工具，你可以通过与指导老师一起回顾这些记录来找出可能遗漏的问题或者找到提升访谈技巧的方法。另外，自己仔细回顾早期访谈记录也是一种好的学习方法。附录 E 中的评估表可以帮助你评估访谈内容以及在访谈过程中的问题。

第一章

开场和介绍

当完成初始访谈时，你应该已经：(1) 从患者那里获得了信息；(2) 为良好的工作关系奠定了基础。这些信息包括各种病史（病史是一份详细的记录，其中包括现病史、既往史、药物史、家庭和社会关系史以及健康风险问题——简而言之，是与患者的生活和精神障碍有关的一切）和精神状态检查（评估患者当前的思维和行为）。

通过本书，我将带你了解病史和精神状态检查的每个部分，大致按照你与患者进行访谈的时间顺序安排内容。在接下来不同的章节中，我将分别讨论你应该期望获得的信息，以及这些信息最适用的访谈技巧。在适当的时候，我也会介绍如何建立融洽的治疗关系这一议题。

时 间 因 素

在一开始，你需要完成以下重要任务。

- 你应向患者详细介绍访谈的形式，包括访谈时长和询问的问题类型等。
- 你应该告知患者（或知情者），希望他们提供哪些信息。
- 最重要的是，在整个访谈过程中，你需要营造一个舒适、安全的环境，让患者有更多的掌控感。

表 1.1 列出了你完成访谈时应囊括的基本信息。有经验的临床工作者大约只要 45 分钟就能完成访谈。学生可能需要数小时才能获得所有相关信息。无论你有多少经验，重点应该是在访谈早期尽可能多收集信息，而不是过于专注于诊断。

表 1.1　初始访谈大纲

主诉	个人和社会史（续）	成年生活（续）
现病史	最高学历	节育
应激源	学业问题？	婚外伴侣？
初次发作	过度活跃	躯体虐待、性虐待？
症状	拒绝上学	工作史
先前的发作	行为问题	当前职业
治疗	休学或被开除？	工作数量
结果	童年社交能力？	换工作的原因
病程	爱好、兴趣	被解雇过吗？
迄今为止的治疗		休闲活动
是否住过院？	成年生活	俱乐部、组织
患者或其他人的影响	生活状况	兴趣、爱好
	与谁共同生活？	服役史
个人和社会史	生活地点？	兵种、军衔
童年和成长经历	曾经无家可归？	服役年限
出生地	社会支持网络	纪律问题？
兄弟姐妹几人，排行第几？	流动性	战斗经历？
单亲还是双亲抚养？	经济状况	曾经有法律问题？
与父母的关系	婚史	犯罪记录？
如果是被领养的：	结婚年龄	诉讼
在什么情况下被领养？	结婚的次数	信仰
在家族外被领养？	婚姻结束年龄，是如何结束的？	派别
儿童期健康	孩子的数量、年龄和性别	兴趣水平
青春期问题	收养孩子？	既往史
被虐待（躯体虐待或性虐待）？	存在婚姻问题	重大疾病
教育	性偏好、性适应	手术史
	性生活问题	非精神科药物史
		过敏史

续表

既往史（续）	物质滥用（续）	精神状态检查（续）
环境	药物滥用	微笑？
食物	处方	眼神接触
药物	非处方	言语清晰？
因非精神科住院		情绪
躯体损害	人格特质	类型
感染人类免疫缺陷病毒/艾滋病的风险	终生行为模式	易变性
成年后躯体或性虐待？	暴力史	相称性
	被拘留史	思维流
系统回顾		词语联想
食欲变化	自杀企图①	语速和节律
脑外伤	手段	思维内容
癫痫	结果	恐怖
慢性疼痛	与药物或酒精相关？	焦虑
意识丧失	严重程度	强迫
经前期综合征	心理	自杀意念
躯体化障碍回顾	躯体	幻觉
		妄想
家族史	精神状态检查	语言
亲属关系描述	外貌	理解
亲属精神障碍史	外表年龄	流畅
	种族	命名
物质滥用	仪态	复述
物质类型	营养	阅读
使用时限	卫生	写作
剂量	发型	认知
结果	衣着	定向力
医疗问题	干净？	人物
失控	整洁？	地点
人格和人际问题	风格/时尚？	时间
工作困难	行为	记忆力
法律结果	活动水平	瞬时
经济问题	震颤？	近期
	习惯性动作和刻板动作	

---

① 英文为 suicide attempt，也译作自杀未遂或自杀尝试。——译者注

续表

精神状态检查（续）	精神状态检查（续）	精神状态检查（续）
远期	文化信息	相同点
注意力	说出 5 位国家领导	不同点
连续减 7 的运算	人的名字	自知力和判断力
倒数	抽象思维	

即便是经验丰富的访谈者，也可能需要进行多次初始评估，特别是面对健谈的、说话含糊不清的、充满敌意的、多疑的、让人难以理解的或需要讲述的病情很复杂的患者。有些患者可能无法忍受长时间的访谈，而即使是住院患者，也可能预约了其他项目。多次访谈可以给予患者更多时间思考以及回忆之前可能被忽略的关键信息。此外，如果需要与亲属或其他知情者访谈，你将需要更多访谈时间，以整合所有信息源。

我意识到，随着现代医学的发展，访谈者的可用时间正在不断被压缩。所以我用百分比来呈现在一次常规的初始访谈中，各个阶段的时间分配情况。

- 15%：确定主诉并鼓励患者自由表达。
- 30%：进行具体诊断；询问自杀情况、暴力史和药物滥用情况。
- 15%：获取病史；进行系统回顾；获取家族史。
- 25%：获取个人和社会史的剩余信息；评估人格病理学特征。
- 10%：进行精神状态检查。
- 5%：与患者讨论诊断和治疗；计划下一次会谈。

你自身的专业需要可能会导致访谈的关注重点有所不同。举例来说，社会工作者可能需要花更多时间来了解个人和社会史。（曾经，一些机构和部门将整个社会史的收集工作交给了社会工作者。而现在，我们认为应该由至少一位临床医生来收集完整的病史信息，他们可以将这些信息整合，形成一幅连贯的临床图景。)

不论你的职业是什么，我都建议你在与患者建立关系的初期就尽可能全面地了解患者。在最初几次会谈后，即使是经验丰富的临床工作者，有时也会因为过于乐观而遗漏重要信息。

当然，没人有无限的时间，因此也没有绝对全面的评估。随着你继续为患者提供治疗，你会不断将新的事实和观察结果添加到原始数据库中。然而，如果你一开始就进行了全面评估，后续的主要工作就是补充确定性细节，不会对诊断或治疗产生实质影响。

许多患者因遇到他们觉得难以纠正、难以承受，甚至是危及生命的问题而寻求帮助。你应当引导他们分享故事，让他们觉得自己得到了全面、公正、专业的评估。如果患者表现得异常戏剧化、迟缓或散漫，请尝试从任何人都会在压力和焦虑下表现不佳这一角度理解患者，并留出额外的时间。

设 置

专业人士与新患者初次接触的这一时刻会为后续双方所有的互动奠定基调。细心留意一些细节，比如自我介绍和患者的舒适感和控制感，将有助于建立基于尊重和合作的关系。如果你有私人咨询室，可以按你的心意去装饰，但是机构的咨询室通常不会太豪华。幸运的是，环境是否优雅并不影响访谈的有效性。最重要的是关注患者的舒适感和患者的隐私。

充分利用现有资源。在传统的咨询室设置中，临床工作者通常与患者相对而坐，中间隔着一张桌子，形成了一道不可逾越的障碍。这种设置使得那些有伤人风险的患者没那么容易攻击到临床工作者，但也不利于临床工作者与戒备心强的患者或者需要宽慰的抑郁患者拉近距离。有时候，你的椅子的摆放位置恰好使你能够隔着桌子或桌子的一角与患者相对而坐，这样你就可以根据需要调整你们之间的距离了。如果你是右利手，让患者坐在你的左侧可能更方便你做记录。当然，只准备两张椅子，直接面对面而坐也是不错的选择。此外，准备一盒纸巾也很重要，因为你永远不知道谁会需要。

与此同时，你还有另一项职责——其重要性不言而喻。那就是确保自身安全。尽管绝大多数心理健康咨询都能平安结束，但在极少数情况下，可能会发生令人不快的事件，给临床工作者、患者或双方都带来伤害。[2006年，位于美国马里兰州贝塞斯达的国家精神卫生研究所专门负责精神分裂症管理的精神病学家韦恩·芬顿（Wayne Fenton）被他的一位患者殴打致死——这一袭击事件震惊全美。]

每次访谈时，你都应该本能地完成安全检查，以确保自己和他人的安全。实际上，这意味着要遵循以下三项原则：（1）访谈时，附近有其他人；（2）配备一键紧急报警系统，如警铃；（3）当在封闭的办公室内进行访谈时，应坐在比患者更靠近门口的位置，避免有桌子或其他家具阻挡，以便你在必要时迅速撤离。

无论你在哪里进行访谈，你的外貌将直接影响你与患者的关系。被认为具有专业性的标准可能在一定程度上取决于你工作的地区以及你所在诊所或医院的惯例。如果你注重着装、仪容和举止，将会让人觉得你更加专业——这看似是显而易见的，但仍值得重新强调。

尽管过去一二十年间的着装标准有所改变，但着装本身依然发挥着重要影响。一般而言，患者更容易接受较为保守的服饰和发型；着装或举止过于随意可能显得你不太重视会谈。事实上，2005年的一项调查显示，患者更青睐身穿正式服装的内科医生，并更愿意向身穿白大衣的医生，而非身穿便装的医生，透露个人信息。多数患者还表示，他们更愿意听从身穿职业装的临床工作者的建议。该调查对象主要为中年人；尽管儿童和青少年的态度可能不同，但这一研究结果依然值得认真考虑。（这项研究可能也与其他医疗保健从业者相关。）

虽然大多数临床心理工作者不穿白大衣，但我们要保持整洁、干净，不穿太休闲的服装，以展现我们的专业形象。佩戴适量的珠宝首饰也是可以的，但要避免穿戴太过显眼或夸张的款式。如果要佩戴徽章、吊坠或穿戴表明精神信仰的配饰，请考虑未来的来访者是否会将它们视为对有效的治疗关系的阻碍。观察其他专业人士的着装和行为举止可以帮助你更好地选择适合的着装。

建立关系

在接待患者时，你应当进行自我介绍，并主动握手，然后示意患者就座。（如果你在患者床旁，尽管计划只停留一会儿，也应坐下来。就算你要赶飞机，也不应在患者面前显得太匆忙。此外，如果患者在床上躺着，那么被人站着凝视会让人感到不舒服。）如果你恰巧迟到了，应当表达歉意。如果患者的名字中有不常见的字，务必确保发音正确。如果这是你们第一次见面，你应当主动说明自己的身份（学生？实习医生？顾问？）以及这次访谈的目的。你希望了解什么？你已经了解到了哪些信息？尽量告诉患者这次访谈预计需要多长时间。

在通常情况下，你会通过患者以往的病历、住院记录或内科医生的介绍了解一些情况。你可以在开始访谈之前查看这些资料，以节省时间并提高评估的准确性。在本书中，我们将假设你无法提前获取这些信息。

尽管有些临床工作者试图通过几句寒暄使访谈变得轻松，但我通常建议直奔主题。在大多数情况下，患者是因为遇到困扰而寻求治疗的。谈论天气、体育或电视节目可能会分散患者的注意力，甚至显得你对患者不关心。直接触及核心问题似乎是最好的开场。

如果你觉得你必须从寒暄开始，就使用开放式提问。例如：

"今天的交通状况如何?"

"这个夏天,你过得怎么样?"

开放式提问至少表明你期望患者积极参与访谈。特别是在访谈早期,你希望鼓励患者详细描述问题,而不是在整个访谈过程中只是简短地回答"是"或"否"。(在第四章和第十章中,我们将进一步探讨对访谈的控制和其他相关内容。)

有时候,患者的亲属或朋友可能希望陪同患者参加访谈,对于这种情况,你可以选择以下两种方式之一进行处理。我更倾向于分别对患者和知情者进行访谈,因为这样有利于获取更多信息。为了提高患者的自主性,我通常会先与患者进行访谈,然后告知知情者"下一个会轮到你"。然而,你有时可能需要同时与患者和知情者进行访谈。这种情况通常发生在患者的社会功能严重受损的情况下,比如痴呆晚期患者。这时,让亲属留在咨询室内可以节省时间。另一种情况是患者强烈要求这么做,比如,患有严重焦虑或抑郁障碍的患者需要亲属的额外支持。

记 笔 记

在大部分情况下,笔记必不可少。如果当时没有机会立即记录访谈内容,那么很少有人能够准确地回忆所有信息,即使这些信息很简短。因此,在与患者接触时,向患者说明并征得同意,就可以开始记笔记。

尽管如此,你应该尽量减少记笔记的频率,这样你就可以花更多时间观察患者的行为和面部表情,并从中寻找与患者的感受相关的线索。你不可能记录所有细节,也不太可能写下完整的句子(主诉除外,我们会在下一章讨论)。取而代之的是,你应该记下关键词,作为之后与患者进一步探讨或撰写书面报告时的提示。尽量把笔拿在手里,这样可以避免因反复拿放笔而分心。当讨论到患者可能不愿意被记录的敏感话题时，你可以将笔放在一旁。

这会引出一个棘手的问题，就是使用计算机进行记录。随着记录系统越来越信息化，甚至是在云平台上，临床工作者在与患者交谈时，面临使用计算机和键盘键入信息的压力。如果我们希望和患者建立融洽的关系，那么在与新患者进行交谈时，如何有效地记录信息似乎是一个挑战。就我而言，我更倾向于用笔记录，然后撰写总结报告。这一立场似乎引起了我同事的共鸣——随着越来越准确的语音输入技术的发展，即使是我们这些打字速度较慢的人，也可以高效地录入数字化信息。

现在还有一个问题：在工作中，我们常常遇到这种情况，患者要求你不记录某些内容。如果你是学生，尊重患者的要求没有问题。不过，如果你是责任主治医生，在与患者建立关系的初期，当患者提出这样的要求时，尤其是在这些信息仅涉及访谈的一部分内容时，你最好遵守。如果患者对记录笔记感到不舒服，我们可以解释说，我们需要记录部分笔记供日后回顾，以及更好地理解你的病情。然而，在极少数情况下，患者坚持不许记录，我们应该学会妥协，放下笔，稍后再尽可能凭回忆写出来。我们的目的是确保获得足够的信息而非与患者进行意志的较量。然而，在某个时刻——也许不是你现在试图完成面谈的时候——你可能会再次提出这一点。如果数据库里有明显的信息遗漏，可能会带来问题，尤其是患者需要转介时。

定期回顾会谈录音是可以有效地帮助你发现自己的访谈风格存在的问题和不足。如果你的会谈笔记不够准确，你就会忽略这些不足。不过，回顾录音本身也有缺点：需要花费很长时间；而且与纸笔记录相比，有些患者可能会更不喜欢被录音。因此，如果我们决定录音，就要向患者解释录音的目的是学习；并且在患者明确知情并同意的情况下，才可以录音。

你还要向患者解释，根据当地法律和职业规范，你可能需要将涉及他人安全的信息报告给有关部门。美国是在1974年加利福尼亚州塔拉索夫

（Tarasoff）一案的判决中正式确立该规定的，并明确规定医护人员有责任保护可能受到威胁的公民的安全。尽管并非所有地区都颁布了类似法规，但建议临床工作者在各地区执业时都要考虑这样的规定。当然，如果你是学生，请不要独自采取此类行动；请立即与上级主管讨论你面临的威胁或其他担忧，然后由上级主管履行保护职责。

开 场 举 例

有效的开场有很多种形式，下面是一个很好的例子。

访谈者：早上好，迪安先生，我是埃米莉·沃茨，我是一名三年级的医学生，我打算用1小时来和你谈谈，从而尽可能了解有你这样问题的人。你现在有时间跟我聊一聊吗？

患　者：好的，可以的。

访谈者：你可以坐在这里（指向一把椅子），你介意我做一些笔记吗？

患　者：不介意，好像每个医生都这样。

这种开场之所以有效，是因为临床工作者快速地向患者说明了她的姓名、职位、访谈目的和所需时间。临床工作者还示意患者坐下，并征得了患者对于做记录的许可。然而，一些患者可能对"问题"这一概念感到不满。在刚刚的示例中，沃茨正在访谈一位曾接受过治疗的患者，所以她的提问并未遭到质疑。对于新患者来说，简单问一句"请告诉我你来这里的原因"，可能会得到更好的回应。

下面是另一个例子。

患　者：你是他们跟我说的那名医学生吗？

访谈者：不是，我是霍尔顿博士，一名心理学实习医生。今天下午早些时候，我和你的治疗师谈过，我想花点时间和你谈谈，看看我们能为你做些什么对你有帮助的事情。我们可以在这个房间里聊一聊。

患　者：（点头）

访谈者：为了更好地帮助你，我需要尽可能了解所有信息。如果你同意，我想记一些笔记。

患　者：没问题。

在信息收集阶段，有时需要进行多次访谈以获取更全面的信息。在进行后续的会谈时，可以采取以下方式引导对话："对于我们之前的讨论，你还想到了什么要分享吗？"或者"关于上次的会谈，你和家人（丈夫、女儿等）分享了我们所谈的哪些内容？"另外，也可以继续探讨上次在访谈中尚未结束的话题。

第二章
主诉和自由表达

患者的主诉表明了他前来求助的原因,而随后的自由表达则会鼓励患者详细谈论这些原因。你抛砖引玉式的提问会极大地影响随后获取的信息量,这些问话方式可大体归为指导性提问和非指导性提问两类。

指导性和非指导性提问

通过各种具体的提问,指导性访谈者会明确地使用访谈框架来告诉患者需要提供什么样的信息。相比之下,非指导性访谈者会更被动地接收患者自主选择表达的所有内容。通常而言,非指导性风格能建立起非常融洽的医患关系,同时也能从患者那里获得更可靠的事实。然而,如果只采用非指导性风格也可能得不到足够的信息。例如,如果不进行指导性提问,那么患者可能没意识到家族史的重要性,或者由于尴尬而不愿提供私密的信息。最有效的初始访谈会使用非指导性和指导性相结合的提问方式。

在初始访谈的前期,大部分提问应该是非指导性的。这有助于建立同盟关系,并了解患者内心深处的问题和感受。但是你的开场提问应该清晰地表明你期望患者提供什么样的信息。

开 场 提 问

你提出的第一个问题应该是具体的,要让患者明确知道你想了解什么。如果像采用非指导性提问(例如,"你想和我谈些什么?")的临床工作者一样将话语权完全交给患者,你最后可能会听到一大堆有关上星期天的足球比赛或者新车的信息。虽然你终能将访谈重新引回主题,但这会耗费更多时间,也不利于建立融洽的关系,因为患者可能会怀疑你是否专业。

你可以从一开始就抛出恰当的问题来避免上述情况的发生。

"请告诉我,是什么问题让你来寻求帮助的?"

对大多数患者而言,这个问题非常奏效。偶尔也会遇到一些患者对这种提问方式表示不满。为避免出现这种情况,你可以选择问"请告诉我你为何来这里?"或者"你为什么来做治疗?"之类的问题。对有些人来说,这些问题可能激发他们潜在的不满:例如,青少年通常不是自愿就诊的;你偶尔还会遇到一些人只想探索生活的意义。最后要说明的是,并不存在一种完美的开场提问。若患者反驳你(比如"我没问题!"),通常可以通过回应"也许你可以告诉我,你对于自己出现在这里的原因有什么看法"来解决这个问题。

抛开提问的确切内容,这些开场提问的例子有两个会影响你所获信息类型的特点。

- 它们能告诉患者你要搜集何种信息。
- 它们是开放式的。开放式询问是指无法用一两个字轻易回答的问题或陈述。因为开放式提问会邀请患者展开聊聊对他们自身而言重要的事情,这样的问题有助于在访谈早期营造一种轻松的风格,从而建立融洽的治疗关系。

开放式提问和陈述有两个作用。一些提问有利于针对某一点做更多的探讨。

"我愿意听你多聊聊这部分。"
"你能展开说说吗？"
"还发生了什么？"

另一些问题有助于将叙述引至当下。

"之后发生了什么？"
"然后呢？"
"你接下来做了什么？"

开放式提问能够帮助我们扩大信息范围；有了更多自由表达的空间，患者会告诉你什么对他们而言是重要的。开放式提问能够让患者明白我们重视他们的故事，也能让我们少说话，多观察。开放式提问的价值在第十一章的精神状态检查中更为突出。

封闭式提问更多地指向范围较窄的答案，用几个字就能回答，常用于迅速获取必要信息的情况。例如，可以用"是"或"否"回答的提问，或者答案限于几个选项的提问（"你在哪里出生？"而不是"谈谈你的童年是怎么度过的？"）。这类提问也是有价值的，有时能够帮助临床工作者在最短的时间内获取必要的信息。然而，在访谈早期，更应该使用开放式提问，鼓励患者分享故事，以尽可能全面地了解病史。

主　诉

主诉是患者自述的求助理由，通常是患者对如下开场提问的第一句或前两句回应：

"请告诉我，是什么问题把你带到这里来的。"

重要性

主诉的重要性体现在两点上。

1. 主诉通常是患者心里最重要的议题，为我们指明了首先探索的领域。在多数情况下，患者都会有特定的问题或需求。以下是一些例子。

    "我无法达到我的目标。"
    "我很难与女性建立关系。"
    "我听到了一些声音。"
    "我感到很抑郁，我觉得我不能再这样下去了。"

    上述每个典型的例子都传达了某种不适、某种生活困境或某种恐惧，这些都是患者希望得到帮助的原因和希望改善的方面。
2. 有时会出现相反的情况，患者断然否认自己出现了问题。这种情况可能提示患者存在自知力、智力或不愿合作方面的问题。举例来说：

    "我没病。我来这里只是因为法官的命令。"
    "我什么都不记得了。"

"绝对零度就要来了,当那一刻来临时,我的大脑会逐渐变成面包。"

上述三种情况都表明患者可能存在严重的病理学改变或阻抗,需要进行特殊处理。在第十六章中,我们将针对阻抗的情况展开讨论。

回应

一些主诉表明患者不太明白这次访谈的目的。你有时会遇到这种表述含糊不清或有点好争论的患者的主诉,所以你应该做好给出恰当回应的准备。

访谈者:你为什么来这里接受治疗?
患　者:我的病历里写得一清二楚,你可以看看。
访谈者:我可以看,但是如果你用自己的话告诉我,我会对你有更多了解。

以下是访谈者对一位只想开药而不提主诉的患者的反应。

患　者:我想我只是需要一些维生素。
访谈者:也许吧,但让我们在你说完什么困扰着你之后再决定吧。

另一位患者在访谈开始环节发出求助。

患　者:我真的不知道从何开始。
访谈者:为什么不从你最近刚出现的困扰说起呢?

试着了解患者求助的真实原因

患者的第一句话并不总能反映真实的求助原因。有的患者也不知道真正的原因,有的患者可能会因别人跟他说的事情而羞愧或害怕。在这两种情况下,主诉可能只是患者获得临床工作者帮助的"敲门砖"。

"我一直承受着这样的痛苦。"(但真正的痛苦是情绪方面的)
"我清醒时的每一刻都在感到焦虑。"(隐瞒酗酒情况)
"我想谈谈我的人际关系。"(患者害怕提及人类免疫缺陷病毒/艾滋病)
"我想寻求一些关于我母亲的建议。我想知道她是不是年老体衰了。"(患者真想知道的是"我是不是要疯了?")

这些最初的主诉都掩盖了让患者前来寻求帮助的更深层次、更隐晦的原因。通常,你可以在访谈的后期通过如下提问找到真正的原因。

"还有什么困扰你的事情吗?"

有时,你只有在你认为自己已经完成了初步评估之后,才可能确定患者的潜在动机。

不管主诉内容如何,你都应该把患者的原话记录下来。之后,你会想把它与你认为促使患者寻求帮助的原因进行对比。

自 由 表 达

在患者提出主诉后的几分钟内,患者应有机会自由地讨论他们寻求治疗的动机。尽可能获得最广泛的信息,让患者的人生故事自然展开,并尽量减少追问细节或打断对方。我们将这种非指导性信息流称为自由表达，以区别于后续临床访谈中常用的相对受限的问答形式。

什么是自由表达？

简单来说，自由表达就是给患者一个机会，让他们不受约束地或不被引导地表达自己的想法。有些临床工作者称之为"结构化程度最低的表达"。经验丰富的访谈者建议在1小时的访谈中至少留8~10分钟的自由表达时间，原因如下。

- 自由表达能塑造你足够关心患者福祉并愿意倾听其担忧的良好的临床工作者形象。
- 它让患者有了一次梳理和探索自身治疗动机的机会。
- 你有机会了解患者最关切的问题。
- 通过自由表达，你可以了解到患者的个性。
- 由于不需要引导对话，你能够观察患者的情绪、行为和思维过程。
- 面对一连串提问的人比能自由表达的人更容易展现出真实的性格特质。
- 通过分享对访谈的主导权，你从一开始就建立了一个预期，即患者将在整个治疗过程中扮演一个积极的角色，成为治疗过程的重要伙伴。
- 你可以专注于患者的言语内容。一项研究表明，在患者报告的所有症状中，多达一半症状在初始访谈的前3分钟内就已提及。
- 自由表达也让患者有机会提出主诉中未涉及的其他问题。

大多数患者会迅速而恰当地回答与他们的问题有关的提问。你几乎不用引导，他们便会把你想知道的一切都告诉你。有些人对于讲述自己的故事已经驾轻就熟，因此，患者可以按照时间顺序提供完整的病史。

另一些人可能正好相反，他们可能看过太多只进行封闭式提问的临床工作者。你可能不得不引导这些患者，让他们更多地分享自己的感受和经历。如果患者仍然只给出简短的回应，然后等待你问更多问题，你就应该明确地说出期望。例如：

"我真正想听到的是你用自己的话讲述问题。之后我会问一些具体的问题，你可以简单地回答。"

事实上，很少有病史能够像经典教科书对某个精神障碍的描述那般详尽。患者自己对于"什么重要"有自己的想法，不管他们的信息在表面上有多少价值，重要的是你要让他们尝试讲述自身经历。少数智力落后或有严重精神病性障碍的患者可能无法清晰地进行表达，此时可能需要借助更结构化的"一问一答"来采集病史。然而，这类情况并不常见，大部分言语功能正常的患者都能提供信息，好让临床工作者观察他们的精神状态。

不论是过去还是现在，给患者足够的自由表达的时间，对临床访谈来说都很重要。然而，医疗保险报销制度让临床工作者的时间变得前所未有的紧张。除了基本的临床沟通，临床工作者和患者的其他互动时间都会被压缩，临床工作者更想直接切入正题，迅速把关注点放在患者的前几个字上。我之所以知道，是因为我也这么做过——我必须偶尔提醒自己进行长时间自由表达的重要性。如果一开始给患者自由表达的时间不足，我会设法在后续会谈中弥补。

临床感兴趣的领域

患者在自由表达时可能会提到一个或多个问题。这些问题可以与情绪、躯体或社交方面有关，大多数问题都属于临床感兴趣的主要领域。如果患者的心理健康状况不良，通常涉及以下七方面问题：

- 思维困难（认知问题，尤其是当前 DSM-5 中所称的神经认知障碍）；
- 物质滥用；
- 精神病性障碍；
- 心境紊乱（抑郁或躁狂）；
- 过度焦虑、回避行为和觉醒问题；
- 躯体主诉；
- 社交和人格问题。

每个临床兴趣领域都由具有共同症状的诊断构成；当然，其中一些诊断可能出现在多个领域。在采集现病史时，你需要系统地询问与你识别出来的每个领域相关联的症状，以便做出正确的诊断。这些信息可以帮临床工作者确定哪些相关诊断更符合患者的实际情况。但现在，在自由表达阶段，临床工作者可以先将似乎值得进一步探讨的话题记下（在心里或纸上）。

临床感兴趣的症状领域

在临床实践中，每一个临床感兴趣的领域都有特定的症状和病史信息，需要我们进一步询问。在面对这些问题时，应该考虑对该领域进行深入回顾。表 2.1 总结了"危险信号"症状。

表 2.1 临床感兴趣的症状领域

思维困难（认知问题）	思维困难（认知问题）（续）
情感波动	妄想
行为怪异	幻觉
意识模糊	记忆缺陷
判断力降低	有毒物质摄入

续表

物质滥用
　每天饮酒超过 1 或 2 杯①
　被捕或其他法律问题
　财务问题：花费其他事项所需资金
　健康问题：晕厥、肝硬化、腹痛、呕吐
　非法物质使用
　失业、迟到、降职
　记忆受损
　社交问题：打架、被朋友疏远

精神病性障碍
　情感淡漠或与现实不相称
　行为怪异
　意识模糊
　妄想
　幻想或不合逻辑的想法
　幻觉（涉及任何一种感觉）
　自知力或判断力不全
　缄默
　知觉扭曲（错觉、曲解）
　社交退缩
　言语不连贯或难以理解

心境紊乱：抑郁
　活动水平显著提高或降低
　焦虑症状
　食欲变化
　注意力下降
　死亡意愿
　无价值感
　对日常活动的兴趣下降（包括性活动）
　失眠或嗜睡
　物质滥用近期有所加剧

心境紊乱：抑郁（续）
　自杀意念
　哭泣
　体重减轻或增加

心境紊乱：躁狂
　活动水平增高
　注意力分散
　自我价值的夸大感知
　判断力严重受损
　欣快或易激惹的情绪
　计划许多活动
　睡眠减少（睡眠需求减少）
　语速快，声音洪亮，不易被打断
　物质滥用近期有所增加
　想法快速地从一个跳到另一个

焦虑及相关障碍
　焦虑
　胸部疼痛
　强迫行为
　眩晕
　害怕发疯
　对死亡或即将降临的厄运的恐惧
　对特定物体或情境的恐惧
　胸部压迫感
　心律不规则
　紧张
　强迫思维
　心悸
　惊恐
　呼吸急促
　出汗

① 在美国，1 标准杯被定义为 14 克纯酒精，所以 1 标准杯相当于 1 杯 12 盎司的啤酒（酒精含量 5%）、1 杯 8 盎司的麦芽酒（酒精含量 7%）、1 杯 5 盎司的葡萄酒（酒精含量 12%）或 1 杯 1.5 盎司的 80° 蒸馏酒（酒精含量 40%）。1 盎司约等于 30 毫升。——译者注

续表

焦虑及相关障碍（续）	躯体相关主诉（续）
创伤：有严重的精神或躯体病史	物质滥用
颤抖	病史模糊不清
担忧	虚弱
	体重改变（减轻或增加）
躯体相关主诉	
食欲紊乱	社交和人格问题
抽搐	焦虑
慢性抑郁	看上去行为怪异
头痛	戏剧化表现
复杂的躯体病史	滥用药物或酒精
多个主诉	失业、迟到、降职
神经系统主诉	法律问题
反复治疗失败	婚姻冲突
儿童期性虐待或躯体虐待	

时 间 分 配

主诉通常只需几秒，除非患者说话非常含糊不清或漫无边际。然而，留给自由表达的时间可能大相径庭。在极少数情况下，患者语无伦次或近乎沉默，你可以迅速换成更具指导性的访谈方式。但是对于经验丰富、条理清晰、有倾诉动机的患者来说，可想而知，整个访谈过程几乎都是在患者的自由表达中进行的，听他讲述一段病史，就像你在教科书上读到的那样。

大多数患者的情况都不会和上述情况一样。有时候，你可以在开始的5~10分钟里以倾听为主，不要频繁打断。但是不要太严格地遵循这个建议，你对自由表达的时间的分配应取决于整体的访谈时间以及你对病史的了解程度。一般来说，只要你获得的信息看起来重要且相关，你就应该允许患者自由表达。

继 续 访 谈

在你感觉对患者最关心的问题有了大致了解后,自由表达的部分就接近尾声了。在进入下一部分访谈之前,你应该询问患者是否还有其他问题需要讨论,以免忽略任何重要的问题领域。(即使错过重要的东西,它也很可能在之后再次出现。然而,初始访谈的重要意义是尽量提前获得相关信息。)

这也是检查你对患者所有问题的理解的好时机。可以简要总结每一种症状,并邀请患者对你的分析给出反馈。

访谈者:让我们一起来看看我的理解是否正确。你一直感觉很好,直到大约2周前,你向女朋友求了婚,她也接受了。但从那时起,你开始感到越来越焦虑,感觉抑郁,难以专心学习。现在你担心自己会出现心脏病的症状,因为你感觉心跳得很快。这种描述是否准确?

患　者:差不多就是这样。

访谈者:关于这个问题我希望多了解一点——但我想先问,还有其他事情困扰你吗?

对于提出多种主诉的患者,问他们"这些问题中的哪一个最让你困扰?"有时会很有用。至少,这样的提问可以为稍后的总结和对治疗的讨论提供焦点。

第三章
发展融洽的关系

患者和临床工作者之间的和谐与信任是融洽的治疗关系的必要条件。融洽的治疗关系是访谈的关键目标之一，它本身就会产生实际影响。融洽的治疗关系对于你在未来为患者提供治疗来说非常重要。在访谈最初的几分钟里建立起来的信任和信心，能极大地提升你在整个治疗过程中的效能。实际上，你对患者表现出的关注和兴趣是患者愿意继续接受治疗的最关键的影响因素之一。

融洽的治疗关系对于信息采集来说也非常重要。在关系评估阶段，积极融洽的治疗关系能够激励患者主动表达，透露关键的个人信息。

建立良好关系的基础通常已经具备。多数患者在寻求帮助时都期望能从临床工作者那里获得支持。你可以通过言语和非言语行为来强化这种期望，表现出对患者的真正关心。当然，任何人都可能在无意中说出一些令人不快的话，但是只要你对患者的感受保持关注和敏锐，几乎没有什么言行是无法弥补的。

关系的基础

大多数患者一开始就希望对临床工作者有好感。然而，真正融洽的关系并非一蹴而就的，需要随着双方深入了解和共同努力才能逐渐形成。尽管如此，也有一些行为有助于加速关系的建立。

在建立关系的过程中，你的行为举止至关重要。牢记专业素养并不拘泥于刻板僵化的形式。事实上，你要注意不要做一个面无表情的治疗师，这种形象通常出现在电影、动漫和小说中。如果你表现得放松，对患者表示感兴趣，以及富有同情心，患者更可能感觉安全和舒服。请注意觉察自己的面部表情：不要皱眉或挤眉弄眼，或流露出其他可能被患者误解为负面反应的迹象。尽管你应该避免直勾勾地盯着患者，因为可能显得你冷漠而挑剔，但你要保持适当的眼神接触，即使你正在做记录。当然，如果你不希望显得不真诚，适当的微笑和点头可以说明你是专注的和有同情心的。

然而，在最开始，我会谨慎地表扬患者。表扬作为一种强化手段可以有力地塑造行为，但在关系的早期阶段，你并不清楚应该强化哪些行为。例如，如果患者还没有告诉你全部真相，便不宜称赞患者"坦诚"。

患者自身的行为举止可能会比其他因素更影响你们之间的互动。肢体语言——耷拉肩膀、双脚抖动、泪如雨下、握紧拳头——通常能清晰地传达患者的感受。注意观察患者说话的语气，你可以发现表达其感受的其他线索。比如，在询问金布尔先生与他妻子相处的情况时，他回答说"挺好的"。如果他的语调温和而轻快，则表明这对夫妻之间问题较少。然而，如果他说"挺好的"时咬紧牙关，语调平淡，或是伴随着一声叹息，那么说明金布尔先生可能对夫妻关系感到绝望或愤怒，只是未能用言语表达出来。

因为你已经提前安排好了咨询室的布局，使你与患者之间没有什么障碍物，所以你可以轻松自然地调整自己的姿态，促进彼此达成默契。如果患者情绪低落，你可能会不自觉地靠近患者来表达关心。你可以自然而然地这样做。如果你感觉患者有敌意，很可能想要拉远你跟患者之间的距离，哪怕只有几厘米。这样做将有助于给你们更多的空间来缓解紧张气氛。同样，当患者开玩笑时，你可能会笑出来；当患者惊恐发作时，你可能会皱起眉头表达担忧和支持。在访谈了十几位患者之后，你就可以学会根据每位患者无意识地给出的信号来自然而然地做出这些反应了。

与此同时，你应该对患者讲述的事情保持一定的中立态度。如果患者批评其亲属，不要为其亲属辩解。但也不要附和批评，这可能会冒犯那些对亲属有矛盾情感的患者。稳妥的回应方式是做出共情的评论，不偏袒任何一方。

患　者：我母亲真是一个泼妇！她总是干涉我们夫妻之间的事。
访谈者：（身体微微前倾）这对你来说一定是个难题。

这位访谈者的回应是富有同情心的、不评判的，也尊重患者及其亲属，这有助于和患者建立良好的同盟关系。

评估你的感受

你对患者的感受会产生重要影响。如果你的感受是积极的——比如，这位患者是你愿意选择成为朋友的类型——你可能会给人留下温暖和关怀的印象，从而鼓励患者透露更多的敏感信息。

你的感受会受到个人背景和养育经历的影响，进而影响你对各种情况做出准确评估。在整个访谈过程中，你应该时刻留意自己感受的性质和来源，特别是当患者的某些事情让你感到困扰时。这类事情也许涉及个人卫生问题、言语粗俗或表达了种族偏见等。也许是患者的情况让你想起了你和亲人之间的问题？无论如何，你都必须仔细监控自己的反应。如果你通过皱眉或其他方式表现出不适，患者可能会感觉到被你否定，这会阻碍你收集准确信息。

你要做的是表达共情，这意味着你可以在某种程度上感受患者的感受——可以设身处地地理解患者。能够共情将帮助你理解患者行为背后的动机，即使这些动机看起来并不恰当。你所表达的共情可以激发患者对治疗过程的信心，并促使他向你提供需要的诊断信息。（调查显示，在接纳他人观点的能力方面，临床心理工作者明显高于其他医疗保健专业人员。）牢记以下这句话，你将可以更好地表达共情："若我是此刻与我交谈的这位患者，我会有什么感受？"

当患者表现出强烈的愤怒、焦虑，甚至精神病性症状时，这项工作可能会让人望而生畏。在你的职业生涯中，你将不得不与形形色色的人打交道，其中一些人可能并不那么容易相处，但你会发现几乎每一位患者都有一些你可以与之产生共鸣的特征。如果你不能对患者说的内容做出积极回应，也许你可以对此背后的感受表达共情。例如，一位有中度反社会型人格障碍的患者在谈论他之前的治疗师时是这样说的，

患　　者：我根本不需要那个家伙。我甚至有一两次想把他赶走！
访谈者：听起来，你好像感到非常愤怒。

如果直接回应患者的评论内容，你要么不得不同意患者的评论，要么可能遭受患者的攻击。以患者的愤怒情绪作为切入点而给予的回复让彼此都容易接受。

所有专业人员拥有的情感、态度和自身体验都可能影响他们所展现的形象；我们必须时刻保持警惕，避免个人因素影响对患者的治疗效果。思考一下离婚这种普通事件对我们的影响。

一位临床工作者发现，自己在与丈夫分居期间过于沮丧，从而无法有效地应对有类似问题的患者。

另一位临床工作者在与前妻进行了一番言辞激烈的通话后，为了让自己冷静下来，能专注于患者的问题，而推迟了下一次会面。

许多访谈新手都知道，如果向患者介绍说自己还是学生，可以减轻自

己身上的压力。但无论你是在培训阶段还是在实习阶段，你的气质类型和经验都将决定你如何应对个人的关键弱点。无论这一弱点是什么，只要你能意识到自己的局限性，你的治疗胜任力就会有所提升。

考虑你的说话方式

为了建立融洽的治疗关系，一定要让患者知道你能理解他。我们很容易直接说"我明白你的感受一定是……"，但这显得过于空洞。许多患者在来咨询室之前就已经听别人说过许多类似的话了，但这些人可能根本不了解患者的情况，或者即使理解也未能提供有效的帮助。一些有严重问题（不论实际存在，还是主观臆想）的患者可能觉得没有人会理解他们所经历的一切。为了更好地表达对患者的同情和关注，可以使用以下方式回应患者。

"你一定感到很不开心。"
"我从未经历过这种状况，所以我只能试着想象你有什么样的感受。"
"那真是一次糟糕的经历。我能看出它令你非常不安。"

有时候，你可能需要夸张一点，强调你的感受。这并非欺骗患者，以演员为例，他们知道自己的声音经过录制往往会变得平淡，因此必须通过夸张的表演来传达他们想要表达的情感。同样地，为了让一些患者感受到你对他们深切的共情，你可能需要加强情绪的表达，你可以通过面部表情或者音量、音高和重音的变化来表现这一点。即使是简短的感叹也能传达深切的关怀。一句时机得当、语气庄重的"哦，哇！"，可能会比精雕细琢的安慰语更有力地表达理解和同情。这种表达技巧象征着你的情绪参与，访谈新手经常忘了使用这个技巧，但它对患者来说至关重要，这个技巧有助于建立融洽的治疗关系。

然而，这很容易过犹不及。想象有一位患者正向你倾诉被爱人背叛的痛苦或他所遭遇的战争或民间灾难。你自然想要表达支持，但如果你过于直接地表达震惊或恐惧，可能会加剧患者本应被缓解的创伤。当然，表达同情是必要的——你甚至可以递上纸巾来表示支持——但务必小心，不要将患者描述成受害者。

现在，让我们探讨一下在与患者的互动中对幽默的运用。幽默能极大地促进沟通，它有助于人们放松，感受到彼此间的友好氛围。但临床工作者务必谨慎判断该在何时使用幽默。与刚认识的人相处时，容易判断失误，说出的玩笑话也容易被误解，精神障碍患者尤其容易受到这种失误的影响。即便是你非常熟悉的患者，也可能误解你那考虑不周的玩笑。永远都要设身处地地为患者着想，想象如果你认为自己的临床工作者在嘲笑你，你会有何感受。

通常来说，和患者一起笑是可以的，但永远不要嘲笑患者。也就是说，一般应该先让患者自发地笑。在最初的几次会谈中，要轻柔地展示幽默，并且只有当患者明显表露出有心情欣赏幽默时才这么做。开玩笑时要小心，避免被误解为敌意或贬低。每当患者开玩笑时，一定要考虑患者是否在无意识地将注意力从重要话题中转移出去。通常，微笑并与患者保持目光接触是一种安全的回应方式。

经验丰富的访谈者报告，当他们面对不同的患者时，有时人格都好像发生了变化。他们可能会用正式的语气与一位患者交流，但对另外一位则语气更随和。有一位访谈者在与一位来自农村、带着口音的患者持续交谈时，不自觉地改变了自己的口音。在一定范围内，这些做法是可以接受的，但要注意不可刻意模仿。

不管你的经验水平如何，在某个时刻，面对某个患者，你难免犯错。尽管在整体情况下，你所犯的错误可能看似微不足道，比如重复问同一个问题，忘记患者配偶的职业，突然意识到自己走神，记不起患者刚刚问的问题（甚至是自己问过的）；但你和患者都会意识到你犯错了。你应该立即采取行动来纠正。当然可以用稍微委婉的方式表示，比如"抱歉，我真是老了"，说的时候还可能露出带着一丝歉意的笑容。如果你没有那么幸运，无法以年龄为借口，你应该坦率承认自己一时分心了，并采取必要的措施予以纠正（比如请患者重述问题）。这样一来，对话就能继续进行。重要的是让患者知道你已经意识到了错误并承担了责任，这对维护你和患者之间的关系至关重要。

使用患者的语言

建议在与患者交流时使用易于理解的语言。倾听患者的语言表达，并在你感到舒服的前提下使用他们的语言。青少年和尚年轻的成年人常常不信任年长者，所以如果你用他们这一代人流行的语言，他们可能会做出更积极的回应。但是要确保你"酷酷"的表达仍然"流行"，否则你可能会被认为很"土"。（关于这个问题还有另外一种观点。如果你尝试用青少年的说话方式，一些青少年患者可能会非常反感，甚至变得更不信任你。）你和患者的沟通方式应该以清晰的表达和建立融洽的关系为导向，因此要随时注意患者的反馈并灵活调整语言表达方式。

某些词语可能会让一些患者感到不适。这些词语暗示了患者患病、失败或品行差等，你通常应该避免使用这些词语。这样的词语包括：流产、坏、脑损伤、癌症、疯狂、缺陷、幻想、性冷淡、歇斯底里、阳痿、神经质、淫秽、变态和受害者等。在你的访谈生涯中，你会遇到更多类似的词语。请准备好用更中性的同义词替换它们，更好的做法是使用患者已经用过的词语。

应尽量避免使用心理学术语。即使是像"精神病"这样常见的词语也可能引发误解，患者可能会认为你对受教育程度较低的人漠不关心。还应确保你理解患者使用的语言，不要假定他们所用的语言和你理解的一样。例如，对你来说，"偶尔喝一杯"可能意味着每月喝一次酒，但对你的患者来说，这种说法可能意味着"在一天内断断续续地喝"。在俚语表达里，"我当时真的很偏执（I was really paranoid）"并不意味着患者感觉自己饱受精神类疾病之苦，只是感到恐慌不安。

当你使用与性或排泄功能有关的"礼貌性"术语时，受教育程度较低的患者或许能知道你在说什么；但是如果你使用浅显易懂的语言，就更有利于关系的建立。我承认自己对使用俚语持有矛盾的想法。一方面（一些研究表明），通过使用日常用语，你或许能获得更多信息。另一方面，同样的方式也可能冒犯患者，影响他们提供的信息的准确性。归根结底，你必须根据自己的舒适程度和对每位患者的评估来做出决定。

当患者出生在国外或在不同地区长大时，你们之间可能存在沟通障碍。不要使你的态度带来患者"说话好笑"的暗示。相反，需要承认你们有不同的口音，并且有时可能不得不要求对方再说一次。对于犹豫不决或不确定如何继续的患者，你可以安慰他们说"按照你的节奏来就好，这样我才能真正理解你的感受"，从而减轻他们的压力。另一方面，为了确保你理解得准确，你可能需要把患者描述自己情况的华丽辞藻翻译成更简单的语言——他们之所以使用华丽辞藻，可能是为了混淆视听，也可能是因为他们认为临床工作者更喜欢听到心理学术语。

患　　者：我一直有恐猫症——我却养了四只猫。
访谈者：看来你是真正的爱猫人士！

或许等你们更了解彼此时，你就可以提供更准确的定义了。

保 持 边 界

多年来，关于临床工作者应该与患者保持怎样的关系的标准一直在变化。临床工作者往往被视为独断专行的决策者，但现在取而代之的是作为合作者，与患者一起探索问题和解决问题的方法。我明显更喜欢后者，临床工作者的这种合作形象更让人感到舒适（不会表现得很傲慢），能够鼓励患者一起参与制定治疗决策。事实上，这种方式是让双方都参与进来，而不是将所有的责任都推到临床工作者身上。当患者参与讨论和制订治疗计划时，他们更可能依从治疗，也很少抱怨在治疗过程中的波折。

即使是鼓励友好合作的临床工作者，也需要保持界限。在加利福尼亚州执业时，我习惯直呼患者的名字。这对于青少年来说似乎还可以接受；然而，我听说有些临床心理工作者以过分熟络的方式称呼足以当他们爷爷奶奶的老年患者。住院患者本来就已经失去了相当大的自主权，这种称呼风格会让患者显得更加弱势。同时，这也会助长专业人员的家长式作风，即代替患者做出本应由他们自行决定的医疗决策。

然而，在我小题大做之前，我们要知道时代已经变了，许多治疗师与患者以熟络的称呼相互交流，仍能维持成功的职业生涯。我个人还是反对直呼患者的名字，而是采取一种更加正式的方式，即用患者的姓氏和头衔（如小姐、女士、夫人、先生或博士）。这种做法可以最大限度地尊重个人尊严，即使是在患者可能失去自主权的时候，并强化一种独立感。这也能鼓励患者使用头衔和姓氏称呼临床工作者，保持一定的情感距离。有时，这有助于防止产生情感纠葛和其他非专业关系。

如果有患者认为我不称呼他们名字是一种冒犯，那么我会坦率地表示我习惯使用姓氏和头衔，并且很难改变这一习惯。（如果你还是一名学生，可以用机构对学员的要求作为理由来解释。）我很少遇到坚持要求被称呼名字的患者，但如果我认为继续坚持使用姓氏和头衔可能会影响我们的关系，那么我会做出妥协，采用姓名加头衔的方式，即名字加中间名，或名字加姓氏，并附以称谓。例如，当我从等候室呼叫患者时，我会面带笑容地说，"乔安妮·克雷米耶尔太太"。到目前为止，这种折中方式一直能取得令人满意的效果。然而，考虑到具体的临床情况，也许并不是每个临床工作者

（以及他们的患者）都认同这种方式，因此在如何称呼方面没有硬性规定。

一般来说，不要向患者透露太多个人信息。尤其是在初始访谈时，因为你们与彼此还不是很熟悉。

> 一位初级精神科住院医生向他的新患者透露，他是一名预备役军官。后来，他发现患者患有严重的人格障碍，还一直对警察深恶痛绝，因此感到非常懊悔。

如果你在采集信息时遇到困难，你可以通过找到与患者的共同点来鼓励他加强合作。例如，你可以提到你们的共同爱好，比如喜欢帆船运动或者出生在美国印第安纳州。这种身份上的共同点可能会使你更容易建立融洽的治疗关系。然而，对于这种技巧应该慎用，对同一位患者使用不要超过一次，以免让人感觉过于亲近。同时，你也应该小心，不要让由此产生的闲聊分散你对访谈目的的关注。

为什么患者会问临床工作者个人问题呢？有些人可能只是出于好奇，有些人可能是因为他们对访谈者的专业背景或能力存在疑虑。临床工作者之所以会在咨询室展示文凭、执照和其他证书，原因之一就是证明他受过专业训练并具备相应的能力，让患者感到放心。实习医生还没有执照，所以还享受不到专业认证带来的好处。无论你的资历如何，当被问及时，你都应该在口头上提供这些信息。如果遇到特别焦虑的患者，不妨适时提供督导者的姓名与职位，以安抚他们的情绪。

一些询问个人信息的请求可能是出于无意识的愿望，比如希望建立起访谈者和患者之间的平等感。另一些可能是为了回避讨论敏感话题，在这种情况下应该谨慎而机智地加以处理。

患　者：你到底多大年纪了？
访谈者：你为什么想知道呢？

患　　者：你作为治疗师看起来很年轻。
访谈者：嗯，谢谢你的夸奖，但我不认为我的年龄和我们讨论的内容有特别紧密的关系。我们还是把重点放在你身上吧。现在，回到我的提问上来……

在某些情况下，个人信息可能与你的访谈有关。如果你认为情况确实如此，你通常可以透露自己的个人情况。

患　　者：你是在这座城市中长大的吗？
访谈者：你为什么这样问？
患　　者：我妈妈告诉我，一定要找一个在本地土生土长的治疗师。她说，只有这样的人才能真正理解在贫民窟长大的感受。
访谈者：我明白了。事实上，我并不是在这里长大的，但我的大部分培训是在这里完成的。我已经在这座城市住将近 8 年了，所以我想我对你的一些经历有一定了解。但我觉得你还能告诉我更多信息。

我倾向于坦率地回答无伤大雅的问题，只要它不太可能使以后的关系变复杂，因为我相信这有助于建立融洽的治疗关系。

展示你的专业性

通过告诉患者你对症状的了解及其可能的意义，你能开辟另一条建立融洽关系的途径。这种评估通常会在访谈之初进行，那时你已经获得了足够的信息，能够形成一些较为准确的判断。接着你可能会这样说：

"你的情况实际上相当普遍——这是患者最常向治疗师咨询的问题之一。在这几个月里我就看过好多类似的案例。我们有一些好的治疗方法，所以就你的情况来说，可以预期有好的治疗效果。"

即使你正面临不常见的状况，也可以向患者保证你知道从哪里获得指导：

"我们可以一起解决这个问题。"

如果你是学生，你对患者的病情和其他情况都没有太多经验。但是，你所参加的培训项目配备了经验丰富的教师，他们遇到过许多病情类似的患者。

在此，我想就展现专业性给出几点警示。第一，共情的自然结果是尊重，尊重意味着你不应该让自己听起来像是独裁主义者。如果表达准确，听起来像权威也还好。但是听起来像独裁主义者就显得过时了，在21世纪，这种独裁主义风格会被认为是无礼的。无论如何都不会有理想的效果。第二，在热心安抚患者的同时，切勿屈从于患者过早提出的信息或建议的要求。作为专家，你需等到掌握充分的事实后再提供支持。过早下诊断或提出治疗建议，有时会导致尴尬和退缩。第三，尽量轻松地展现你的学识。在表达观点时加上"我认为"或"根据我的经验"之类的表达，这样患者同样会尊重你的意见；同时，你也能避免给患者留下"专家总是万无一失"的印象，因为没有人能真的做到这一点。

你偶尔会不可避免地遇到难以合作的患者。有时，这可能跟你个人的体验有关——也许是你对不思悔改的犯罪行为的反感，也许是这位患者唤起了你对前伴侣的强烈感受。还有些时候，你会被患者说的一些话影响，比如患者表示更喜欢有某一信仰的治疗师，或者其他与你的治疗风格完全不符的治疗方向。

这样的患者可能很少，但诚实地面对他们是你的职责所在。当然，为了确保你的第一印象准确，你应该在完成评估之后才做决定。此时，你或许可以这样说：

"坦率地说，我不确定自己是不是解决你的问题的合适人选。"

接着，你要继续解释为什么你会得出这个结论（省略那些不讨人喜欢的部分），并建议患者下一步可以去哪里：

"对于你所面临的问题类型，我并没有太多经验。然而，我知道在这里，有医生对你的这类问题做过研究。如果你愿意，我可以写一份说明，记录我对你的情况的了解，然后把你转介给他。"

第四章

访谈的前期管理

在典型的初始访谈的前几分钟里，患者通常会放松下来，然后给你提供所需的信息，你当前的主要任务仅是让患者畅所欲言。大多数患者有很强的动机来谈论他们的病情，你通常只需要尽可能鼓励他们表达。（如果你遇到的情况并非如此，可以参考第十六章和第十七章的材料来寻求帮助。）

为了让患者畅所欲言，应尽可能少地打断谈话。一旦你开口——不管是提问、评论，还是清嗓子的声音——都会分散患者的注意力。只要你在挖掘患者求助的动机，你就应该让患者尽情表达。在实践中，你通常只能在前几分钟保持全然地倾听。当患者的信息流减缓，话题偏离时，你就需要进行干预了，而这关系到整个访谈的效果。

非言语的鼓励

处理沉默可能是访谈新手面临的常见挑战之一。他们往往难以忍受沉默，觉得对话中无论多短的停顿都必须用言语填满。的确，停顿超过 10～15 秒会让临床工作者看起来很冷漠，一些患者会因此感到沮丧。其实，适当的停顿通常只意味着患者正在试图整理思绪，以便进一步讨论。不要让焦虑使你的想法偏离轨道，短暂的停顿是患者在思考。

你必须学会在允许患者思考的短暂停顿和使你看起来显得冷漠或无趣的长时间停顿之间保持平衡。你可以通过留意患者的眼神、呼吸或其他活动迹象，比如舔嘴唇，来判断谈话是不是在正轨上。

你可以通过使用非言语线索鼓励患者进一步表达。注意不要中断眼神交流；微笑或点头会传达出类似"你做得很好，你可以保持这个节奏继续讲"的信息。另一些经验丰富的临床工作者有时会不假思索地使用另一种技巧——通过微微前倾身体来表示对患者所说的内容感兴趣。这种非言语暗示很简单，但往往极具鼓励性。在不打断患者说话的情况下，这些非言语行为可以明确传达你对患者的专注与兴趣，促使患者继续表达。但动作不要太明显或夸张：过于频繁地点头或夸张的笑容可能会分散患者的注意力，使他疑惑这些行为背后的含义。

言 语 鼓 励

身体语言固然有用，但是你也需要借助言语发挥作用。这时，所选择的用词非常重要：既要促进对话，又不能干扰对话。因此，你在阐明意思的同时应尽量使用简洁的语言。

言语鼓励通常只需要一两个音节就够了，就像"是"或"嗯"足以表明你已接收了患者的信息。不需要说什么指导性的话，一些简短的感叹词和短语就能让患者继续倾诉。以言语鼓励为主，也可以适时地穿插一些非言语鼓励。间隔一两分钟给予这样的鼓励，促使患者更顺畅地表达。

还有一些口头技巧可以鼓励患者表达。它们比刚才提到的更具侵略性，所以你应该谨慎地使用。针对每一种技巧（其中一些被称为反映性倾听），我将用简单的例子加以说明。

- 用疑问的语调重复患者说的话的最后一两个词，形成简短的问题。

患　者：一连几小时了，我都感到非常不安，因为我好像能听到声音。（停顿）

访谈者：声音？

患　者：在我的脑袋里。我感觉我听到妈妈喊我的名字了。

- 详细询问患者之前提到的一个词。这个技巧能让你追溯患者之前提到的关键信息。

患　者：我知道我反应过度了，但我当时感到很绝望。我睡不着也吃不下，我对孩子们大喊大叫。

访谈者：你说你感到绝望。（暂停）

患　者：是的，我甚至考虑过自杀。

- 直接要求患者提供更多信息。

"能和我多说一些吗？"

"能具体讲一讲这句话的意思吗？"

- 当患者似乎误解了你最初的问题时，应再次询问相关信息。

访谈者：你从事什么工作？

患　者：我在埃尔姆街的铸造厂工作。

访谈者：你具体做什么工作？

- 提供简短的总结。这些通常以"所以你觉得……"或者"你的意思是……"为开头。总结不仅有助于内容的过渡，还传达了临床工作者对患者的理解。

访谈者：所以大约6个月以来，你一直感到抑郁和焦虑。

患　者：是的。最近我甚至开始有可怕的想法——关于自杀的念头。

有时候，你所获得的信息并非你真正需要的信息，例如，最近的假期、孩子们的妙语连珠以及与爱人的争吵，这并不是说这些内容都很无趣，而是这些内容可能占据了本可用于探讨其他议题的宝贵时间。虽然你可以通过简单地不接话茬来减少无效沟通，但对患者直言不讳更好。

"这很有趣，也许我们可以稍后再谈，但现在我想知道……"

或者更直接地说：

"不，让我们把注意力集中在能让我给你提供帮助的信息上吧。"

给予肯定

肯定可以增强患者的信心和幸福感。因为肯定表明你喜欢这个人或者对他感兴趣，这也有助于建立融洽的关系。在初始访谈中谨慎地使用支持性陈述："我站在你这边，我们会一起解决问题的。"

任何访谈都可能具有治疗效果。研究表明，仅仅是与另一个人谈话（甚至在某些情况下都不是和人谈话，而是和计算机谈话！）就可以帮助这个人对旧问题产生新见解，或者对想法进行创造性结合。但是对于新患者，切勿匆忙提供建议或解释，或者以其他方式"展开治疗"。相反，初始访谈的目的在于收集必要的信息来制订治疗计划。同时，只要不影响访谈的主要目标，你也不应该错过肯定患者的机会。肯定甚至可以增强患者的信心，让他们愿意透露原本难以启齿的敏感信息。

肯定的态度虽然通过肢体语言（如微笑和点头）传达，但在多数情况下还是依靠言语。为了做到真正的肯定，你说的话必须基于事实。你不能对一名 45 年来没有为退休存过一分钱的患者信口开河地说你很有理财头脑。此外，注意措辞，避免陈词滥调和千篇一律的表达方式，这会让你听起来好像只是在机械地回应，而不是发自内心地肯定。

简而言之，支持性肯定必须是实事求是的、态度真诚的，并且是针对具体情况的。下面是两个例子。

患　　者：去年我确实得到了两次晋升。
访谈者：看来，你在那份工作上确实做得很好啊！

患　　者：当他拿着刀向我走来时，我从二楼的窗户跳到了车库的屋顶上。这让我觉得自己很蠢。我觉得我帮他省了把我剁成碎片的麻烦。
访谈者：这可能救了你的命！或许这是你唯一能做的事。

避免在访谈中过早地或者仅凭有限的事实信息得出不切实际的结论。例如，"我相信一切都会好起来的"或者"那些恐惧似乎毫无根据"，这样的说法对大多数患者来说可能是苍白无力的，尤其是那些患有重性抑郁障碍或妄想症的人；他们深知情况不会好转！如果你迅速做出了过于平淡的、难以令人信服的肯定，那么即使是病情没那么重的患者也可能质疑你的学识。

偶尔，患者会基于对心理或身体现象的误解而表达担忧。此时，你可以用专业知识，在不影响对病史的了解的情况下澄清事实。

患　　者：我以前从来没有来过加利福尼亚州，但我突然想到，"我以前也来过旧金山的这条街"。我怀疑自己是不是疯了。

访谈者：这种感觉被称作似曾相识。这很常见，并不意味着出了什么严重问题。你可以告诉我之后发生了什么。

然而，请注意，这位访谈者确实犯了一个错误，那就是给予了无条件的肯定。虽然似曾相识在大多时候是一种正常现象，但它有时也与神经系统疾病有关，如颞叶癫痫。但是，在没有更多确凿证据的情况下就认为这种现象可能具有病理意义同样是一个严重的错误。一个合理的折中说法是"这通常并不意味着有什么问题"。

注意避免可能令人不安的随意评论。一位患者描述了与她表弟的性接触，然后说她不知道这是否会被视为性骚扰。访谈新手回答说："对我来说，这听起来确实像是性骚扰。"这种反应有可能引起患者的焦虑，而她还没有准备好做出应对。（"你是怎么知道的？"这个答案更稳妥。）

在大多数情况下，你的积极肯定与鼓励通常会促进访谈。然而，这些技巧有时可能适得其反。有被害妄想的患者可能会将友好地点头或微笑解释为嘲笑。当你试图靠近一个愤怒的人时，可能不会得到更多信息，反而会面对患者的敌意或更加沉默。判断患者何时愿意接受肯定或鼓励并不容易。最好的方式是循序渐进，保持友好愉悦的态度，切勿咄咄逼人。

注意线索提示。如果你过于积极主动，患者可能会表现出以下行为：

- 失去目光接触；
- 表情僵硬；
- 言语减少；
- 坐立不安，频繁变换姿势。

如果你发现这些迹象，需要迅速切换为更保守的谈话方式。

第五章

现 病 史

一旦你探索了其他主要的问题领域，就应该结束自由表达阶段，有条不紊地转入对现病史的收集过程。(然而，在你了解现病史的过程中，要仔细倾听其他线索，这些线索可能表示有些情况需要进一步探索。)

现在，你将更全面地探讨导致患者前来就诊的问题——这是初始访谈的"核心部分"，包括症状、发生时间及可能导致症状的压力源。参考你在患者自由表达期间识别的临床感兴趣的领域会对这个过程有帮助。这些领域在第二章中首次被提及；由于它们包括来自精神状态检查的材料，所以第十三章将进行更深入的探讨。

虽然有些患者不符合任何特定诊断标准，但无论谁来接受评估，按惯例都会被贴上"疾病"的标签。因此，从广义上说，婚姻冲突等其他生活问题——甚至包括想更好地了解自己的愿望——都可以被视为一种当前的"症状"，即使没有人会认为这是一种疾病。但所有这些问题都有诱因、症状、过程和其他特征，使我们可以提出有效的行动计划。

当前的发作

尽管我们最终想要了解疾病的全貌，但首先要关注患者当前的发作情况。这是患者最关心的，而且所有知情者对其细节的记忆也最为清晰。当然，你需要了解在一次发作中可能会出现哪些症状。对此，你可以参考教科书和其他资料（我自己也写过一两本这样的书）。本书的附录 D 提供了一份半结构化访谈，涵盖了精神障碍患者常见的症状。附录 B 列出了临床常见的几种精神障碍的基本信息。如果你早期的访谈经历与我类似（参见本书引言的开头部分），那么回到患者那里，问一下你们在前一两次访谈中忘记的问题会有帮助。

描 述 症 状

在收集病历信息时，应尽可能详细地了解患者所报告的每一个症状。（记住，症状是患者报告的主观感觉。它甚至不一定是不愉快的；疼痛、幻觉和焦虑是症状，但躁狂中的情绪高涨或充满力量感也是症状。）澄清患者所使用的任何描述性术语：例如，对患者来说，"紧张"是什么意思？

尽可能全面地描述每一种症状。这种症状是持续存在，还是时有时无（间歇性发作）？如果是间歇性发作，就像焦虑发作和许多抑郁症状一样，它发生的频率如何？强度如何？一直没变，还是有变化？记住，症状可以随着时间和环境的变化而起伏。患者有没有注意到貌似与症状相关的因素（如活动或一天中的时间）？症状的强度和频率是增加了、保持不变还是减少了？当患者有症状的时候，持续了多长时间？在什么样的情境下发生？（只在晚上？只在独处的时候？还是在所有时间？）

患者如何描述症状？疼痛可被描述为切割痛、灼烧痛、压痛、锐痛或钝痛。你可以根据幻听的内容（噪声、咕哝声、孤立的词语或完整的句子等）、位置（在患者的脑中、在空中或在房子外面等）和强度（从大声尖叫到遥远的低语）来描述幻听。其他类型的幻觉——幻视、幻触、幻嗅或幻味——也可以用类似的方法来描述。我会在第十二章中对此展开更多的讨论。

自主神经症状

许多罹患严重问题（如焦虑障碍、抑郁障碍和精神病性障碍）的患者都会有自主神经症状。这个古老的术语指的是与保持身体健康和活力有关的躯体功能。自主神经症状包括睡眠、食欲、体重变化、精力水平和性欲方面的问题。

并不是每位患者都会主动报告这些症状，但这些症状常见于严重的精神障碍，因而是有效的诊断指标。你应该按常规向患者询问这些问题，特别是患者从以前功能正常时到现在发生的变化。你可能会发现以下一个或多个方面的改变。

- **睡眠**。患者可能会主诉过度嗜睡（嗜睡症）或无法入睡（失眠）。如果是后者，需确定哪个部分的正常睡眠受到影响——初期（入睡性失眠）、中期（间断性失眠），还是末期（终末性失眠）。末期失眠通常与更严重的精神问题有关，如伴忧郁（melancholia）特征的重性抑郁障碍。入睡困难更常见，有时也见于正常成年人在生活中出现困扰的情况。间断性失眠以噩梦惊醒的形式出现，可能见于酗酒或患有创伤后应激障碍的患者。以下是询问睡眠问题的方法。

访谈者：你的睡眠有问题吗？

患　者：有，非常严重。

访谈者：你有什么样的困扰？

患　者：什么意思？

访谈者：意思是，你的睡眠是怎么不好的？

患　者：哦。在大多数情况下是难以入睡。

访谈者：你有没有过这样的经历，早上还没到起床的时间就醒了，然后就睡不着了？

患　者：有，经常如此。

访谈者：你通常能睡多长时间？

患　者：最近，我想……大概只有四五个小时。

访谈者：你醒来的时候觉得休息好了吗？

患　者：没有，感觉像整晚都在搬砖一样累！

访谈者：对你来说，这样的变化有多大？

- **饮食和体重**。这两个方面可能在疾病发作期间出现增或减。你还应该了解这些变化有多明显（患者的体重增加或减轻了多少，以及这些变化是在多长时间内发生的）还需要询问这种变化是不是患者有意为之的。有些患者会告诉你，他们最近没有称过体重；此时问衣服是否变得太松或太紧可能会帮助你做判断。

- **精力水平**。患者是否主诉经常感到疲劳？这对他们来说是一项变化吗？这是否在某种程度上影响了他们在工作单位、学校或者家庭中的表现？你也可能听到其他躯体功能改变的主诉，例如，排便。例如，一些重性抑郁障碍患者会出现便秘。

- **情绪的日间波动**。这指的是患者倾向于在一天中的特定时间段感觉更好。重性抑郁障碍患者起床后往往感觉最糟，但随着时间的推移会有所好转，到了睡觉时间，他们可能会感觉几乎正常。那些不太抑郁的人更有可能在一天的早些时候感觉更好，但到了傍晚，他们会感到情绪低落、消沉和疲惫。

- **性欲和性功能**。个人的幸福感通常会影响性功能。因此，性欲减退往往是早期表现。此外要了解患者性生活的频率、能力和愉悦感等方面是如何改变的。变化的方向是好还是坏，取决于具体的精神障碍。如果患者的判断力受损，伴侣的数量和偏好也会受到影响。关于性问题和性行为模式的更详细描述将在第九章介绍。

疾病的结果

精神障碍会干扰人际互动的方方面面。了解患者的疾病如何影响所有领域的功能和关系是非常重要的,其中包括社会、教育/职业和家庭生活。

1. 它可以为你提供最可靠的严重程度指数。到目前为止,你听到的大多数病史都是非常主观的:这依赖于患者从想法中分辨事实的能力。部分内容可以通过与第三方知情者交谈来验证,例如患者 1 周没工作的客观事实可能比他喝了多少伏特加更不容易被歪曲。
2. DSM-5 是当前被广泛使用的主要诊断手册,我们从手册中可以看出,许多疾病的定义在很大程度上取决于其社会后果——对患者的影响是什么?对其他人的影响如何?例如,物质使用障碍和反社会人格障碍可能会导致法律、经济、健康和人际关系等方面的问题。此外,大多数障碍的诊断标准都需要了解这些症状对患者日常功能的影响。
3. 你可能会发现,患者的亲属会因为患者被解雇、离婚或与家人疏远而指责患者。然而,这些和其他人际关系的破裂实际上是精神障碍导致的结果。这一观点可能对患者和亲属都有用:向亲属和朋友介绍疾病相关结果,可以帮助患者摆脱麻烦。

要了解患者的障碍造成了什么社会问题,可以从开放式提问开始,开放式提问不会限制你的信息收集。如果患者问你提出的问题是什么意思,可以用一些你感兴趣的具体案例来回答。

访谈者:这个问题给你带来了什么样的困扰?
患　者:你说的"困扰"是什么意思?

访谈者：例如，你的问题是否改变了你与家人和朋友相处的方式，影响了你在工作上的表现，或者影响了你的爱好，等等。

要确保获取关于肯定答案的详细信息。探索的领域包括以下方面。

- **婚姻/伴侣关系**。患者常会经历不和谐的婚姻和其他亲密关系，即使患者只有中度障碍。精神障碍经常导致患者离婚或分手。
- **人际关系**。患者是否感到与亲属疏远或被朋友回避？你能否判断这仅是患者的感觉，还是因为他的行为问题持续时间较长，以致其他人确实故意躲避患者？你可以问：

"你是否做了什么事，给你或你的朋友、家人带来了麻烦？"

- **法律**。是否有法律问题？当存在酒精或其他物质使用的病史时，这些问题尤其可能被问及。你可以问：

"你有过违法情况吗？"
"你被逮捕过吗？被逮捕过多少次？都是因为什么？"
"你坐过牢吗？服刑了多长时间？"
"你被送进过收容机构或被委托给监护人、保护人或受托人监管过吗？"

当出现某些法律问题时，这通常表明患者的精神障碍比较严重。确保你获取了详细信息：导致触犯法律的事件、持续时间、特定情况下有法律责任或法律义务的个人，以及违法行动对疾病进程的影响。

- **职业/教育**。由于情绪问题，患者是否曾缺勤、辞职或被解雇？这种情况发生的频率如何？有时，患者的主管或同事可能会在其家人之前注意到患者的工作表现问题。对于年龄较小的患者，可以询问学校出勤和在校表现等类似问题。

- **残疾津贴**。需要了解患者是否收到了来自美国退役军人事务部、社会保障局、政府赔偿委员会或私人保险的福利（请参照从业者所在地区的情况）？针对何种疾病？残疾评定等级是多少？津贴金额是多少？津贴将发放多久？
- **兴趣**。需要考虑他们的爱好以及对阅读和电视等的兴趣是否发生了变化？对性的兴趣是增加了还是减少了？性功能如何？是否有阳痿、性交痛或无法高潮的问题？第九章将对此进行更多讨论。
- **症状**。症状造成了多严重的不适？患者对症状的意义有什么担忧？这些症状是否暗示着死亡或永久残疾？是否存在精神病性症状？这些信息还将帮助你评估患者的自知力和判断力如何，第十二章将继续讨论这部分。

症状的初次发作和时序

除了完整准确地描述症状外，你还应该确定症状出现的时序。首先，这些问题是从什么时候开始的？有些患者可以提供非常精确的时间点，例如，"我去年过年时又开始喝酒了"或者"我上星期四醒来时感到抑郁"。但在更多的时候，答案不会太准确，要么是因为患者的回答含糊不清，要么是因为发作是逐渐起病的，以致患者和你都无法确定初次发作的具体时间。

尽量鼓励患者对初次发作时特别明显的症状进行精确描述。（有时候，细节特别重要，比如第一次惊恐发作或引发创伤后应激障碍的可怕事件。）患者通常可以记得他们第一次出现诸如想死的愿望或对性失去兴趣等重要问题的时间。你也许可以把初次发作时间与重要日期或事件联系起来。

访谈者：你是从去年 7 月 4 日①开始感到抑郁的吗？
患　者：不，我想不是。
访谈者：是在秋天吗？在你生日前后？

不管你怎么提示，有些患者就是无法说出精确的日期，甚至连一个近似的日期也说不出，例如，"我只知道已经有很长时间了，真的有很长一段时间"。继续追问更准确的答案可能只会让你们两个人都感到沮丧。试着把注意力集中在患者可能已经想了很多次的事情上：

"你上次感觉良好是在什么时候？"

如果连这一努力都失败了，至少要试着了解在患者的几个问题中哪一个是最先出现的。对于诊断和治疗来说，了解抑郁发作和饮酒哪个更早出现通常很重要。你可以问：

"你最先出现的问题是哪个，饮酒还是抑郁？"
"在另一个问题发生之前，最先出现的问题持续了多长时间？"

如果症状有波动，你可以问：

"这些事情是同时发生的吗？"

---

① 美国独立纪念日。——译者注

应 激 源

诚然，出现心理症状本身就让人严重应激，但在这里，我们用另一种定义来界定应激。应激源可能是引起、诱发患者的精神障碍或致使其精神障碍恶化的状况或事件，有时它们被称为诱发因素（precipitants）。

"我丈夫和他的秘书跑了。"
"我被学校开除了。"
"我的猫死了。"

可能的应激源是多种多样的，导致一个人产生轻微应激的应激源对其他人来说可能是灾难性的。多年来（在 DSM-5 出版前），诊断手册列出了九组潜在的心理和环境问题，包括许多个人方面的应激源。在表 5.1 中，我列出了许多应激源，我们应该询问，在评估前的 1 年内，这些应激源是否存在。当你将它们作为诊断评估的一部分列出时（见第十八章），需要尽可能具体。

表 5.1 心理社会和环境问题

这些应激源可能是由精神障碍引起的，也可能是独立的事件。

医疗保健服务的可及性：保险或医疗保健服务不足；获取医疗保健服务的交通不便
经济：非常贫困；缺乏经济或福利支持
教育：学习问题；与同学或老师争吵；识字能力不足；教育条件欠佳
住房：无家可归；住房条件恶劣；邻里矛盾；与房东或邻居不和睦
司法系统/犯罪：被逮捕；被监禁；涉及诉讼；成为受害者
职业：工作环境/节奏压力大；工作变动或对工作不满；与同事或领导发生分歧；退休；失业或有失业风险
社会环境：失去朋友；难以适应新的文化环境；遭受歧视；独居，与社会隔绝
支持性团体：亲属生病或死亡；离婚或分居造成的家庭破裂；父母再婚；躯体虐待或性虐待；与亲人不和
其他：与非家庭照顾者（咨询师、社会工作者或内科医生）的争吵；无法获得社会服务机构的支持；遭遇灾难或战争，或者处于其他有害环境下

患者经常在自由表达或陈述主要问题时提到应激源，如果他们没有提及，你就必须询问。在确定了疾病初次发作的大致时间之后，询问应激源是一个好时机。如果你发现了一个应激源，试着了解它如何影响患者的病程。你可以问：

"当时有没有发生什么可能引发你症状的事情？"
"这些事情怎么影响到你了？"

如果患者想不出可能的应激源，你应该列出可能的应激源清单，短暂停顿一下，让患者有时间思考。

"家里有可能发生了什么事？在工作中呢？和朋友有关的事情呢？有法律相关的问题吗？生病了吗？和孩子们有关的事情呢？和配偶有关的事情呢？"

对于有些疾病，你根本找不到压力源。但对患者来说，几乎所有事情都可能是情绪障碍的潜在诱因。因此，他们可能报告的压力源包括诸如出生、死亡、结婚、离婚、失业、失恋、健康问题和你能想到的几乎所有其他情感创伤，以及许多看似平常的生活经历。

当然，患者将某些东西看作应激源并不意味着它真的导致了疾病的发生。两件事接连发生通常只是巧合，但人类倾向于将问题归咎于之前发生的事情。例如，如果你仔细检查阿尔伯森夫人抑郁障碍的病程，那么你可能会发现她在丈夫离开她之前就出现了一些症状，比如失眠和哭泣。

有时，患者的"应激源"似乎不太可能是导致疾病的原因，例如一位女性说她的重性抑郁症状是在得知她侄女怀孕后开始的。无论应激源是否与疾病有关，都要记录下来。你可以在稍后根据你对患者的其他了解进行评估。

即使你没有发现可能导致精神疾病发作的因素，也要试着思考这样一个问题：为什么患者现在才来接受评估？在某些情况下，这不是患者自己的选择，而是其他人察觉到患者需要帮助，例如，他们发现患者购买枪支、脱离家庭生活或急性中毒。如果答案不那么明显，最好的方法是直接问：

"这个问题已经困扰你很长时间了。是什么让你现在来寻求帮助的？"

当患者自愿前来接受评估时，你可能会听到他们说起家人的强烈要求，患者自己对失去宝贵工作的担心，或是他们对症状恶化的焦虑。

之前的发作

了解患者以前出现的相同或类似的精神状况可以帮助你确定诊断和预后。到这个时候，你可能已经了解到以前的发作情况的细节了。如果没有，你可以问：

"你第一次有类似的感觉是在什么时候？"
"你是立即就接受了治疗，还是延迟了一段时间才接受治疗？"
"为何延迟治疗？"
"你的诊断结果是什么？"（可能有多个诊断结果）

自从第一次发作以来，患者是否已经完全康复，或者患者是否残留了一些症状或产生了显著的人格改变？完全康复的情况至关重要，例如，它有助于鉴别诊断精神分裂症（大多数患者不能完全康复）和伴精神病性特征的心境障碍（通常能完全康复）。

患者对以前的症状或以前的疾病发作有什么反应？有些患者可能只是

忽略了以前的症状或疾病；其他人可能试图通过辞职、离家出走、尝试自杀，或者酗酒或使用其他药物，来逃避症状或疾病的影响。有幻听的人有时会把收音机开得很大声，以掩盖幻听的声音。有些人会和朋友交谈。无论采取何种应对行为，这些信息都可以帮助你通过与早期事件的比较来评估当前事件的严重程度。它还可以帮助你预测若疾病仍得不到治疗，患者会表现得如何。

之前的治疗

患者是否接受过治疗？如果答案是肯定的，那么为了制订未来的治疗计划，需要获悉患者接受或尝试过何种治疗方法。

如果患者曾接受心理治疗，那么是何种取向的心理治疗？认知行为疗法目前应用广泛，但还有其他多种选择。治疗形式是个体治疗、团体治疗还是伴侣治疗？之前的治疗师专业吗？治疗进行了多长时间？终止的原因是什么？

患者接受过药物治疗吗？如果答案是肯定的，那么患者接受了哪些药物治疗？剂量是怎样的？药物治疗对患者有副作用吗？如果患者不知道药物的名称，片剂或胶囊之类的剂型描述可能会给你或药剂师提供一些线索。副作用也可能有助于你识别患者使用了哪种药物。找出患者是否使用过注射药物，特别是抗精神病药的长效针剂，如氟奋乃静、氟哌啶醇、利培酮、奥氮平和帕利哌酮。

同时，也要评估患者对治疗的依从性。如果直接询问，一些患者可能会因自尊或负罪感的影响而无法坦率地回答此问题。建议你巧妙地加以询问：

"你通常能遵从治疗师的指导吗？"

如果这个问题的答案是"不能",就接着问:

"你遇到什么麻烦了?"

以前的治疗有什么效果?如果有效果,试着了解哪种治疗方法的效果最好(谈话疗法?行为疗法?电休克疗法?还是药物治疗?)。你可能会感到惊讶。即使患者当前服用的是抗精神病药,他也可能说锂盐的帮助最大,并再次要求开具锂盐处方。

患者是否住过院?如果住过,住了几次?在哪里住院,住了多久?如果时间很短,而患者对疾病很了解且很配合,你就可以要求他在下次访谈时提供对他以前住院和治疗的书面总结。

第六章

了解与现病史有关的事实

在精神障碍的整个初始临床心理访谈中，现病史可能是最重要的部分（这部分也经常被忽视）。通过初始访谈，你可以获得大部分信息，验证与你的诊断相关的假设，这些假设是诊断的基础。这个过程需要高效地采集信息，确保收集到的信息尽可能准确地反映患者的病史。可以采取以下几个步骤提高现病史信息的真实性。

明确访谈目标

在理想情况下，患者从一开始就会理解你对准确性的期望。然而，在访谈过程中，患者有可能隐瞒了一些事情。诸如吞吞吐吐或回避与你对视等态度可能会提示这种情况的存在。当然，首要任务应该是尝试理解类似行为的原因；我们将在第十六章详细讨论患者阻抗的原因。对于一些轻微的回避和遗漏，简单地重新阐明访谈目标就足够了。

"我知道有些话题可能很难开口，但为了尽可能帮助你，我需要获得所有信息。"

如果你是学生，看上去没什么权威，那么向患者提出合作也许会更有挑战性，所以你可以尝试这样说：

"很抱歉，这些问题让你感到不舒服了，但你提供的信息对我非常重要。我理解谈论这些话题可能会触发一些痛苦的记忆和情感，但这也许可以帮助你更好地理解自己的问题。"

从青少年那里获取高质量的事实描述可能特别困难。一些青少年非常担心你把访谈内容告诉他们的父母，还有一些青少年可能对比自己大5岁以上的人持怀疑态度。无论原因是什么，让一些青少年坦诚说出真相可能会变得困难。反复保证你能够保密可能会有帮助。我通常会这样说：

"你可能在想，我在结束之后会跟你的爸妈沟通。然而，在向他们透露任何信息之前，我都会与你商讨我将要说的内容。在确保你安全的前提下，我会尊重你的隐私，如果你有不想让我告知他们的部分，我就不会说。"

你可以与患者一起确定把访谈内容告知其父母的最佳方式，不要单方面决定告知其父母这些信息。如果青少年被父母带来，那么你通常会在告知患者你计划告诉其父母什么内容后，再与其父母进行沟通。

如果获得的信息不准确，特别是在初始访谈中，可能会令人困惑，因此一些临床工作者在与青少年进行访谈时，会表示他们宁愿青少年保持沉默，也不希望他们提供错误的信息，他们可能会这样说：

"我将要问的问题可能会牵涉你的隐私。其中一些问题可能相当尴尬，甚至令你感到不安。但如果要帮助你，那么真实的情况对我来说非常重要。所以如果你无法回答我所问的问题，请不要编造答案。你只需说你现在不想谈论那个问题，我们就会转而谈论其他话题，好吗？"

追踪被打断的信息

在进行访谈时，很少有访谈者能够先顺畅、有逻辑地完整谈完一个话题，再转移到下一个话题。事实上，经验丰富的访谈者会意识到，访谈过程可能会被意想不到地打断。当新出现的信息打断了访谈流程时，可以选择立即追问，或者将它记录下来以便稍后再问。如果你选择后一种方式，那么你应该承认患者提到了重要信息，并承诺你会很快回到这一点上进行深入探讨。

患　　者：昨天我非常讨厌自己，于是我拿出了行李箱，想看看拎着它的感觉如何。

访谈者：你一定感觉很糟糕，才会考虑离开家。等我们谈完你的饮酒问题，我会再问你更多关于这些想法的问题。

在临床访谈中，你必须不断平衡两个对立的原则：收集所有必要的信息；同时，避免事无巨细。例如，你当然会想了解患者上个月经历重性抑郁发作时的家庭动荡，但是不能因此忽视收集足够的抑郁症状信息，导致无法做出可靠的诊断。处理这种情况通常需要将一些疑虑留待以后解决，即使我们急于了解情况，也必须先处理其他更紧迫的问题。现在正好可以记一些笔记，以供将来参考。

使用开放式提问

最关键的是获取有效的信息。研究表明，当患者被允许自由地用自己的话语尽可能完整地进行表达时，他们提供的信息是最有效的。为此，你需要使用开放式提问——这类提问不能用简单的"是"或"否"来回答，也无法仅凭特定的信息来回答（如某人的年龄、地点或外貌特征）。尽可能用开放式结尾的方式表达你的问题，以便获得范围尽可能广泛的回应。以下是一些举例。

与其说"你在最抑郁的时候失眠过吗？"，不如说"你那时的睡眠怎么样？"。（患者可能睡得太多，而不是睡得太少。）

与其说"你住了多少次院？"，不如说"告诉我你之前住院的情况"。（细节可能会透露患者的自杀企图或酗酒的事实。）

与其说"你是否食欲不振？"，不如说"你的食欲发生了多大程度的改变？"。（"多大程度"这种表达几乎可以将任何封闭式提问都转换为开放式提问。）

使用患者的语言

即使是经验最丰富的访谈者也必须注意避免使用患者可能不熟悉的专业术语。

> 在一次病房巡视中，一位精神病学教授问患者："你的力比多（libido）正常吗？"患者是一位身材魁梧的高中辍学生，他看起来很困惑。

如果你使用了陌生词语，然后患者要求你解释其含义，那还只是多花些时间的问题。更大的问题是，有些患者不愿意承认自己不知道，因此可能会选择保持沉默。有些人可能以为自己理解了，其实并没有。若他们因此错误地回答了你的问题，那么你收集的信息可能会不准确。

确保你的提问与患者的理解水平相符，这样可以提高交流效果。然而即便如此，你可能仍会发现患者对你认为常见的词语有不同的理解。比如，一些人听到"焦虑"会想到"渴望"，另一些人可能用"偏执"来表达"害怕"。

同时，请注意避免用居高临下的态度与患者交流。

> 一位访谈者问一位拥有心理学硕士学位的患者："你的脑子怎么样？（How's your thinker？）"患者起初不明白。当临床工作者最终解释清意思时，患者感觉受到了侮辱，他没有完成访谈就离开了咨询室。

虽然大多数患者不会有如此极端的反应，但请记住，要以充分尊重患者的智力和感受的方式对待所有成年人（以及未成年人）。

在文明社会，每个人都会不时地使用委婉的表达方式。例如，"与……一起睡觉"通常用来指"发生性关系"，但实际上睡眠是之后的事。当然，你应该尽量保持礼貌，但你的首要义务应该是准确地沟通。询问患者是否有过"婚前性行为"是谨慎的问法，但不准确——几乎每个人都会有性行为，但有的人只是自慰。如果你需要了解性生活史，需要直接问有关性生活史的问题。在第九章，我们将介绍一些帮助你处理性、自杀和物质使用等敏感话题的方法。

你应该努力确保你理解患者想表达的意思。例如，当你想知道患者说"我当时发疯了"是什么意思时，可以选择以下两种提问方式之一。

1. 陈述你对这种表达的理解："你的意思是你感觉很不安？"
2. 直接问是什么意思："我没有理解你的陈述和我们之前讨论的内容有什么关联。"

要确保良好的沟通，你需要持续保持警惕。我们很容易假设你知道患者的意思，但事实上，你们两人可能在说不同的习惯用语。

同样，要注意不要根据个人标准来评价他人的行为。常用的例子是睡眠时间长短的问题。你可能会认为患者每晚只睡 6 小时代表他患有失眠症；但对于一些人来说，6 小时已经足够了［托马斯·爱迪生（Thomas Edison）每晚只睡 4 小时］。记住，每个人都有不同的偏好和习惯，要小心，不要把自己的标准强加给他人。

选择恰当的探索性提问

当你想了解某事时，不要犹豫，直接问。问一个简单的问题会带来事半功倍的效果。患者可能会欣赏你的直接；如果你使用了开放式提问，你很可能会了解不少细节。

当你需要更深入地了解患者目前的问题时，在选择使用探索性提问时要牢记两个原则。

1. 选择询问悬而未决的问题。把你的精力集中在你还没有涉及的领域更有效。
2. 如果你的提问表现出你对疾病很熟悉，你会被视为知识渊博的人。由此产生的亲近感和信任通常会让患者披露更多信息。

在你与他人进行访谈时，关注事实本身是很重要的。因此，最好避免以"为什么……"开头的问题，特别是当问题涉及患者的观点或其他人的行为时。此外，使用"为什么……"可能会使缺乏自知力的患者感到挫败，这种沮丧可能会阻碍融洽关系的建立。

"你为什么认为你现在有这些症状？"

"为什么你的老板会这样说？"

"你的儿子为什么离开家？"

每个问题都会引发推测，而不是事实。稍后，你想听听可能的解释，但你最初应该尽量避免主观推测，首先将注意力集中在收集可以帮助你形成客观结论的信息上。可以通过要求患者提供更多细节或列举典型例子的方式，来更好地了解患者的症状和问题。（善意的提醒：稍后，我会打破这条规则，并提到一些特定的情况，那时可以使用"为什么……"的问题来取得良好效果。）

对病史有更好的了解在一定程度上取决于知道哪些问题能帮助你更好地了解患者的症状或问题。每个症状都有其独特细节，必须加以探讨；但要对于任何行为或事件进行全面、深入的探讨，某些关键信息总是必不可少的。关于患者症状的准确细节信息包括以下几个方面：

- 类型；
- 严重程度；
- 频率；
- 持续时间；
- 发生的背景环境。

因为你需要获取具体的详细信息，所以你将使用更多的封闭式提问——可以用几个词回答，不会让患者做进一步评论的问题。即使在追问细节时，你仍应该使用一些开放式提问，这样可以促使患者多讲述你可能没有想到要问的问题。在下面的例子中，临床工作者使用了一系列封闭式和开放式提问来探讨患者的焦虑发作。

访谈者：你是在什么时候第一次注意到这些焦虑的？（封闭式提问）

患　者：我想大约是 2 个月前吧——我刚刚开始在县政府工作。

访谈者：你能描述其中一次发作吗？（开放式提问）

患　者：每次都差不多。我毫无原因地感到紧张，然后我就害怕自己会无法呼吸。这非常可怕。

访谈者：这种情况多久发生一次？（封闭式提问）

患　者：越来越频繁了。我不太确定该怎么说。

访谈者：嗯，是一天几次、一天一次，还是一周一次？（封闭式提问，提供多个选项）

患　者：我想，现在大概是一天一两次。

访谈者：你通常怎么处理这种情况？（开放式提问）

患　者：通常我就是坐下来。反正我通常站不住了，身体总是颤抖。大约 15 分钟后，能开始好转。

访谈者：你之前寻求过什么样的帮助？（开放式提问）

一些访谈规则似乎是显而易见的，但为了完整起见，还是应该把这些规则列出来。

- **避免用反问的方式提问。**（"你没有喝很多酒，对吧？"）这样做的效果暗示了你期待什么回答，在这种情况下，答案可能是"当然没有"。
- **避免一次提两个问题（更糟糕的是一次提多个问题）。**（"你有没有睡眠或食欲方面的问题？"）一次提两个问题可能看起来提高了效率，但这种提问通常会令人困惑。在你没意识到的情况下，患者可能会回答问题的一部分而忽略另一部分。
- **避免明显带有贬义的提问。**（"饮酒导致过严重的判断失误吗？"）这样的问题不仅无益，还可能引起患者的防御。更容易被人接受的方式是简单地询问患者的饮酒是否引起过任何问题。
- **避免诱导性提问。**（"妻子离开是你开始饮酒的原因吗？"）诱导性提问通常暗示了一个预期的答案。法官会驳回诱导性提问，你也应该避免使用这类提问。它们与你所追求的诚实的开放式提问背道而驰。你可以尝试问："在你开始饮酒之前，在你的生活中发生了什么事？"
- **鼓励精准**。在适当的情况下，询问日期、时间和数字。要求患者阐明不精确用词（如很少、有点、偶尔、有时、许多和大多数）的含义。（顺便说一句，尽量使自己的语言也精准。）
- **问题要简洁**。长问题以及大量解释细节的做法会让患者困惑，同时也占用了本可以用来获取信息的时间。
- **注意新的线索**。即使在追求重要信息的过程中，也不要固执于特定方向，要灵活探索其他可能性。

患　者：……这就是我第一次自杀未遂的故事。这让我妈妈非常难过，她因此精神崩溃了。你想听听我另一次自杀未遂的经历吗？

访谈者：（在纸上记下"母亲的崩溃"。）是的，请说给我听听。

面　　质

当然，面质①并不意味着愤怒，更不是冲突。在临床心理访谈中，面质是指出需要澄清的一些事情。这些事情可能与病史记载不一致，或者是患者的叙述和感受不一致。面质的目的是帮助我们与患者更好地交流。

访谈者：我注意到，每当我问起你父亲的时候，你总是把目光移开。你注意到了吗？

---

① 英文为 confrontation，原有对抗、战斗的意思。但在心理咨询与治疗中，该词一般译为面质，是一种助人的面谈技术，而不是对来访者或患者的攻击对抗。——译者注

患　者：没有。

访谈者：你认为这是什么意思？

通常，哪怕面质程度比我刚描述的温和，你也应该尽量避免在初始访谈中进行面质。在前两次访谈中，你根本不了解对方；当患者的矛盾被相对陌生的人指出时，可能令他感到被欺骗或被陷害。这反过来可能导致患者在采集病史时的配合度下降，甚至在极端情况下会导致沟通中断。但如果你似乎在一个重要的问题上得到了矛盾的信息，那么可以试着通过要求澄清来增强信息的有效性。

请采用温和的方式提问。被盘问并不是一种令人愉快的经历；这使患者感到被攻击，并产生防御反应。相反，如果你用温暖的共情来掩饰面质，就不太可能被拒绝。如果患者认为你在对他表示兴趣和表达关心，那么这种面质应该会增加患者的自我探索。

你也可以通过仔细选择措辞来让面质看起来不那么像是对患者的挑战。你可以表达困惑并寻求帮助：

"我不明白。你刚才说是你丈夫开车送你去医院的，但我想你早前跟我说过他跟秘书私奔了。"

注意"我想"这个词，这意味着你作为访谈者，可能搞错了。刚才的面质的总体效果是让你和患者一起来寻找真相。在另一个例子中，在你看来，患者的某些陈述之间的关联是不合逻辑的（也许是妄想），你可以简单地打探一下："我想我没太明白。"

假设你观察到患者的外在表现和思维内容不一致。一种用来澄清的面质方式是：

"你告诉我的关于你岳母的事情听上去令人难过，但你似乎在微笑。这个故事一定另有隐情。"

不管问题是什么，尽量把你的面质限制在一两个基本问题上。否则，你会把你和新患者的关系置于危险之中。为了确保你只在最重要的问题上使用这种方法，最好把面质留到访谈尾声的时候进行。到那时，你们的关系应该会更牢固（风险会降低），而且你已经获得了大部分信息（损失的信息会更少）。你所冒的风险能帮助你解决重要的问题。

第七章

关于感受的访谈

日期、事件和其他事实只提供了关于患者问题的基本框架；必须把它们与感受和反应相结合，才能充实问题的内容。无论患者所呈现的问题的性质如何——即使是在罹患精神病的患者身上——他们对于疾病的感受，以及对于访谈本身的感受，可能都是你要在整个访谈过程中获取的最重要的数据之一。然而，研究表明，在初始临床心理访谈必须涵盖的所有主题中，感受是最常被初学者忽视的主题。

消极和积极感受

人们可以体验到各种各样的感受。我尽可能全面地把这些感受列出来（表7.1）。有些是主要的情绪或情感，另一些则是各种变式或不同情感的组合。这些词语都是日常用语。虽然几乎每种情感都有其名词形式，但我选择用形容词来表示（附带一些同义词和相关词），因为人们通常是用形容词来表达这些情感的。例如，我们更有可能说，"我感到焦虑／我是焦虑的"而不是"我有焦虑"。

表 7.1　消极和积极感受

消极感受	积极感受
害怕的、恐惧的、担忧的	自信的
生气的	
焦虑的	心满意足的、安静平和的
淡漠的、冷淡的、疏远的、冷漠的	热切的、热情的、兴致盎然的、着迷的
羞愧的、羞耻的	自豪的
困惑的、迷惑的	确定的、确信的
失望的	满足的
厌恶的	欣喜的
不满的	满意的
尴尬的	
嫉妒的	
愚蠢的	明智的
沮丧的	欢欣鼓舞的
负罪的	
愤恨的	亲切的、充满爱意的
无助的、依赖的	独立自主的
无望的、陷入绝境的	满怀希望的
战栗的	
不耐烦的	有耐心的
愤慨的	满意的
自卑的	优越的
孤独的	好社交的
悲观的	乐观的
后悔的	
嫌弃的	接纳的
憎恨的	
悲伤的、灰暗的、抑郁的	欢快的、高兴的、欣快的
害羞的、羞怯的	自信的

续表

消极感受	积极感受
惊讶的、震惊的、诧异的	有准备的
多疑的	信赖的
紧张的	放松的
不确定的	坚定的
忘恩负义的	感激的、感恩的
冷酷的、无情的	同情的、共情的
没用的、没价值的	有用的、有价值的
脆弱的	安全的
谨慎的	信任的
担忧的	无忧无虑的

注：一些术语，例如谨慎的和信任的，是积极的还是消极的，需根据环境背景来确定。我试着用更被普遍接受的词义来编制这份清单。

在大多数情况下，我将互为反义词的情感进行了配对。（请注意，消极情感远远多于积极情感。）我省略了大多数明显的反义词，还省略了一些过于模糊而无法进行准确描述的词语，例如，"坏的""好的""紧张的"和"不舒服的"。因为我只想列出描述人类感受的术语，所以在某些情况下，我省略了反义词。因此，"无辜的（innocent）"没有和"内疚的（guilty）"凑成一对反义词，因为人们通常不会说他们感到无辜——"我是无辜的"所宣称的是一种信念，而不是感受。

当然，对于大多数可以正常表达的人来说，只要仔细观察和倾听他们的表达就能够获取有关感受的信息。但是有些患者不愿意分享他们的感受；或者即使他们愿意交谈，他们也会深深地隐藏自己的情感，于是你必须挖掘他们的感受。

引 出 感 受

对于许多患者——也许是大多数患者——你只要提问，他们就会充分表达他们的感受。患者似乎不介意这种方法。事实上，研究表明，只要访谈者有热情、关心患者，而且细心、礼貌并对暗示敏感，大多数患者和第三方知情者会更喜欢这种直接询问感受的方法。

成功的访谈者可有效地使用两种特别有助于引发情绪的技巧，它们分别是前文提到的直接询问和开放式提问。

直接询问感受

留意在讨论相关事实时寻找机会询问有关的感受。直接询问可能是最有效的引出情绪的方法，但要务必使用"感受"或其同义词。如果你不小心说了"你是怎么想的？"，你就可能收获大量的事实和认知材料，尤其是当你的患者受过高等教育或者倾向于理性思考时。以下是一些询问感受的有用提问。

"当你得知你要搬家时，你感觉如何？"
"当你收到那份传票时，你的心情如何？"

患者习惯于回答问题，通常只要你表现出感兴趣，他们就会告诉你几乎所有关于情绪状态的信息。

开放式提问

开放式提问不需要专门询问患者的感受，而是鼓励对情绪的自由表达。

这种方法之所以有效，原因在于开放式提问相对自由地鼓励患者多表达。人们说得越多，就越有可能透露充满情绪的信息。

这种技巧实际上只是自由表达的延伸。首先，它起作用的部分原因是它表明你关心患者对整个情况的感知。其次，封闭式、需要简短回答的提问可能暗示了什么是重要的，从而降低了患者讲述整个故事的动力。最后，很显然，你花在提问上的时间越少，患者就有越多的时间来表达感受。

开放式提问还可以帮助那些难以厘清或接受矛盾情感的患者。我们经常用"矛盾"来描述冲突的情感，大多数人发现很难用几句话来讲清矛盾的情感，但是一段较长的连续交谈可能会为患者提供思考和表达这些感受所需的时间。以下是一个开放式提问的例子，它揭示了明显的矛盾情感。

访谈者：几分钟前，你说你的妻子在考虑离婚。你能多讲讲这件事吗？

患　者：这些日子对我来说很糟糕……我知道……嗯，我一直觉得如果婚姻失败，人生也就失败了。至少，我妈妈一直这么说。

访谈者：（点头鼓励）

患　者：但是当我想起来……你知道的，我们之间有那么多问题，几乎是从……嗯，自从孩子们相继出生以来。也许我们真的从来没有过一段真正的婚姻。也许有些事比离婚更糟糕。

其 他 技 术

在以下几种情况下，要引出患者的情绪，访谈者可能会遇到困难。

- 某些人——特别是男性——从小就不被鼓励表达自己的感受或情绪。长大后，这种"男子气概式"行为观念可能会导致他们否认自己的感受。最明显的例子是，小时候所告诫的"男孩不哭"变成长大后的"男人应该表现得毫不在乎"。同样的命运也可能降临在女性身上。

- 一些患者无法识别自己的感受，或者很难将自己的感受与经历联系起来。这可能也是从小时候的经历中发展而来的。在极端情况下，人们长大后可能无法识别或描述自己的感受——这种情况被称为述情障碍。
- 还有些人可能不愿意表达自我，特别是在他们不太了解的人面前，因为这会让他们感到容易受伤。他们可能会说"展现强大的外表，就没人能伤害你"。与那些有述情障碍的人不同，这些人知道自己的感受，并且可以用言语表达出来，但是自我保护的需要占了上风。

在这些情况下，要引出感受，可能需要使用下述技巧。

表达关切或同情

对照研究表明，临床工作者对患者的关切或同情可能会鼓励患者分享感受。如果患者已经开始分享一些感受了，这种方法就可能特别有效。你使用的同情表达可以是口头的，也可以是行为上的，例如面部表情或其他身体语言。

患　　者：我在那家公司工作了15年，但当一个高级职位空缺时，老板竟然选择了自己的侄子而不是我。这真让我火大！

访谈者：（表示同情并皱起眉头）听到这件事我都感到不开心！我认为处在这种情况的人都会感到受伤和愤怒。

患　　者：我不仅仅是那样——我完全崩溃了。我想让自己从世界上消失！我仍然时常有这种感觉。

情感反映

情感反映意味着明确地陈述你认为患者在特定情况下可能感受到的情绪。

患　者：我的女儿一直有点叛逆,昨晚她直到天亮才回家。
访谈者：我敢打赌你一晚上都心急如焚。

当然,使用这种技巧存在解释错误的风险。但是如果真的解释错误,而患者反馈了错误,那么你至少已经实现了促进患者讨论感受的目的。

捕捉情感线索

捕捉情感线索意味着你需要不断留意患者强烈情绪出现的迹象。通常,这些迹象是非言语的:微微皱眉,眼睛变得湿润,或者做出其他形式的肢体语言。你可能会通过口头进行回应:

"当你谈到妈妈时,看起来有点难过。你当时有什么感觉?"

你也可以通过一些非言语行动来表达关注和支持,比如,给开始哭泣的人递纸巾。

解释

通过解释,你会把患者当前和过去引发的情绪内容联系起来。

患　者：我丈夫从不听我的意见。

> **访谈者**：从你之前告诉我的内容来看，这听起来就像是你父亲在你十几岁时对待你的方式。

解释技巧可能使用起来有困难。患者必须愿意接受这种行为解释；在理想情况下，患者应该是做出解释的人。如果不是，那么你应该谨慎地提出解释，而它可能会被迅速拒绝。一般来说，在初始访谈中，我更倾向避免做出解释；它们更适合有经验的临床工作者在后期治疗中使用。

研究表明，上述每种技巧都可以鼓励内向的患者或知情者更多地表达感受，并且更深入地检查感受。然而，这些技巧也不会阻止一个善于表达的人宣泄情绪。同时，它们在详细、深入的探究方面的要求也低于那些对患者需求反应较弱的技巧。

命名感受

只是询问你认为患者可能正在体验的情绪。

"你现在感到沮丧吗？"
"你对此（正在讨论的情况）感到内疚（或后悔）吗？"

因为这类提问是封闭式的，所以在你试过使用开放式提问来询问感受之后，再考虑使用这种提问技巧。

类比

最后，对于在特定情况下完全无法识别当前感受的患者，你可以询问在类似的情况下他们是否有过相似的感受。

"当你母亲去世时,你有没有感受到类似的情绪?"

"当老板在全体员工面前拿你当反面教材时,你感受到这种情绪了吗?"

追问细节

一旦你发现了患者的一些感受,可以通过进一步询问来增加访谈的深度。引导患者举例并评估细节。

访谈者:我想更多地了解你愤怒爆发的情况。你在什么时候会有那种感觉?

患　者:首先,每当我们拜访我岳父的时候都会有。

访谈者:你以前和他有过不愉快的经历吗?

患　者:当然!他有一些阴险的评论几乎毁了我的婚姻。

访谈者:我想听听你当时的感受。

每当患者给你机会时,一定要进一步使用探索性提问。访谈新手有时会发现重大事件或病理学线索,但在随后的对话中忽视了它们。下面是一个反面例子。

访谈者:你小时候有没有被以某种方式性骚扰过?

患　者:嗯,是的,有。

访谈者:(写下"是")。你现在在哪里工作?

也许这位访谈者对继续追问细节感到有些不舒服,但患者不得不面对无法说出口的信息带来的挫败感。有意义、有价值的答案应该被追问,直到你了解了所有细节——谁、是什么、在何时发生、在何地发生、为何发生以及如何发生。

防御机制

在进行追问时，你还应该了解患者是如何应对这些情感的。这些处理情绪和行为的策略被称为防御机制。防御机制的数量和种类似乎无穷无尽；如果想了解更多种类的防御机制，可以查阅相关教科书。以下是一些比较常见的防御机制。我将尝试通过一个例子来澄清这些术语的含义。一位志向远大的政客因为在市议会选举中落选而感到焦虑和愤怒，以下是他在这种情况下可能使用的防御机制。

潜在有害的防御机制

在潜在有害的防御机制中，囊括了那些通常允许一个人回避情感或情绪影响的类型。在感到压力大时，我们中的大多数人偶尔会使用其中某类防御机制来加强自我（ego）。

- **表演**。政客砸碎了试图拍照的新闻摄影师的相机。
- **否认**。"重新计票将会证明我才是真正的赢家。"
- **贬低**。"这份工作本来就烂——工作时间长得要命，还听不到纳税人的任何好话。"
- **置换**。政客回到家里，踢了猫一脚。
- **解离**。政客一觉醒来发现自己处在陌生的环境中，无法回忆起过去3天发生的事。
- **幻想**。"明年我将参加国会选举——并且会赢！"
- **理智化**。"我将这次经历视为'操纵民主'的一个例子。"

- **投射**。（潜意识想法："我想杀了他。"）"他正在密谋杀我。"
- **反向形成**。（想法："他是一个卑鄙的家伙。"）"我为支持道德高尚的议员的行为感到自豪。"
- **压抑**。政客"忘记"参加祝贺胜利者的宴会。
- **躯体化**。政客出现不明原因的持续胸痛。"……所以我本来也不能再承担这份工作了。"
- **分裂**。"有些政客是好的，有些是坏的；我的对手就是坏的。"

有效的防御机制

更为成熟的成年人主要依赖于更加成熟的防御机制。

- **利他**。"我会支持他，他比我更有资格。"
- **预见**。（在投票开始之前）"当然，我可能会输。但我还有其他打算。"
- **幽默**。"在竞选期间，我说他是尊贵的；他说我是一个浑蛋。也许我们都错了。"
- **升华**。"我会写一本关于竞选的书。"
- **抑制**。"我会把它放到脑后，集中精力处理眼前的事情。"（请注意与前面压抑的区别——抑制是有意识的。）

处理过度情绪化的患者

虽然你通常会希望鼓励情绪的表达，但有些患者过于情绪化，这妨碍了他们与其他人（包括治疗师）的沟通。人们可能因各种原因而体验过度情绪化。

- 他们可能是那种愤怒的人，有时连自己都不知道为什么愤怒。
- 其他人，如一些人格障碍患者，知道强烈的情绪表达可以帮助他们得到想要的东西。对他们来说，戏剧化成了一种生活方式。
- 即使有些人没有如此严重的潜在心理病理，他们也可能利用强烈的情绪表现来控制家人或朋友。
- 有些人在家庭成员经常大声表达情感的家庭中长大。通过模仿他人，这种行为成了他们的习惯。
- 焦虑会导致一些人表现出这种行为。
- 有一些人无法忍受寂寞。
- 也许，患者回忆起了与其他临床工作者的经历，担心你对他不感兴趣，或者担心没有足够的时间来完整地讲述故事。

无论原因是什么，过度情绪化都可能过分吸引你的注意力，让你没有足够的时间收集事实。在这种情况下，可以尝试采用一种果断的、有控制力的态度，坚定地引导访谈的进程。有几种技巧可以帮助你实现这个目标。

1. 识别情绪。你可以通过简单地给情绪贴上标签来缓和紧张的气氛。然后，患者会意识到你察觉到了他的感受，就不再需要吸引你的注意力了。

患　者：（大声喊叫）她再也不能那样耍我了，绝对不能！
访谈者：你真的感到生气、受挫和愤怒。
患　者：（声音变轻）嗯，当然。谁不会生气呢？等会儿你会听说她上周干的事情。

这种技巧表明，你理解并接纳了患者的感受，因此这可能是最好的方法，应首先尝试使用这种方法。

2. 保持低声细语。如果患者大声喊叫，试着降低你的声音。当你轻声细语时，大多数人都很难持续高音量输出。
3. 再次解释你试图获得的信息。

> "在这一点上，我真想知道的是你的家族史。也许我们稍后可以再谈你丈夫的女朋友。"

4. 将患者用来改变话题的任何问题或评论重新引回正题。

访谈者：现在我想听听你儿子的事情。你说他和妈妈住在一起？

患　者：是的，她在过去3个月甚至都不让我和他通电话。你不觉得我应该申请法院的探视令吗？

访谈者：也许我们可以稍后讨论这个问题。现在，我需要了解你和你儿子的关系。你们之间关系紧密吗？

5. 切换到封闭式提问。这种风格会表明你想听到什么样的具体答案，并且会阻止患者进一步发表评论。

访谈者：你能告诉我你第一段婚姻的情况吗？

患　者：那是场灾难！我永远都不原谅那个男人！他完全是个畜生！有一次我整整哭了一个月。为什么，我甚至——

访谈者：（打断，意识到开放式提问的效果不佳。）他是个酒鬼吗？

患　者：天哪，是的，他喝酒就像骆驼喝水一样。他——

访谈者：（打断）这段婚姻持续了多久？

患　者：持续到我26岁，大约4年。他从来没有——

访谈者：离婚是你提出的，还是他提出的？

这位访谈者准备一直打断，直到患者专注于主题。

6. 如果你仍有困难，请检查并确保患者理解你想获得的信息。你可以这样应用面质：

"我们似乎在沟通上遇到了一些问题。我有说清楚我想知道什么吗？"

像其他有帮助的面质一样，这种表达方式并没有将问题完全归咎于患者。

所有这些技巧的目的都是减少患者过度的言语和行为表达。它们应该帮助你获取你需要的诊断信息，而不会以牺牲融洽的治疗关系为代价。然而，有时候，只有这些技巧也是不够的。如果住院患者泪流不止或情绪爆发无法让你获取所需的信息，那么你可能需要中断访谈，让患者更好地控制情绪。你可以这样说：

"我看得出你今天太难过了，我们休息一下吧。我明天早上再来看你，你睡一觉后再说。"

第八章

个人和社会史

请牢记，临床工作者不是在治疗疾病，而是在治疗人。因此，我们需要深入地了解患者主诉背后的原因。这包括对患者的家庭背景和其他重要个人信息进行尽可能全面的了解。这个过程不仅有助于我们更好地理解患者，还有可能揭示有助于我们了解患者患病背景和原因的信息。这些信息可能与病因和治疗方案直接相关。患者用一生积累了关于疾病的丰富经验，所以我们能够获取的信息种类和数量几乎是无限的。最终，你所能获取的信息取决于访谈的目的和你能够投入的时间。

在收集个人信息时，要合理地怀疑信息的可靠性；因为人类的记忆不可靠，尤其是所记忆的内容与个人利益密切相关时。而对于如出生、死亡和结婚等重大历史事件以及构成现病史的近期事件，患者更有可能准确地回忆。

另一方面，一些信息容易被扭曲：儿童期早期事件、人际冲突、所有二手信息以及其他所有需要诠释的事项。你应该不断根据自己的内心标准去评估所有访谈数据的有效性（"这个故事看起来可信吗？甚至看起来可能吗？"）。在可能的情况下，你应该通过外部来源进行准确性检查，比如以前的医疗记录以及与其亲属和朋友的访谈（见第十五章）。

顺便说一句，我完全明白，你不可能在一次访谈中收集到所有数据；之后再补充是在临床工作中常见的情况。

在本章和后续章节中，当我们讨论某些信息时，我将使用楷体字对信息做出可能的解释。

儿童期和青少年期

原生家庭

从患者出生开始。出生地点在哪个国家、省/区或市？患者是独生子女吗？如果有兄弟姐妹，各有几个？患者在兄弟姐妹中排行老几（长子、次子、中间的、最小的，还是独生子女）？患者和兄弟姐妹相处得如何？是否有一个兄弟姐妹比其他人更受父母青睐？在兄弟姐妹中，排行靠前的孩子在年幼时倾向于获得更多关注，而中间的孩子可能更容易被忽视；最小的孩子可能会被宠爱或溺爱。在婴儿出生时或出生后不久就明显表现出来的遗传性疾病（如唐氏综合征）往往在家庭中较晚出生的孩子身上更常见。

如果患者是双胞胎之一，他们是同卵双生还是异卵双生？同卵双生的双胞胎拥有相同的遗传物质，而异卵双生的双胞胎在遗传上与非双胞胎兄弟姐妹没有太多不同。如果患者的同卵双胞胎兄弟姐妹患有某些精神障碍，那么患者就有更大的概率罹患包括精神分裂症和双相障碍在内的某些精神障碍。

小时候的患者有被需要的感觉吗？与父母的关系有多亲密？随着青少年期的到来，这种关系有没有发生变化？患者是由父母双方一起抚养长大的吗？如果不是，原因是死亡？离婚？服役？监狱服刑？父母一方（尤其是父亲）的缺失与反社会型人格障碍相关。在一些研究中，父母早逝与成年期起病的抑郁障碍相关。

有时，患者会说："我从未见过我的父亲。"你应该温和地试着了解其父母是否结过婚。（使用"有没有可能……"可以使提问变得柔和。）即使在如今更加包容的时代，"非婚生"这件事会让一些人一辈子都感到不舒服和尴尬。

无论患者的原生家庭的具体情况如何，你都应该尽量了解其父母（或抚养者）之间的关系。他们之间的沟通是否良好？关系是否亲密？他们经常吵架吗？打架吗？他们中的一方是否对另一方进行过躯体虐待？他们的关系如何影响患者成长过程中的家庭情绪氛围？人们经常模仿在童年观察到的"正常"关系来建立自己成年后的关系。另一方面，一些人则走向极端，尽一切可能让自己的行为表现不同于他们所讨厌的父母的糟糕行为。

如果患者是被收养的，那么他是在多大年龄被收养的？你能了解到关于其亲生父母或被收养情况的信息吗？收养是在家族内进行的（养父母与患者有血缘关系），还是在家族外进行的？许多被收养的人，尤其是青少年和年轻成年人，因为不知道自己的亲生父母而感到人生不完整。这可能导致一些被收养者会不遗余力地寻找（在某些情况下甚至是面见）遗弃他们的亲生父母。

成长经历

患者出生时，父母的年龄分别是多大？父母是否足够成熟，能够担负照顾责任？他们是否经常外出工作？他们的工作性质如何？他们是不是好的抚养者？他们是否有足够的时间陪伴孩子？他们的管教方法是什么样的？是严厉的、坚定的、放松的，还是前后不一致的？

如果父母中的一方长时间不在家，请查明原因。（生病？远离家乡工作？服刑？服役？）是在固定的地方居住，还是经常搬家？家人有没有真正在某个地方扎根？

是否有其他丧失，例如：兄弟姐妹、祖父母或其他近亲去世？

了解患者的爱好、参加的俱乐部和其他课外兴趣班。患者善于社交，还是独来独往？许多患有精神分裂症的人在大部分的生活中一直被孤立或独来独往。

试着去了解患者的童年环境及患者在其中的处境。以下是一些能帮助你完成这项任务的提问。

"你能告诉我一些关于你童年的事情吗？"
"那时你的生活怎么样？"
"你与兄弟姐妹相处得怎么样？"
"谁是你儿时的朋友？"
"你觉得自己和其他孩子有什么不同吗？"
"你在空闲时间都做些什么？"
"你加入过童子军之类的组织吗？"
"你参加过有组织的体育活动吗？"
"你和家人都去哪里度假？"
"你家养了宠物吗？"
"你有哪些家务或其他家庭责任？"
"你做过什么暑假或课外工作？"
"你长大后想成为什么样的人？"
"你崇拜谁？"
"家里有没有讨论过性方面的话题？"
"你父母对于性的态度是怎样的？"
"你是从什么时候对恋爱感兴趣的？"

询问虐待情况

许多患者在儿童期受到过躯体虐待，这种经历可能会对成年生活和人格产生重大影响。这些信息可能很难获得，这些患者有时都没有意识到自己在儿童期受到过虐待。尽管如此，你仍应努力了解患者在儿童期是否有过这样的经历。你可以逐渐引出这些敏感话题。

"你觉得父母对你照顾得怎么样？"
"爸妈用什么方法管教你？"
"你觉得自己小时候被虐待过吗？"

如果对于被虐待这一话题，患者给出了肯定的回答，那么你必须进行彻底的追问，但要小心。你需要了解以下信息。

- 这种虐待发生的频次是怎样的？
- 是谁实施的？父母双方都参与了吗？
- 如果其中一方试图保护孩子，那是谁？
- 这种虐待的形式是什么？（殴打？如果答案是肯定的，那么用的是什么工具？）
- 这种虐待形式发生的频次是怎样的？
- 是不是在被激怒的情况下发生的？
- 当时，患者是否觉得自己应该受到这种虐待？现在又有何种感受？
- 这些经历对患者的童年有什么影响？
- 作为成年人，患者现在对这些经历有什么感受？

你还需要询问性虐待相关的内容，我们会在第九章介绍。

童年健康状况

对于成年患者来说，早期发育的重要里程碑事件（例如，学会坐、站、走、说单词和说句子的年龄）通常不值得追问。患者对里程碑事件的大部分了解可能都来自家庭内部的传说，并且很容易被歪曲。（谁还记得自己吃奶或练习上厕所的事情呢？）但是，如果你怀疑患者患有智力障碍或其他发育障碍（如某种特定的学习障碍），那么这些里程碑事件可能很重要，值得向知情者追问。

试着去了解童年整体健康状况也至关重要。是否住过院、做过手术、频繁就医，或因健康原因而长时间缺课？家人如何应对疾病？（过度保护？排斥？）如果患者小时候身体不好，父母和其他亲属是否对其生病行为给予了过多的关注或者"鼓励"？对疾病的过度保护或奖赏可能先于躯体症状及相关障碍［DSM-5 中的名称；在 DSM-IV 中，该病被称为躯体形式障碍（somatoform disorders）］而存在。

患者的气质和活动水平如何，尤其是在 5—10 岁？这个孩子是安静和内向的，还是外向和友好的？气质在婴儿出生后的前几个月就会显现，并且往往会持续到儿童期甚至是成年期。这些特征可能与成年后的精神障碍相关。

患者是否报告了以下这些相对常见的儿童期问题？

- 尿床；
- 抽动；
- 口吃；
- 肥胖；
- 噩梦；
- 恐怖症。

如果有以上问题，曾尝试过什么治疗（如果有）？治疗是否有帮助？这些问题对患者与其兄弟姐妹或同学的关系的影响如何？这些问题表明患者在儿童期承受了不小的压力。由于近年来肥胖发生率不断增加，肥胖可能已经被越来越多的人接受，但它仍然暗示了患者在儿童期可能受到了欺凌。

有没有关于自慰的担忧？青春期从几岁开始？如果患者是女性，她是否为月经初潮做好了准备？如果答案是肯定的，那么是谁告诉她的？月经初潮发生在多大年龄？她是否因乳房发育而感到担忧或被取笑？无论男女，青少年都对受到关注这件事非常敏感。发育的晚熟（或早熟）都可能使患者感到一定程度的尴尬。

是从什么时候开始约会的？对此有什么感受。我们在第九章中会再次介绍性经历史。

学业

患者在学业上表现得如何？最高学历是什么？患者喜欢上学吗？如果存在学业问题，哪些科目对患者来说最难？是否存在阅读问题（读写障碍）？其他科目有没有问题？在学校中是否存在行为问题？逃过学吗？结果如何？（被送到校长那里？被体罚？被停学或被开除？）

患者留过级，或者在学业上有难以集中注意力的问题吗？注意力不集中和成绩差暗示患者可能患有注意缺陷/多动障碍。其中一些患者（尤其是男孩）在儿童期明显过度活跃，甚至可能很早就学会了走路。

患者有过长时间上学缺席吗？如果答案是肯定的，那么原因是什么？厌学吗？是在患者多大年龄时发生的？拒绝上学（曾经被错误地称为"学校恐怖症"）在年幼儿童中相当普遍，不一定预示着以后的病理性改变。

如果患者在高中毕业前就辍学了，那么原因是什么？之后患者做了什么？参加工作？参军？你还应该了解患者是否尝试过或获得过普通同等学力证书[①]（General Equivalency Degree）/普通教育发展证书（General Educational Development）。

[①] 被视为高中毕业证书的等效物。——译者注

最后，患者是从什么时候开始从依赖父母或他人，过渡到独立自主地生活的？

成 年 生 活

工作史

工作经历可以帮助你判断患者潜在的能力和近期疾病对工作表现的影响。这些信息也是相对客观的：相较于涉及更多隐私，也许更令人尴尬的社会史，工作史似乎更少被扭曲。因此，你应该花些时间询问患者关于工作经历的细节。

患者目前的职业是什么？这份工作能激励人吗？令人满意吗？这份工作与患者之前的抱负相符吗？患者为现在的老板工作多久了？如果患者失业过，那么他为什么会失业，失业多久了？如果患者只是短暂地就业，那么他在过去的5年里换过多少份工作？每一次换工作都是为了从事更好的工作吗？花在工作上的时间有多少？重点调查待业期、更换工作方向或无法晋升的情况。

如果患者曾被解雇，那么具体情况是怎样的？如果患者现在失业了，那么原因是什么？患者最后一次工作是在什么时候？如果患者失业了，那么目前的经济来源是什么？患有反社会型人格障碍的患者经常从事多种短期工作。在慢性精神分裂症患者中，完全没有工作过或多年没有工作的情况很常见。

顺便了解一下成年后的休闲活动。患者有什么爱好吗？加入了什么社团或组织吗？成年后有没有接受继续教育？有什么才能？如果想了解更多信息，可以问患者：

"你觉得自己擅长什么?"

服役史

患者在军队服过役吗?(无论患者是男是女,都应询问这个问题。)如果答案是肯定的,就问:

"是什么兵种?"
"是自愿入伍的,还是被征召入伍的?"
"你服役了多久?"
"你在军队中担任什么职务?"
"你获得的最高军衔是什么?"
"你有过违纪问题吗?"(包括军事法庭、军规和低级别的纪律听证会。)
"你因为什么而退役?"(光荣退役?正常退役?不光荣退役?因病退役?)
"你参加过战斗吗?如果答案是肯定的,那么战斗持续了多长时间?你的角色是什么?"
"你受过伤吗?"
"你因服役而落下过残疾吗?"(可能是由于受伤而致残,也可能是由于非战斗相关的事故或疾病而致残。)
"你被俘虏过吗?"
"你再体验过那些经历吗?做过噩梦或者有过周年纪念日反应吗?"

战斗后持续或反复发作的症状(或任何与服役有关的严重创伤)可能提示了创伤后应激障碍。据报道,美国有10%或更大比例的参加过越南战争的退役军人罹患这种障碍,而很多经历过伊拉克战争和阿富汗战争的平民也出现了这种障碍。它也可能发生在其他意外事故和灾害之后,如汽车失事和自然灾害。

法律史

问与法律相关的问题。这类问题可能涉及保险或残疾（尤其是慢性病、受伤或疼痛的情况）、被驱逐以及与邻居的争执。在这个诉讼时代，几乎所有类型的纠纷都有可能发生。法律史可以作为人格障碍以及双相障碍和物质滥用等疾病的线索。

患者被逮捕过吗？如果被逮捕过，是在什么年龄？当时是什么情况？这种情况发生过几次？结果如何？（被定罪？缓刑？入狱时间？）是在本地关押还是在异地服刑？总共服刑多长时间？

从青少年期到成年期，存在过持续的违法行为吗？如果答案是肯定的，那么犯罪活动总是在使用药物的情况下发生，还是也发生在患者戒毒和清醒的时候？患者从事过其他违法行为，但从未被抓过吗？具体问一下在商店顺手牵羊之类的行窃行为可能是必要的，这是一种比较常见的行为，尤其是在儿童和青壮年中。反社会型人格障碍患者至少从青少年期（通常更早）就有持续的违法行为模式。反社会型人格障碍的预后很差，因此在一定程度上，对于完全是在药物或者酒精影响下做出这种行为的患者，你都不应该给出反社会型人格障碍的诊断。

信仰

患者的信仰是什么（如果有）？与患者童年时的信仰不同吗？患者多久参加一次信仰仪式？信仰如何影响患者的生活？出于几个原因，临床工作者越发注重探寻患者的精神信仰。这些可能提示患者也许拥有支持和慰藉之源，并可能揭示患者的价值观和道德体系情况。这也可能表明患者与父母决裂的程度，以及在核心家庭之外的可能获得的社会支持。实际上，只要你对患者看重的东西表现出兴趣，就有益于融洽的关系。

目前的生活状况

患者现在住在哪里？（房子？公寓？房车？出租屋？寄宿和护理机构？无家可归？）邻里社区如何？

患者是独居还是和别人同住？如果是后者，跟谁一起住？患者自我照护的情况如何？如果患者出现流浪行为，你可能不会从患者那里了解到细节；这时，你可能不得不依赖知情者的材料。流浪常见于神经认知障碍患者。

根据患者所言，你能描述这个家庭的特征吗？住在那里的每个人都有足够的隐私吗？养宠物吗？有足够的通信手段吗，包括电话、邮政服务和电子邮件？患者使用什么交通工具——汽车、公共汽车、火车还是步行？

患者曾经无家可归吗？如果答案是肯定的，那么持续了多长时间？当时是什么情况？

患者的经济状况如何？收入来源如何？稳定吗？一定要包括工资、残疾补偿金、社会保障、年金、赡养费和投资。你可以问：

"金钱对你来说是一个问题吗？"

社交

你可以通过问以下问题来评估社会关系的质量。

"在家庭中，你觉得和谁亲近？"

"你最好的朋友是谁？"

"你多久与他们见一次面？"

如果患者负责照顾另一位成年人，如父母、其他亲属或朋友，那么试着了解他对这些职责的感受。

"你能说说自己做得怎么样？"

患者有多少社会支持？有私人联系，或者主要通过数字社交网络获得支持吗？试着了解一下患者与家人、朋友和同事的关系质量。患者是不是某个俱乐部或者支持性团体的成员？有政府或私人机构的援助吗？有"送餐上门"的社区服务吗？如果有成年子女，他们与患者的关系有多亲密？患者是独自一人还是与其他人一起享受休闲娱乐？

婚姻状态

未婚同居的状况很常见。我将使用配偶和伴侣这两个术语来描述两个人之间的亲密关系，而不考虑性别或法律地位。

你可以先问：

"说说你的配偶。"（患者的主诉和你的观察一致吗？）

"你认为你俩关系的优点是什么？"（像所有开放式提问一样，这个问题给了我们足够的空间来讨论重要的事情。这个情况不管是好是坏，都可以表明这种关系的整体状况。）

以下是你应该了解的具体信息。

- 患者目前已婚吗？
- 患者目前和配偶生活在一起吗？
- 患者有过同居或其他长期关系吗？

- 患者和配偶的年龄是多少？
- 他们在一起多久了？
- 如果他们结婚了，那么他们在结婚前认识多久了？
- 双方各自有过几段婚姻？
- 如果之前有过婚姻，那么患者每次结婚的年龄是多少？
- 之前的婚姻或其他长期关系结束的原因是什么？
- 情绪问题对患者目前的关系有怎样的影响？
- 在生病或残疾期间，伴侣对患者的支持程度如何？
- 如果患者已经离婚了，分居的情况是怎样的？是谁提出离婚的？是在什么情况下提出的？与前妻／前夫还维持关系吗？如果答案是肯定的，那么友好程度如何？

金钱、性、孩子和亲属等问题通常是当代婚姻纠纷的主要原因。这些问题可能发展成患者与其家人之间的主要矛盾，而精神障碍的负担会造成各种不同寻常的争吵、打架、婚外情、分居和离婚。你需要投入相当多的时间调查患者的婚姻或其他恋爱关系质量，并从调查中获得大量信息。以下是你可以问的一些问题，以引出在任何关系中都会问及的导致摩擦的常规问题。

"你和配偶的沟通情况怎么样？"（有的伴侣几乎从未认真讨论过这个问题，而成功的伴侣会花时间表达他们的不满、偏好和观点。）

"你们每个人都把对方当成最好的朋友吗？"

"你们是如何争吵的？"（是不断提起老问题，还是让事情彻底翻篇儿？伴侣经常对彼此说出一些在事后后悔的话吗？）

"你们为什么争吵？"

如果有孩子，你要问清楚：

"每段婚姻有几个孩子？"

"有继子女吗？"

"孩子们都多大了，是男孩还是女孩？"

"有没有非婚生的孩子？"

"患者和每个孩子的关系如何？"

"患者和配偶同意分担照顾孩子的责任吗？"

关于性适应和性偏好的问题在逻辑上属于这部分。但这些话题可能很难讨论，所以我将在关于敏感话题的单独一章（第九章）中进行讨论。

爱好和兴趣

好吧，所以这些信息不会对精神分裂症或双相障碍的诊断产生直接影响；尽管如此，你还是想了解一下患者是如何度过闲暇时间的（或者，对于许多忙碌的人来说，如果有闲暇时间，他们设想自己会如何度过闲暇时间）。从爱好（例如，集邮或摄影之类的独自消遣，观鸟之类的户外活动）和兴趣（电视、电影、阅读或购物）可以推断出什么？大约5%的成年人认为自己是强迫性购物者；这样的病史可能会提示患者存在其他疾病，如抑郁、赌博或暴饮暴食。是参加体育活动，如跳舞、打网球或高尔夫球，还是更多地选择在看台上（或家里的沙发上）观看比赛？休闲兴趣的类型或强度，或者患者在追求这些兴趣时集中注意的能力，最近有什么变化吗？如果有，你能否了解原因？

既 往 史

即使你不是医生，也不要绕过病史。对于每个临床工作者来说，了解这个主题和下一个主题（系统回顾）都至关重要，这两个主题都对诊断、治疗和预后有实际意义。例如，2007 年的一份报告指出，精神障碍患者的预期寿命平均比普通人群少 25 年。死亡不仅源自自杀（尽管这是一个主要原因），还源自心肺疾病、糖尿病和传染病，包括人类免疫缺陷病毒／艾滋病。这些疾病都是可以治疗的，但你首先要识别它们。此外，精神疾病的某些症状实际上可能表明患者罹患某些可治愈的器质性疾病，如甲状腺问题和莱姆病等。我可以向你保证，这两部分所涉及的问题并不比我们已经讨论过的其他领域难。

患者患过重大疾病吗？如果患过，是什么疾病？因此住院了吗？做过手术吗？如果做过，做了什么手术？是在什么时候做的？患者接受过输血吗？如果答案是肯定的，那么这位患者有感染人类免疫缺陷病毒的风险吗？如果患者在儿童期患过重病或做过手术，患者当时是如何看待这些情况的？患者对花粉、灰尘或动物过敏吗？

在记录病史时，你可以试着确定患者对医生和其他治疗师的建议的依从性。许多人，尤其是那些不太了解医生的人，可能很难承认自己的依从性（adherence）差［顺便说一下，我们过去称之为治疗依从性（treatment compliance）］。试着问一下：

"你能否一直遵从医嘱？"

"你什么时候在这件事上遇到过困难？"

在第十六章和第十七章中，你会发现更多关于处理患者的困难行为的建议。

询问明显的躯体问题。对任何提问都要注意敏感性措辞，不要羞于提起口吃、眼盲、肢体残疾或严重的跛行。这些都可能与目前的问题有关。在患者的儿童期，身体的缺陷也可能引来过别人的戏弄和嘲笑。即使身体缺陷现在没有引起情绪问题，也很可能在过去的某个时候造成过情绪困扰。

你可以说：

"我注意到，在我们说话的时候，你似乎有一两次结巴。我想知道，当你还是一个孩子的时候，这导致过什么样的问题吗？"

"胎记可能会给儿童造成严重的痛苦。能说说你的情况吗？"

如果你要在未来继续追踪患者，请获知其他医疗保健提供者的姓名，以便向他们获取患者的治疗和进展等信息。

药物史

在既往史中，你已经了解了因情绪障碍服用的处方药物。现在要问患者是否在定期服用其他药物。特别是在涉及抑郁、精神病性障碍或焦虑等情况下，这些信息非常关键。上述情况都可能是由处方药所致或加重的。要特别注意避孕药、其他激素（如甲状腺素或类固醇）、止痛药、降压药。对于每种药物，都要尝试了解服用剂量、频率以及患者服用了多长时间。患者最近停止服用了其他药物吗？当然，你要了解停药或副作用能否解释患者的当前症状。

副作用

有副作用（不良反应）或药物反应吗？这个话题经常被访谈新手忽视，但它会影响对治疗方法的选择。试着让患者描述一下副作用或药物反应。

- 药物有什么副作用？
- 第一次服药后多久出现了副作用？
- 需要治疗吗？

如果患者再次尝试这种药物，会产生同样的反应吗？患者可能认为某种药物引起了躯体或心理症状，但两件事实际上只是巧合。当患者再次服用该药物时，因果关系有时得到了澄清，症状可能再出现，也可能不再出现。

你最有可能听到患者关于磺胺或青霉素引起皮疹的主诉，但了解精神药物的不良反应更重要。对这些药物真正过敏的情况罕见，但副作用不罕见。下面是一些比较常见的副作用。

- 抗抑郁药：嗜睡、口干、皮疹、头晕、恶心、体重增加、视力模糊、便秘。
- 抗焦虑药：嗜睡、头晕、健忘／意识模糊。
- 锂盐：皮疹、震颤、排尿过多、口渴。
- 抗精神病药：低血压、锥体外系副作用。

锥体外系副作用是抗精神病药的常见副作用之一，尤其是第一代抗精神病药可能导致的神经症状。以下四种症状非常常见，每个临床心理工作者都会经常遇到。前三种情况发生在开始用药后不久，可以用抗帕金森病药治疗，如苯海索或苯海拉明。

1. **急性肌张力障碍**在首次服用某些抗精神病药的几小时内出现。其特征是颈部剧烈的绞痛，可能导致头部转向一侧。有时，眼球会向上翻动。这种副作用可能会令人痛苦且恐惧，并可能构成真正的紧急情况。
2. **静坐不能**通常始于服用较老的抗精神病药的前几天内。患者体验到内心极度不安，无法保持静坐，导致踱步。
3. **假性帕金森综合征**也发生在开始用药后不久。患者的面部表情活动度降低（面具脸）；走路时小步拖步；当双手放松时，如放在患者的腿上时，会出现前后震颤。这种震颤类似于古代药剂师搓药丸的动作，因此有了"搓丸样震颤"这个术语。

4. **迟发性运动障碍**通常在患者使用较老的抗精神病药的数月或数年后才开始。患有迟发性运动障碍的人通常会有无法控制的舌头、颌部咀嚼运动，导致持续的吞咽、咀嚼或伸舌动作。患者自己往往几乎完全没有意识到他们正在这样做；这些不是一种使人衰弱的疾病，但有碍观瞻。迟发性运动障碍之所以重要，是因为它没有特定的治疗方法。除非迅速停用抗精神病药，否则这种副作用可能会永久存在，甚至在最终停药后仍会持续存在。

系 统 回 顾

在系统回顾中，你可以让患者从你提供的清单中找出症状。这份清单包括不同器官系统的症状。使用它的基本原理是，患者能再认出的症状比他们自主回忆报告的症状多。

系统回顾完整的医学状况需要很长时间，而且与初始心理健康检查并不特别相关。但是，你应该询问以下内容。

- 进食障碍（见于重性抑郁障碍、神经性厌食和神经性贪食，暴饮暴食或厌食可能始于儿童期）。
- 习惯。我们经常忘记询问日常习惯，如吸烟。
- 脑外伤的来源多种多样，如交通事故、军事行动中的爆炸以及重复性运动损伤的累积效应。由此产生的认知障碍范围包括从相对短暂的脑震荡到重度神经认知障碍（痴呆）造成的损伤。
- 意识模糊、头晕或晕厥史（提示存在认知障碍或躯体症状障碍）。
- 抽搐（痉挛）。这些可能是器质性的，也可能是心因性的。询问这些症状：意识丧失、大小便失控、咬舌头和先兆（这些先兆或感觉提示患者即将癫痫发作）。

- 经前期烦躁障碍的症状。月经来潮前，可能伴有持续的愤怒、情绪不稳定、睡眠障碍、疲劳、紧张、注意力不集中和体重增加等身体症状。经前期烦躁障碍很容易被忽视，如果你是男性访谈者，就更容易忽视。但这在育龄妇女中相当常见，并可能导致抑郁症状。

分离转换症状和躯体化障碍

除了这些通用问题外，临床心理工作者（实际上，所有的医疗保健提供者都需要考虑这些问题）可以使用专门的系统回顾评估诊断 DSM-5 现在所说的躯体症状及相关障碍，这些疾病在心理健康的人群中也相当常见。这些慢性病通常始于青少年期或 20 岁出头时，在过去的半个世纪里，它们被赋予了不同的名称，并通过不同严格程度的标准集进行识别。我在附录 B 的"躯体化障碍"中进一步讨论了其中一种（第 378–380 页）。

家 族 史

在家族史的访谈中，你有机会完成三项任务：（1）记录关于患者的父母、兄弟姐妹、配偶（或其他重要他人）和子女的简短个人信息；（2）了解患者和亲属之间的关系，包括目前和在儿童期的关系；（3）了解在患者的家庭中是否有人罹患精神障碍，包括远房亲属。（请记住，家族聚集性疾病可能是遗传或环境因素所致。）你可以从开放式提问开始，询问患者目前家庭的信息。

"告诉我，你和配偶（或孩子）相处得怎么样？"

"你爸妈是什么样的人？"

沿着这个思路，再用几个探索性提问应该可以帮助你了解关于家族史的前两部分信息。请记住，你应该获得患者自己对其童年时和成年后家庭的评估。

在此阶段，你可能已经掌握了一些基本信息，比如：患者父母的职业及其兄弟姐妹的年龄。但是你可能不知道患者成年后和他们有过多少联系。如果这些关系已经破裂，就找出原因。答案可以告诉你一些关于亲属性格的信息，也有可能揭示患者的性格特点。

要了解患者的家人可能存在什么样的精神障碍，你需要进行明确说明。当然，你会想知道是否有血亲与患者有相似的症状，但为了明确你在收集什么信息，请仔细定义疾病和你要询问的亲属。

"我想知道，在与你有血缘关系的亲属中，有人患有神经或精神障碍吗？我所说的'血缘关系'是指你的父母、兄弟姐妹、祖父母/外祖父母、叔伯姑舅姨、堂表兄弟姐妹、侄子侄女/外甥外甥女、堂表兄弟姐妹，以及孩子。在这些人中有没有人有过神经紧张、神经崩溃、精神病或精神分裂症、抑郁、药物或酒精依赖问题、自杀或自杀企图、犯罪记录，以及其他无法找到病因的医疗问题、精神病院住院史、被逮捕或服刑的经历？有没有亲属被认为行为古怪或者性格不好？"

这将是一次很漫长的会谈，但你可以慢慢地浏览疾病清单，让患者有时间思考，并探索所有肯定答案的细节。例如，仅仅是有人（即使是临床心理工作者）诊断表妹路易斯患有精神分裂症，不能保证这就是表妹的问题之所在。亲属会误解自己的诊断，临床工作者也可能犯错。试着了解路易斯感觉自己生病时的年龄和症状。她接受了什么样的治疗？她对治疗的反应如何？最终的结果是什么——转为慢性？痊愈？复发过吗？

人格特质和障碍

我们可以将人格（personality）定义为个体的所有心理、情感、行为和社会方面的组合。性格（character）一词经常被当成人格的同义词。个体感知、思考以及与环境和自身建立联系的方式形成了被称为人格特质的行为模式，这种行为模式会持续很长一段时间，通常贯穿一生。人格（或性格）特质早在生命的最初几个月就可以显现；它们会永远影响行为，并且会随着年龄的增长而变得更加明显。这些模式控制着与朋友、爱人、老板和同事的关系，以及更偶然的社交关系。

个人的人格大部分都隐藏在表面之下，别人，甚至是自己，都无法轻易发现。心理测试有助于揭示患者性格的某些方面，但在初始访谈中，你可能不会使用测试材料。你的印象通常取决于以下多个信息源：

- 患者的自我评估；
- 与了解患者的人的访谈（涵盖在第十五章中）；
- 关于与他人的关系、态度和行为的信息；
- 你在访谈期间观察到的行为。

患者自评

尝试了解患者在精神障碍初次发作之前的人格特质，这有时被称为病前人格（premorbid personality）。下面的开放式提问可能会帮助你评估病前人格。

"请向我描述一下你自己。"

如果患者对这个开放式提问的答复是"什么意思?"。你可以用下面的问题来提示。

"你平时是什么样的人?"(特别要注意那些显示了低自尊或自尊膨胀的回答,或者是与你已经知道的事实相矛盾的回答。)

"你最喜欢自己的哪些方面?"

"你平时的心情如何?"

"你在十几岁的时候是什么样的?"

特别要警惕终生行为模式的证据。患者可能会用某些说法暗示你。

"从我记事起,我就很容易交到朋友。"

"我一生都是'积极向上'的人,直到生病。"

刚刚列举的两个案例表明了一些通常对人们有益的行为和态度。事实上,在评估人格时,重要的是不要只关注患者的弱点,也要关注他们的优点。例如,你会如何描述患者的智力?以前的成功?应对技巧?支持系统?关于爱好和其他兴趣的信息(见前面的"爱好和兴趣"部分)可能会提供额外的线索。

不要让你对心理病理学的探索蒙蔽了你,让你忽视了对正常的病前人格的预测能力。积极性格特质的优势表明,患者将不会受到当前疾病的不利影响,在患病期间将享受更好的社会支持,并且一旦当前的困境解除,将有更好的机会最终完全恢复心理健康。

下面列出了通常被认为积极的性格特质:

和蔼可亲	快乐的
迷人的	自信的

认真负责的	乐观的
可靠的	乐于助人的
宽容的	守时的
独立的	放松的
好奇心强的	稳健的
开放的	让人信任的

在初始临床心理访谈中，你会经常遇到终生的适应不良或人际冲突的模式。以下是患者典型的自我评估。

"我一直是一个焦虑、紧张的人，有点抑郁。"
"我注定是一个孤独的人。"
"人类都不是什么好东西。我不喜欢他们，他们也不喜欢我。"
"我从来不觉得和别人在一起舒服——除非是在喝酒的时候。"
"我从未如愿以偿。"
"从我记事起，我就回避所有冲突，无论代价如何。"

这些负面人格特质的清单包括以下内容：

好斗的	内向的
焦虑的	易激惹的
善变的	嫉妒的
好冲动的	神经质的
控制的	消极的
爱挑剔的	完美主义的
阴郁的	厌恶的
戏剧化的	好争论的

刻板的　　　　　　　　　紧张的
以自我为中心的　　　　　反复无常的
多疑的　　　　　　　　　忧心忡忡的
害羞的

其他一些特征可以被解读为积极的、消极的或者中立的：

喜欢表露的　　　　　　　敏感的
注重细节的　　　　　　　严肃的
保守的

与他人的关系

如果你只进行一次访谈，你可能很难评估患者的人格。一些精神障碍患者给出了歪曲的评估：你获得的信息可能过于悲观或过于乐观。尽管如此，你还是可以从患者自己的角度尝试了解他人如何看待患者，从而获得有价值的信息。

"别人认为你在处理什么样的情况时有困难？"
"你的脾气控制得怎么样？"
"你家里有人认为你有……（酒精、毒品或脾气）问题吗？"

你能从患者的偏见和对他人的尊重中了解到什么？你可以问：

"你觉得你的老板怎么样？"
"配偶总是像你希望的那样支持你吗？"
"有没有人让你无法忍受？"

虽然我通常会尽量避免这样提问，但以"为什么"开头的问题或许有助于厘清患者与他人交往的动机和方式。

"你认为你的兄弟为什么希望妈妈搬来和他一起住？"
"你说你不能和一位伙伴很好地合作。为什么会这样？"

人格特质的一个更客观的指标是病史，因为它是由患者，特别是由知情者联系起来的。例如，从工作经历中，你可以了解到患者对职业道德的坚持程度：考虑第一份工作的年龄、工作的数量、工作的模式（间断性的？连续的？），还有兼职的历史。从婚史中，你可以了解到患者的忠诚和建立关系的能力。纵观历史，你将看到患者应对各种压力源的例子。

不要轻信你所看到的或听到的，试着根据你已经知道的行为评估所有信息。例如，假设你听患者说某个兄弟姐妹得到了父亲的更多宠爱，自己的某个同事因为族群背景而晋升；那么这些观点是否与患者自称是一个开放和值得信赖的人一致？

观察到的行为

你在访谈中观察到的一些行为可能会揭示重要的性格特质。留意那些在访谈中似乎超出你预料的行为或评论。例如，患者：

- 打哈欠，无精打采，环视房间，或者看起来对什么都不感兴趣；
- 从你的桌子上拿东西，侵犯你的私人空间；
- 要求抽出时间抽根烟；
- 反复质疑你作为治疗师的资格；
- 批评你的衣服或发型；
- 使用强烈的语言来表达对某个种族或团体的偏见；

- 试图对你说过的话进行辩论；
- 吹嘘一些常人可能会隐瞒的情况，例如性关系、身体攻击、非法活动或使用药物。

诊断人格障碍

就其本身而言，上面提到的每一个行为都不能被明确地归为人格病理性改变的关键因素。然而，综合来讲，或者结合病史信息，像这样的行为可能暗示着一种人格障碍。只有当一个人的性格特质非常僵化刻板，不能很好地适应生活要求，以致给他造成了相当大的困扰或损害了他在社会生活、工作或其他领域的功能时，我们才会做出人格障碍的诊断。

人格障碍与其说是一种疾病，不如说是一种生活方式。在这种生活方式中，长期的行为会给患者和其他人带来困扰。人格障碍通常源于童年，可能源于环境影响或患者的遗传物质，有时两者兼而有之。

诊断人格障碍的关键在于患者的自我功能（一致性或自我指导的能力）以及与他人的关系（个人共情或亲密能力）。随之而来的病理性性格特质会持续一生，影响患者和周围的人。

为了让大家对人格障碍有所了解，下面简单介绍了几十年来已被公认的一些人格障碍的简要定义。相比于其他障碍，六个带星号（*）的障碍的被认可度更高；附录 B 有更详细的讨论。

反社会型人格障碍* 这个类型的人在儿童期或青少年期早期开始出现不负责任的、频繁犯罪的行为。病态的行为包括逃学、离家出走、残忍、打架、破坏、说谎、偷窃和抢劫。作为成年人，他们也可能拖欠债务，不能照顾被抚养人，不能维持一夫一妻制的关系，并且对自己的行为毫无悔意。

回避型人格障碍* 这个类型的人胆小内向，很容易被他人的批评伤害，以致不愿与别人交往。他们可能害怕表露情感，或因害怕说出愚蠢的话而感到尴尬。他们可能缺乏亲密的友谊，他们夸大了在日常生活之外的风险。

边缘型人格障碍* 这个类型的人好冲动，不断发出自杀威胁或企图。他们情绪不稳定，经常表现出强烈的、不恰当的愤怒。他们感到空虚或无聊，他们疯狂地努力避免被抛弃。他们不确定自己是谁，也无法维持稳定的人际关系。

依赖型人格障碍 这个类型的人很难开始一项工作或独立地做出决定，甚至明知他人是错误的还要认同。他们经常担心被抛弃，孤独时感到无助，关系结束时感到痛苦。他们很容易受到批评的伤害，会主动承担不愉快的任务来赢得人们的好感。

表演型人格障碍 过度情绪化、含糊不清和寻求关注，这个类型的人需要人们不断地肯定他们的吸引力。他们可能以自我为中心，行为轻浮。

自恋型人格障碍* 这个类型的人自视甚高，经常沉浸在嫉妒、对成功的幻想或对自己的问题的独特遐想中。他们对权力的看重和同情心的缺乏可能导致他们会利用他人。他们极力拒绝批评，需要不断被关注和崇拜。

强迫型人格障碍* 完美主义和僵化是这个类型的人的特征。他们通常是工作狂，他们往往优柔寡断，过分谨慎，专注于细节。他们坚持让别人按自己的方式做事。他们难以表达情感，往往不慷慨，甚至可能拒绝扔掉他们不再需要的毫无价值的东西。

偏执型人格障碍 这个类型的人期望受到威胁或羞辱，其他人的行为似乎证实了这些期望。他们很容易生气，并且难以轻易原谅别人；通常，他们没有几个知己，会质疑他人的忠诚，过度解读无害的评论。

分裂型人格障碍 这个类型的人很少关心社会关系，情感范围受限，似乎对批评或表扬漠不关心。他们更倾向于独处，并避免亲密（包括性）关系。

分裂样人格障碍 * 这个类型的人在人际关系方面面临重重困难，以致在别人眼中，他们显得奇特或古怪。由于缺乏亲密的朋友，他们在社交场合很不自在。他们可能表现出怀疑、不寻常的知觉或思维、古怪的说话方式以及不适当的情感。

在考虑这些描述时，我们需要牢记以下几点。首先，许多人，也许是我们的大多数患者，都有令人苦恼的社会问题；这些问题不是由人格障碍引起的。专横的老板会在工作中制造纠纷。夫妻中的一方罹患精神病性障碍会对婚姻造成严重破坏。慢性精神病会使患者与家人变得疏远。每天都有孩子使用毒品，都有股市吞噬了某人的积蓄。我想说的是，必须从日常经验的视角来观察人们面临的许多问题（并将这些问题带到心理服务提供者面前以寻求帮助）；这些问题代表了人们常态下的共同边界，但经常被我们忽视。

其次，我们还需要确保患者的某种行为模式不是由诸如心境障碍、物质滥用或医疗状况等重大健康问题引起的。在评估的信息收集阶段，我们要了解患者完整的病史，并询问其他精神和行为系统的状况，来防止这种错误的发生。

我们必须记住的最后一点是，无论多么谨慎和全面，单次访谈都有固有的局限性。特别是对于罹患人格障碍的患者来说，只有随着时间的推移，随着我们对每位患者的认识加深，我们才能慢慢收集到足以确定诊断的信息。

第九章

敏 感 内 容

探索某些领域需要一些勇气，也有一定挑战性，如性、物质使用、暴力和自杀行为等议题。尽管这些内容本身看似简单，但我们的社会还是普遍将之看作私密的敏感领域。毕竟，与这些主题有关的提问可能会威胁到个人的自尊和安全感。因此，患者可能会感到内疚或羞耻，而临床工作者要抛开在这方面形成的个人习惯、疑虑，甚至是偏见。

在临床访谈中，我们从本质上重新定义了可接受的人际互动的范围，我认为意识到这一点对我们很有帮助。作为患者，人们知道自己将被问到私密的话题，并会向不熟悉的临床工作者透露连密友都不曾知晓的信息。相应地，我们这些临床工作者必须坚定地完成任务，即提出我们在其他情况下可能不愿意探讨的话题。

这些话题对每次访谈都至关重要，如果患者没有主动提及，你就必须主动引出这些话题。你可以在更了解患者之后，到访谈的后半部分再谈这部分话题，但不要等到最后，不然很可能没有时间谈及这些重要的内容。若忽视这些敏感领域中的任何一个，临床工作者都可能面临严重的临床失误。

自 杀 行 为

深入探究自杀行为是非常必要的。即使患者在访谈过程中未曾流露任何想死的愿望或自杀意念，这一原则也适用。患者可能因为羞愧或尴尬而不敢主动提及与自杀有关的想法和行为。因此，违反这一原则就有可能忽视患者潜在的危及生命的想法和行为。尽管绝大多数精神障碍患者不会自杀，但几乎是任何一种精神障碍诊断都表明患者有一定程度的自杀风险，且这种风险高于一般人群。

当问及自杀行为时，你可能会感到自己有不适感。访谈新手有时担心提及这个话题会让患者产生自杀意念。事实上，有严重自杀风险的患者早在有人提问之前就已经长时间持有这种想法了。真正的风险在于没有尽早发现。在你询问后发现时，你才知道患者的病情已经非常严重了。

如果患者自己提出了这个话题，你可以放心地继续聊下去。如果这样的机会没有出现，主动提出这个问题就变得至关重要。除非患者看起来异常不舒服，否则你不需要在问这些问题之前道歉或做解释。实际上，大多数患者的内心感受与你的感知是基本一致的。

在临床心理访谈的背景下，你完全可以简单地询问：

"你想过伤害自己或自杀吗？"

如果答案是"没有"，并且这似乎与患者的情绪和最近的行为相一致，那么你可以将之视为简单的事实，然后转到另一个话题上。如果患者的回答模棱两可，或者是用能说明问题的肢体语言表达的，比如，反应犹豫或者目光突然向下；你就必须进一步追问。研究表明，超过 10% 的自杀未遂者最终会死于自杀，这种风险在第一次自杀企图后可以持续数十年。

当然，你也必须小心不破坏融洽的关系。如果你的提问似乎引起了患者越来越多的不适（长时间的犹豫、流泪），你可能需要对这种不适感进行评论。

"你看起来很难过，我也不愿意继续这个话题，但我的确觉得这么做是有必要的。"

对于有自杀企图或有其他暴力行为的患者，你可以说：

"你最近的经历让我担心你可能会再次这么做。有什么方式能够帮你改变吗？"

一些临床工作者认为，如果避免使用"自杀"这个字眼，患者可能会给出更真实可信的反应。我觉得这有点牵强，但是如果你愿意，你可以通过一系列越来越明确的问题逐步实现你的目标。

a. "你有过令人不安或沮丧的想法吗？"
b. "在这些想法中有特别绝望的吗？"
c. "你曾希望过自己已经死了吗？"
d. "你想过伤害自己吗？"
e. "你制订过自我了结的计划吗？"
f. "你真正尝试过这样的行为吗？"

如果患者对上述问题中的任何一个给出了肯定的答案，就需要继续用适合的开放式提问来扩展相关信息。

"你能和我多说一些这方面的情况吗？"
"后来呢？"

如果患者的自杀企图发生在这次谈话之前——有时已经过去很久了——那么记忆可能会很模糊。但是你应该尽可能多地了解患者以往的自杀企图。这些信息将帮助你：（1）预测患者下一步可能做什么；（2）评估你应该采取什么行动。因此，你可以邀请患者回答以下问题。

- 患者有过自杀企图吗？
- 是在什么时候尝试的？
- 当时患者在哪里？
- 当时的情绪是怎样的？
- 用了什么方法？
- 是在药物或酒精的影响下进行的吗？（如果是，那么患者在未服用药物或酒精的清醒情况下有其他尝试吗？）
- 患者当时有其他心理症状吗？（除了物质使用，尤其应了解抑郁障碍和精神病。）
- 发生自杀行为之前的应激源是什么？（确认是否经历了分居或离婚、亲人去世、失业或者退休等丧失。然而，患者本人或其朋友、亲属生活中的任何不愉快的事件都可能成为导火索。）
- 什么阻止了这个人完成自杀？（家庭因素？信仰因素？）
- 自杀企图有多严重？

尽管研究表明最终实施自杀的人可能有某些特征——通常是年老、未婚、无业、身患疾病的欧裔男性，他们饮酒并患有抑郁障碍或精神病性障碍——但就算你的患者不具备这些特征，甚至一条都不符合，也不意味着他不会伤害自己。你和患者制订的"不自杀"安全计划也无法保证他真的不会自杀，其主要效果只是减少你作为助人者的焦虑。

对躯体和心理造成的严重结果

我们可以用两种方式判断自杀企图的严重性：（1）自杀企图对身体造成的伤害程度；（2）意图的强烈程度。无论是身体上还是心理上的一次认真的自杀企图都会增加这位患者之后自杀的可能性。当你评估新患者自杀的可能性时，请牢记以下指导原则。

当自杀企图导致（或可能导致）严重的身体伤害时，就属于躯体上严重的类型。按照这个标准，颈静脉被切断、深度昏迷或者胸部枪伤都属于严重的躯体伤害尝试。摄入 100 片三环类抗抑郁药也是如此，即使患者在昏迷开始前已经洗过胃了。如果没有及时的医疗护理，近一半的抗抑郁药都可能致命。

另一个极端是几乎不可能造成严重伤害，更不可能导致死亡的尝试，包括手腕轻微划伤或吞咽四五片阿司匹林等行为。这种行为有时被看作"姿态性"举动，表明患者除了致死之外，还有其他目的。在做出这一判断时，你需要抛开生理上的结果，考虑这一尝试在心理上的严重性，以了解该尝试背后的动机。患者是真的想死，还是为了求助？以下是一些自杀企图的可能动机：

- 真的想死的愿望；
- 渴望得到帮助；
- 逃离一些无法忍受的情况；
- 从精神痛苦中解脱；
- 试图影响某人的态度或行为。

许多有过自杀行为的患者可以清楚地说出他们的感受。

"很遗憾我没有自杀成功。"
"我会再试试的。"

其他人的感受可能不太清晰，或者可能是矛盾的。你必须问他们：

"你认为过量服药（或其他自杀企图）会造成什么样的后果？"

对一些自杀企图而言，最好的方法可能是从行为推断意图。例如，在酒店房间里用假名独自尝试自杀的患者，显然比在家中配偶即将归来前尝试自杀的患者更倾向于自我毁灭。还有一些提问可以帮助你判断自杀企图的心理严重程度。

"你是一时冲动决定尝试自杀，还是已经计划一段时间了？"计划和准备通常与更严肃认真的企图联系在一起。

"在实施自杀之前，你写过或修改过遗嘱，赠送过财产，或购买过人寿保险吗？"这些行为都暗示着严重的自杀计划。

"你写遗书了吗？"更能证明自杀是有计划的。

"你尝试自杀的时候有人在吗？"如果回答是肯定的，那么表明患者已经安排了一种营救手段。

"你实施自杀行为后做了什么？"（躺下等待生命结束？求救？打自杀热线？）没有任何反应则需要引起警觉。

"你获救的时候是什么感觉？""生气"听起来比"轻松"更严重。

你必须将你所了解到的关于这些自杀意念和企图的信息与患者此时对这个问题的想法联系起来。了解可能致命的想法或计划至关重要，尤其是要了解患者在接下来的几小时或几天内的想法。你可以问：

"最近有没有想要自杀？"

"你对此有过什么想法？"

"你有过自杀计划吗？"

（如果有）"那是什么呢？"

"你认为你有可能付诸行动吗？"

"过去是什么阻止了你做这件事情?"

"什么时候可能去实施?"

"你觉得这会对别人产生什么影响?"

"你觉得自己有活下去的理由吗?"

"有什么事情能降低自杀的吸引力?"

"你有枪吗?或者能接触到枪吗?"(在枪支合法化①的国家和地区还需要询问这个问题,因为使用枪支自杀的死亡率高达85%,而使用药物自杀的死亡率为2%。)

一般来说,我会避免在描述自杀企图时使用"操纵"一词。首先,大多数企图(或完成)自杀的患者都对自己的行为感到矛盾,所以大多数自杀企图既有发自内心的成分,又有求救的成分,只是程度不一样。更重要的是,使用"操纵"一词容易使临床工作者和患者的家人在患者最需要帮助的时候放松警惕。

无论患者此时有什么自杀意念或计划,临床工作者都需要立即采取措施。如果你是一名学生,这意味着要立即联系为患者提供治疗的临床工作者,以确保患者的想法和计划被完全掌握。你的这一举动至关重要,即使这意味着违背了患者对你的信任或你之前做出的保密承诺。防止自杀和防止对患者及其周围人的其他伤害是每个医疗保健专业人员的绝对职责。为了有效地履行这一职责,所有临床工作者都必须坚信,与患者接触过的每个人都会分享重要信息。如果你必须打破保密原则来确保患者或公众的安全,请放心,绝大多数患者不会因为你的行为而责怪你。事实上,大多数患者过后都会感激这种挽救生命的"背叛"。

---

① 为了加强枪支管理,维护社会治安秩序,保障公共安全,《中华人民共和国枪支管理法》规定:禁止任何单位或者个人违反法律规定持有、制造(包括变造、装配)、买卖、运输、出租、出借枪支。——译者注

暴力预防

对他人的暴力行为相对不常见，但由于暴力行为会对患者和潜在受害者造成严重后果，了解暴力行为与了解自杀行为同等重要。需要注意的是，不仅要评估患者当前的想法和意图，还要考虑他们曾经的暴力想法和行为。因此，在询问时，通常会使用类似于这样的问题："你有过伤害他人的想法吗？"

如果患者恰好提到与法律有关的内容，比如被捕或坐牢，你就可以自然而然地引出暴力这一话题。许多暴力事件是发生在家里的，因此，当得知患者已离婚或经历过糟糕的婚姻时，也是提出这类问题的良好时机。（不要忘记了解患者是否在家庭中遭受过伴侣的暴力行为或其他虐待行为。）

如果没有自然地过渡到这个话题，你就必须主动提及这个话题。就像你在前面学过的针对自伤话题的提问，现在你也可以逐步推进有关暴力行为的话题。

a. "你有过无法控制愤怒的感觉吗？"
b. "你有过伤害别人的想法吗？"
c. "你有过难以控制自己冲动的时候吗？"
d. "作为成年人，你有没有参与过打架斗殴？"
e. "你愤怒地持械挥舞过吗？"
f. "你因为打架或其他暴力行为而被捕过吗？"

如果答案是肯定的，需要继续问：

"暴力（想法或行为）出现在什么样的情境下？"
"是在什么时候发生的？"

"谁参与了？"

"你对此有何感想？"

"该行为涉及物质使用吗？"

"对另一方有什么影响吗？"

"结果是怎样的？"

"你被捕过吗？"

"你被定过罪吗？"

"你服刑了多久？"

菲利普·雷斯尼克（Phillip Resnick）指出，当与有被害想法的患者访谈时，如果采用一般的提问"你有过伤害他人的想法吗？"，可能得不到什么回应。因为在一般情况下，这个人可能确实没有这样的想法。但是，如果这个人面对假设情境中的迫害者，潜在的情绪可能就会浮现。所以你需要问："假设……（一个联邦特工或者你姐夫）把车停在你家门口，按了门铃。你会怎么做？"这时，患者的回答可能会揭示他所反感的潜在结果。

在所有情况下，都需要试着理解患者的暴力想法或行为背后有什么样的动机，以及什么导致了这些感觉。例如，你可能会发现：

- 对损坏自己汽车的司机感到的**愤怒**；
- 由遗传因素加上酗酒导致的**抑郁**；
- 因为同事获得了令人垂涎的副总裁职位而产生**嫉妒**；
- 因税务局对已缴税款仍不断发送催款通知而感到的**沮丧**；
- 面对继承大笔遗产的可能性而产生的**贪婪**；
- 对前妻／前夫的**仇恨**；
- 因姐姐死于劫匪之手而产生的**复仇**之意。

与有潜在暴力倾向的患者访谈时，包括经验丰富的临床工作者在内的所有人都会沉浸在获取相关信息的过程中，而容易忽略所有其他因素。其中最应该考虑的是人身安全。我无意制造恐慌，我知道临床工作者遭受特定患者攻击的风险很小。然而，一项调查发现，超过一半的临床心理工作者在过去 1 年中受到过患者的威胁或攻击。几年前，我也曾是患者攻击的对象，我会尽最大努力防止这种情况再次发生。简而言之，以下是预防措施。

1. 确保咨询室里有一条畅通无阻的逃生路线。这意味着你到出口的过程不应该被任何物体或人阻挡。
2. 确保有人在能够听到警报器或其他警报声音的范围内，并且在听到警报后能够立即做出反应。
3. 当患者有暴力前科时，要特别警惕；攻击行为的重新犯罪率极高。本应服用抗精神病药但实际上未服药的患者有特别高的危险性。
4. 对可能预示即将实施攻击行为的细微变化，如声音（音调或节奏上升）、话语（威胁和侮辱）和肢体语言（眯起眼睛、烦躁不安地踱步、握紧拳头）保持警惕。
5. 一旦你感觉到危险，就马上行动。你需要抛开平时安抚患者的本能（不要靠近对方来提供安慰，不要通过触碰让患者安心来给予肯定）。相反，你要平静地宣布你将要做的事情——"史密斯先生，我要站起来走到门口"——这是一个口头提醒，以免使容易受惊吓的患者突然恐慌起来。然后照你说的去做。
6. 一旦你离开房间，立刻向某个人寻求帮助：其他工作人员、大楼保安或警察。

每个住院或门诊机构都应该有一套演练过的应急流程，具体程序包括：谁打报警电话，谁在门口负责应对任何突发警报，以及如何在这种情况下临时以尽可能不具威胁性的方式展示武力。

物 质 滥 用

在美国，每13个成年人中至少有1个存在物质滥用问题。这一比例在精神障碍患者中更高，能达到25%；在一些专业诊所中，物质滥用者的比例比这还要高。不幸的是，许多美国青少年都有过接触可能被滥用的物质的经历，尽管这不应被视为成长的必经之路。这一行为非常普遍，它对患者和环境影响深远，因此在对每一个精神障碍患者的初始访谈中，无论其性别、年龄或主诉，都必须评估物质使用情况。

酒精

尽管临床心理工作者和诸如匿名戒酒者互助会这类采用"十二步法"的组织机构做了很多科普教育，但许多人仍然认为物质滥用是一种道德失败。因此，患者和临床工作者都觉得这个问题很难讨论。或许你能找到自然引入这个话题的方法，一些家族史信息可能会给你提示。

患　者：所以你可以看到，我的童年几乎被妈妈的酗酒毁了。
访谈者：听起来很艰难。好吧，你呢——你喝酒吗？

在患者提到其母亲酗酒的时候，你可能不方便像这位临床工作者那样切换到一个新的话题。相反，你可能会决定继续询问童年经历，稍后再回到患者提到的家族史上。

访谈者：几分钟前，你提到你妈妈酗酒。这让我想知道——你也酗过酒吗？

如果患者没有提出药物和酒精使用的话题，你就必须自己创造机会。酒精相比其他物质更容易被大众接受，所以你可以在不会太尴尬的情况下问及患者的饮酒情况。你可以假设患者和大多数成年人一样，不是滴酒不沾的人。这一假设通常都是成立的，所以如果患者有饮酒过量的情况，那么你关于"大部分人都会喝点酒"的假设可能会减轻患者的污名感。接下来，你需要了解患者饮酒的频率和量：

"现在我想了解一下你的一些习惯。首先，你在1个月内平均有几天会至少喝一杯酒？"

注意这个问题的形式，即以每月的天数为框架来获取一个精确的答案。这意味着患者不能含糊地回答或回避，如"不太多"或"只在社交场合喝点"。（一杯12盎司①的啤酒、一杯5盎司的葡萄酒和一杯1.5盎司的80°蒸馏酒的酒精含量大致相等。）

接下来你可能会问：

"在你喝酒的日子里，平均算下来，一天通常要喝多少杯？"

这两个数字——每天的饮酒量和每月饮酒的天数——能够让你计算出患者每月的平均饮酒量。随着访谈经验的增多，你会对什么是正常范围的喝酒以及什么是过量饮酒，发展出自己的直觉。如果每月饮酒超60杯（平均每天2杯），情况就比较让人担忧了；如果每月饮酒超过100杯，就远高于正常水平。但是，如果在短时间内大量喝酒，即使一个月的饮酒量低于60杯，也可能表明存在酗酒问题；酗酒是物质滥用的形式之一。

即使患者否认目前酗酒，也要了解他以往的饮酒量。需要弄清楚患者

---

① 1盎司约等于30毫升。——译者注

本身就是终生禁酒者，还是最近才开始戒酒的（"我不碰酒"可能是指"从星期天开始我就只在早餐时喝酒了"）。你可以问：

"你有比现在喝酒更多的时候吗？"

此外，你需要在了解了患者的月饮酒天数、日饮酒量和戒酒原因之后，继续搜寻更多信息。

酗酒（DSM-5 现在称之为酒精使用障碍）是一种由结果定义的状况。饮酒量是一个重要提示，但诊断本身取决于饮酒对个体的影响，以及个体的饮酒行为对其他人的影响。因此，除非患者否认曾经有酗酒的问题，否则你需要问及患者的饮酒行为是否产生了以下几种结果。

对于躯体疾病问题，你可以问：

"饮酒导致你出现过肝病、呕吐症状或其他医疗问题吗？"
"你曾因健康原因被告知过需要戒酒吗？你戒了吗？"
"你有过喝断片儿的经历吗？也就是说，在喝完酒的第二天早上，你记不起在前一天晚上发生了什么。"（在这个问题中，请界定你所说的"断片儿"是什么意思——有些患者没听过这种表达。）

酒精（或其他物质）使用障碍的一个标准是使用量超过患者的意愿。这有时很难评估——尤其是对青少年来说，他们并不清楚自己的酒量，只是想体验酒后的感觉。因此，要试着确定饮酒者是否失控。

"你试过戒酒吗？"
"你制定过有关喝酒的规定吗？比如'下午四点前一定不喝酒'。"
"你曾无节制地喝过酒吗？"
"一旦你喝了第一杯酒，就停不下来了吗？"

对于个人和人际关系问题，你可以问：

"你曾因喝了很多酒而感到过内疚吗？"
"你在喝酒的时候打过架吗？"
"喝酒造成过离婚或者其他严重的家庭问题吗？"
"你曾因喝酒而失去过朋友吗？"

对于工作问题，你可以问：

"你曾因喝酒而导致过旷工或者上班迟到吗？"
"你曾因喝酒而被解雇过吗？"

对于法律问题，你可以问：

"你因与喝酒相关的行为而被逮捕过吗？"
"你有因醉驾而被捕的记录吗？"（如果有，需了解庭审情况。）
"你因酒驾引发过交通事故吗？"

对于财务问题，你可以问：

"你有过把本该花在食物等必需品上的钱花在喝酒上的经历吗？"
"你有过因喝酒而造成其他经济困难的经历吗？"

如果在以上任何问题中得到了患者的肯定答复，你可以继续问：

"你担心过饮酒问题吗？"
"你想过你可能是一个嗜酒如命的人吗？"

"你保持清醒状态的最长时间是多久?"

"你是怎么做到的?"

"你因酗酒而接受过治疗吗?"

"治疗的结果如何?"

街头毒品

想要了解患者的毒品使用情况,询问过程类似于饮酒问题。问过饮酒相关的问题后可以自然过渡到这个话题。比如问患者:

"你尝试过任何毒品吗?"

当谈到物质使用时,询问患者时采用"尝试过"这个词可能会比"使用过"带来更少的污名感。就像酒精滥用一样,你会想知道患者从什么时候开始使用(真的很难避免这个词)毒品,什么时候停止使用毒品(如果曾停止使用),以及为什么停止。然后要确认毒品类型、使用频率,以及使用这些毒品对患者本人及其朋友和亲属的影响。

你很可能听不懂患者对一个常见毒品的俚语式叫法,我的建议是不懂就直接问患者,因为他们往往喜欢偶尔当一回老师。你也可以在网络上找到这些俚语的含义。

不同的族群或同一个国家的不同地区可能会使用特殊的叫法,而且这些叫法会随着使用人群的年龄发生变化,并非固定不变的。

处方药或非处方药

不要忘记询问患者对处方药或非处方药的过度使用。

"你有过超医嘱剂量服用处方药的经历吗?"

"你用过哪些非处方药?"(几乎每个人都用过一些。)

还是那句话,你需要知道患者在什么时候用药,用了什么药,剂量是多少,产生了什么效果。

对于任何物质使用情况,你都应该问:"它有什么作用,能让你持续使用?"

性 生 活

在临床心理工作者的咨询过程中,患者通常会预期涉及性相关的提问。然而,这类提问可能会让一些人感到不舒服,所以你最好把它推迟到访谈后期。到那时,你与患者更加熟悉,患者可能会在其他必要的心理、医学和社会信息的背景下看待这些敏感问题。

为了了解这个重要的生活领域,你必须能够开放地谈论它,不要表现出反对或责备。正在接受培训的临床工作者通常会发现询问患者有关性生活的问题颇具挑战性,可能是由于他们对常规提问不熟悉,也可能与个人的性行为准则有关——而这又受到教养和文化的影响。在这种情况下,意识到自己的性行为准则,并承认患者有权使用不同的准则非常关键。坦率地谈论有关性的话题可能会让双方都感到兴奋,此时,你比以往任何时候都需要牢牢守住自己的职业边界。

通过了解患者的现病史、个人史和社会史,你很可能对患者的亲密关系有了一定的认识,引入有关性的主题就成了顺其自然的事情。如果你们的话题还没涉及这方面或者患者目前没有伴侣,那么直接询问相关信息也合适。开放式提问既能让你感到舒适,又能给患者圈定讨论的范围。

"现在你可以谈谈你的性功能如何？"

这个提问形式假设大多数人都有性行为，并且认为这是可以接受的、正常的。

如果患者的第一反应是反问（"什么意思？"），你可以详细阐述：

"我想了解两件事。首先，你的性功能通常如何？其次，你当前的主要困扰对性功能有什么样的影响？"

请注意，这个提问故意打破了不要一次提多个问题的规则，向患者明确你想要了解的信息范围。

接下来的讨论应该收集以下几类信息。

- 患者第一次了解性是在几岁？
- 患者的早期性经历是怎样的？
- 发生在什么年龄？
- 患者当时有什么反应？

性取向

一些临床心理工作者更喜欢以一个简单的问题来开启关于性取向的话题：

"你的性取向是什么？"

这种方法的优点是（通常）能尽早得到一个明确的答案，从而避免以后因为误解而产生尴尬。注意不要认为处于异性恋关系中的患者没有同性恋史。

对于有同性恋史的情况，你应该试着去了解以下方面。

- 患者是双性恋，还是仅为同性恋？
- 如果是前者，其中和异性进行性接触的比例占多少？
- 患者觉得这种性取向是舒服的（自我和谐），还是不舒服的（自我不和谐）？
- 患者的性取向和其生活方式的结合程度怎么样？
- 患者想过或试图改变过性取向吗？

虽然在初始访谈中，关于梦境的报告通常并无太多价值，但如果在梦中出现了对同性的幻想，有时有助于评估不清楚自己的基本性取向的患者。

性经历

当发现患者在性生活方面有过困扰时，你得问很多你平时不会探究的问题。这时候要注意，在这个过程中要运用你的常识；通常，将这种性质的问题推迟到后面再问是比较稳妥的。要是你确信患者和伴侣在一起很快乐，性生活也很和谐，你就可以抛出一个一般性问题：

"有没有我们还没有讨论过的性方面的问题？"

不过，当患者存在性功能障碍时，适合讨论以下问题。

- 性方面的问题是一直都有的，还是最近才有的？
- 目前在睡前一般有什么安排？
- 有性生活方面的问题吗？（患者需要禁欲吗？）

- 性对患者来说是愉悦的吗？
- 性对患者的伴侣来说是愉悦的吗？（在了解患者的性取向和性经历之前，用"伴侣"比用特定性别的名词更安全。）**女性比男性更容易报告缺乏性快感。**
- 如果患者已婚或处于长期关系中，有婚外情吗？如果有，有多少段婚外情？多久有一次？最近一次是在什么时候？
- 这对伴侣在性方面沟通良好吗？
- 性生活的频率如何？最近有变化吗？随着年龄的增加而发生变化了吗？
- 谁通常是主动的一方？
- 伴侣因为和其他人的关系问题而对性生活犹豫不决过吗？
- 伴侣之间有前戏吗？持续多久？前戏是怎样的？（说话？接吻？抚摩生殖器？）许多男性没有意识到女性需要的性唤起时间比男性长，因此他们的女性伴侣可能会说前戏太短，性体验不佳。
- 如果有非常规性行为，双方都感兴趣吗？
- 患者达到高潮的频率是怎样的？尽管女性可能有强烈的性欲，但女性的性快感缺失相当普遍。有些人只有在特定情况下才能达到高潮，比如自慰。和性兴趣一样，达到高潮的能力可能会因为疾病（躯体或精神上的）和太过焦虑而降低。
- 患者多久自慰一次？这对患者或伴侣来说会造成困扰吗？
- 夫妻使用什么避孕方法（如果有）？伴侣双方对受孕的时机或预防措施达成了一致吗？
- 存在当前关系之外的其他性伴侣吗？
- 任何一方有性传播疾病史吗？

常见的性问题

性功能包括欲望、唤起和高潮三个方面。需要了解患者在性欲望似乎已经减退的情况下，还存在性方面的念头或幻想吗？要警惕几种相对常见的性问题。

- **阳痿**（无法达到勃起或维持勃起）。这种情况有多长时间了？是完全还是部分不能勃起？只发生在和特定伴侣的关系中吗？做过医学检查吗？接受过治疗吗？注意阳痿和性欲缺乏有很大区别。
- **性交痛**。这种情况常见于女性，很少见于男性。它的原因可能是生理性的，也可能是情绪性的。有必要了解这个症状是否会干扰性功能或性快感？
- **早泄**。如果男性射精太快且不可避免［用马斯特斯（Masters）和约翰逊（Johnson）的话来说］，双方都会沮丧且缺少快感。
- **延迟射精**。这可能是情绪因素（如内疚）或某些药物的结果。典型的药物是硫利达嗪，它甚至被用来治疗早泄。
- **对自己可能是同性恋或双性恋的担忧**。鉴于这种情况对患者来说可能是很重要的议题，也为临床工作者的进一步了解提供了正当理由，因此关键在于让患者意识到这不是疾病，而是各种正常的性偏好。

当你了解患者的性生活史时，可以了解性问题的具体例子。如果患者的确可能有技巧上的困难，可让他们描述过程中发生的行为："首先我……那她会……但这通常不起作用，所以我们……"如果是其他方面的问题，也要弄清这些问题：从什么时候开始，多久发生一次，在什么情况下发生，有多严重（是不是越来越严重了），对此做了什么，以及有什么帮助。

性欲倒错

这种问题相对不太常见，它包括一组异常行为；在这些行为中，患者要么受到正常性同意关系以外的其他情况的性刺激，要么被患者自身或性伴侣的羞辱、痛苦情绪所唤起。只有当这种欲望反复出现至少 6 个月，且当患者已按冲动行事且为此深受困扰时，才能被诊断为性欲倒错障碍（与性欲倒错行为不同）。几乎所有这样的患者都是男性，他们中的许多人报告存在几种会破坏维持正常性关系和爱情关系能力的性欲倒错冲动。具体的性欲倒错障碍类型如下所示。

- **露阴癖**。这些患者表现出了幻想和冲动，会突然将自己的生殖器暴露给毫无戒备的陌生人，通常是女性。真正做出暴露举动的患者通常既不试图与受害者进行身体接触，也不构成身体危害。
- **恋物癖**。恋物癖者被无生命的物体引发性欲——通常是患者自己使用的鞋子或女性内衣，或者是伴侣在性活动中穿的衣物。
- **摩擦癖**。摩擦癖是在未经他人同意的情况下，触摸或摩擦他人而被唤起性欲。摩擦行为通常发生在人群中，可能是隔着衣物用手或生殖器进行摩擦。
- **恋童癖**。这些患者对年幼的孩子（通常是 13 岁或 13 岁以下）有性幻想和性冲动。大多数恋童癖者更喜欢女孩，但也有偏好男孩或不挑性别的。这种问题通常是长期存在的，可能涉及各种性行为，包括看未成年孩子的身体、脱其衣物以及与其身体接触。
- **性受虐症**。这些患者的性幻想和行为包括被殴打、被捆绑及其他被羞辱或遭受痛苦的形式。在极端情况下，可能会导致窒息死亡。
- **性施虐症**。这些患者通过对其他人施加身体或心理上的痛苦而引起性欲，可能经过受虐人的同意，也可能没有。这种行为可能会越来越严重，有时会导致严重的伤害甚至死亡。
- **异装癖**。这些患者因打扮成异性而产生性欲。虽然 DSM-5 的诊断标准没有区分性别，但目前报告的异装癖案例仅限于男性。
- **窥阴癖**。窥淫癖者（"偷窥狂"）会通过观察毫无戒备的人的裸体、脱衣或性行为而感到兴奋。

- **其他性欲倒错障碍**。其他的性欲倒错包括对动物、排泄物或尸体产生性欲，以及通过打电话说下流话产生性欲。

性传播疾病

对于所有患者都要警惕其性传播疾病史，包括疱疹、梅毒和淋病。尤其是要评估感染人类免疫缺陷病毒的风险因素，如有多个性伴侣、与静脉注射毒品者发生性关系或同性恋关系。如果患者对上述问题的回答是肯定的，你需要问双方是否采取了保护措施。在保护措施下进行的性行为占多少比例。患者接受过人类免疫缺陷病毒检测吗？如果有过，最近一次检测是在何时做的？结果如何？

性 虐 待

童年性骚扰

有儿童期性经历的人相当普遍，尤其是在精神障碍患者中。然而，即使是经验丰富的临床工作者，也经常忽视这个领域。儿童期性经历与DSM-5中描述的多种成年期精神障碍有关，包括边缘型人格障碍、进食障碍、分离性身份障碍和躯体症状障碍（或者，我更喜欢沿用"躯体化障碍"这个说法）。

即使患者当前没有明显的相关症状，有关早期性行为的记忆还是可能引发一系列需要深入探讨和确认的问题。所以，你一定要问。但这样做时要避免用到性骚扰和强奸这样沉重的表述。

"当你还是一个孩子的时候,有没有另一个孩子或成年人带着性目的接近你?"

"你在生活中被强迫进行过性行为吗?"

所有患者对于上述问题的肯定回答都意味着要深入探寻,特别是要了解以下细节。

- 实际发生了什么?
- 有身体接触吗?
- 患者当时多大?
- 这类事件发生了多少次?
- 侵犯者是谁?
- 侵犯者和患者之间有血缘关系吗?
- 患者对事件的反应如何?
- 告知父母了吗?
- 患者的父母是怎么回应的?
- 这些事件在儿童期和成年期对患者有什么影响?

患者偶尔会给出模棱两可的答案,比如"我不确定"或者"我真的不太记得小时候的事了"。这样的回答是一种提醒,说明在患者的过往中可能有太多令人痛苦的经历,以致无法忍受这种有意识的记忆。此时,进一步的探索可能难以发现更多信息,但请尽可能准确地确定患者对童年哪个阶段的记忆模糊不清("6—12岁"或"整个初中")。这可能有助于患者以后的记忆恢复过程。

这时,你就不能提醒患者你们之后会回过头来谈这个话题了。向患者承诺寻找深藏已久的创伤记忆可能是具有威胁性的,这可能会干扰融洽关系的建立。不过,你可以说:

"听起来,你对这部分有些不确定。没关系——没有人记得童年的一切。但是如果你后来想起了什么早期的性经历,请告诉我。这可能很重要。"

当你确定你们的关系已经足够稳固的时候,可以在后续的访谈中再谨慎地回到这个话题上来。

强奸和虐待配偶

(至少是)几十年来,强奸罪行一直被严重漏报。这一现象很可能源于受害者内心的羞耻感、尴尬情绪以及对"声名狼藉"的恐惧。随着"名人强奸案"审判的公开以及我们对受害者心理的进一步了解,这些负面态度在最近几年可能有所减少。尽管如此,患者(其中绝大多数是女性)成年后遭受强奸或其他形式性虐待的现象仍然非常普遍。(美国军方报告,在2012—2013年,性侵案件比之前12个月增加了43%。)临床心理访谈者必须能够获得必要的信息,以确定最佳治疗方案来帮助因性创伤而急需帮助的受害者。

通常,首选的方法是用富有同情心的态度,邀请患者不受限制地描述事件及其结果。

"请告诉我你的这些经历。"

你还可以尝试用温和的探索性提问获得以下信息。

- 当时是什么情况?(在怎样的环境?患者正值多大年龄?)
- 嫌疑人是谁?(亲属?熟人?陌生人?帮派成员?)
- 发生了多少次?

- 患者认识嫌疑人吗？
- 他们有关系吗？
- 涉及酒精或药物使用吗？如果有，是谁使用了？
- 患者当时有哪些情绪反应？
- 谁知道了这件事情？
- 他人是同情地倾听患者的故事的吗？
- 采取法律行动了吗？如果没有，为什么没有？
- 这些经历有哪些挥之不去的影响？（寻找恐惧、愤怒、羞耻、焦虑、抑郁等情绪，以及和创伤后应激障碍相关的症状。）

配偶的性虐待和躯体虐待可以诱发类似的多重情绪。受害者也可能因为害怕进一步被虐待或被遗弃等报复行为而不愿意主动告发施暴者。

第十章

控制后期访谈

在早期访谈的大部分时间里，我们鼓励患者自由表达。然而，在采集个人和社会史信息时，我们必须更多地对访谈加以控制。这样可以有效地利用时间，确保收集到了所有相关材料并深入探索剩余的重要领域。通过运用各种言语和非言语技巧，我们可以引导患者的反应，最大限度地获取必要信息。

打　　断

有些患者能很好地遵循访谈方向，你只需偶尔插入一个指导性提问，就能引导整个谈话。而那些说话漫无目的或者只是有些健谈的患者需要你更主动地控制。那些有躁狂性言语压力或精神病性怀疑的人可能需要你频繁地把谈话拉回主题。

当然，你在提问时需要注意言辞和措辞。尤其是访谈新手：因为焦虑可能导致我们说话过于频繁或者冗长。请记住，提问和干预的主要目的是帮助患者传达信息。为了尽可能减少解释所占用的时间，请务必使提问简明扼要。

由于访谈需要涵盖如此广泛的领域，你可能无法像你希望的那样完全回应患者提出的问题。例如，当患者提到小时候被取笑的经历时，我们自然而然地会想要同情并询问具体情况、影响和患者的反应。但访谈时间也许已经所剩无几，而且你仍需要深入探讨可能存在的性虐待史。你可能不得不将这些自然反应推迟到下一次会谈。现在，你可以简单地表示同情，然后通过询问你想调查的其他童年创伤来表明你感兴趣的领域。

患　者：……所以我觉得我是学校里被嘲笑和恶作剧的对象。

访谈者：那种经历真的会让一个孩子很痛苦。你小时候有过其他令人苦恼的问题吗？比如，有没有人因为性问题接近过你？

你应该尽量避免突然的转变，这可能会损害融洽的治疗关系。相反，你可以从以下技巧中选择一种进行尝试。

- 如果像上面例子中的访谈者一样，先给出共情的评论，你就可以更委婉地引导谈话的方向。
- 停止做笔记，放下笔。如果你继续写，患者可能会感到你在鼓励他继续谈论这一话题。
- 如需打断，建议你伸出食指①（举起整只手显得过于强硬），深呼吸，示意你有话要说。
- 试着在患者的两句话之间迅速插入一个词。虽然这需要你的警觉和一些语言技巧，但通常效果不错，尤其是当你设法在患者结束思考的时间点进行干预时。
- 如果患者提出了一些你们已充分讨论过的问题，请指出需要转变话题方向。

"如果我们有时间，那么我希望稍后再听你说说有关此事更多的信

---

① 在美国，举起食指可能表示"请稍等"或"等一下"。——译者注

息。现在，让我们先来谈谈……"

"我想我了解了你的失眠情况。但是你的食欲有变化吗？"（请注意，问一个"是－否"问题意味着你现在想要一个简短的答案。）

"我需要在这里打断一下，询问其他重要的事情……"

- 当你得到了你想要的简短回答时，请点头或微笑。这样的强化行为会鼓励患者只做简单的回应。

但是有些患者只是没有对你的暗示做出很好的反应。对于那些继续东拉西扯、喋喋不休的人，你可能要直接一点。好的方法是清楚地陈述你的需求和你对解决方案的建议。

"为了让我更好地帮助你，我们需要全面地了解你。这意味着我们现在必须转向另一个领域。"

"我们的时间不多了……"

"让我们紧扣主题……"

面对特别健谈的患者，在得到目标信息之前，你可能需要不止一次地在访谈中指明新方向。但是要坚持下去——你必须获得诊断所需的所有信息。

封闭式提问

在访谈早期，我建议使用开放式提问，以帮助患者更充分、清晰地表达。在访谈后期，当你已经明确了可能与诊断和治疗相关的具体信息时，封闭式提问可以更有效地获取所需信息。

封闭式提问是那些可以回答"是"或"否"的问题，或者需要特定答案的问题（如数字、患者的出生地或其他确切事实，如姓名或婚姻维持时间）。通过封闭式提问，你可以确定诊断标准，并进一步澄清患者之前的回答。如此一来，你可以获得患者问题的具体细节。同时，封闭式提问也可以防止患者想要隐瞒某些信息。此外，封闭式提问将帮助你确定重要的负面因素，例如，"你是否有性问题或精神病？"仅从开放式提问中，你可能无法得知患者有没有这些症状。

另一种封闭式提问技术是，当患者无法回答一个不太明确的提问时，可以转而使用多选题来提问。

访谈者：你吸食可卡因有多久了？

患　者：嗯，我……那是……呃，我不太清楚。

访谈者：嗯，是1周还是2周，或者比如6个月、1年或更久？

患　者：哦，已经超过1年了。也许有3年了。

你还应该意识到封闭式提问可能存在的潜在缺点。如果患者感到你更关注获取信息的过程而不是提供信息的人，他们可能会反感封闭式提问。此外，"是–否"模式也剥夺了患者给出有梯度的反应的机会。你得到的答案可能会误导你，而非有助于澄清问题。以下是一个反面例子。

访谈者：你小时候是否有与父亲有关的问题？

患　者：（思考，内心说着"我受不了那个老头子，所以我从来没有注意过他说的话。我想我能给出的答案是……"）没有。

封闭式提问可能很有价值，但你应该避免暗示患者你希望他如何回答。这样的诱导性提问在大体上暗示你认可某些标准或行为。诱导性提问严重限制了你所获得的信息的范围和有效性。例如，不要表达你对"平均"的想法。

访谈者：你喝了多少酒？
患　者：哦，我认为是平均水平。
访谈者：一周两三次？
患　者：嗯，是的。

对这位访谈者来说，更好的进一步追问方式应该是：对你来说，"平均水平"是多少？事实上，要谨防你认为正常但带有暗示的诱导性表述。不应问"你和父亲的关系好吗？"，而应尝试开放式提问："你和你父亲相处得怎么样？"

封闭式提问实际上可能会妨碍一些患者给出完整的答案。这就是为什么你应该在访谈的后期使用封闭式提问，因为你已经与患者建立了融洽的关系，患者也养成了给出完整回答的习惯。因为封闭式提问要求你而不是患者谈论更多内容，这样患者就有更多的时间筛选出令他们尴尬的或看起来"无关紧要"的提问。结果，你收集的信息可能被证明是错误的或不完整的。

然而，封闭式提问是一种高度结构化的提问方式，它可能更适合那些不习惯访谈过程或口头表达能力有限的人。这对严重精神疾病患者尤其适用，例如，认知障碍患者，或未经治疗的精神分裂症患者；智力低于正常水平的患者；出于各种原因而不愿意接受访谈的患者。这些患者可能需要回答更多"是－否"问题。

不管你在访谈中取得了多大进展，如果你继续混合使用开放式和封闭式提问，你可能会取得最大的成功。例如，在你获得了患者一连串快速的答复，证实了酒精使用障碍的诊断后，你可以通过问一些开放式提问来缓解单调（和紧张）。

"刚刚我问了一大堆问题。现在，或许你可以告诉我，你今后打算如何应对酗酒问题。"

通过结合多种方式，你可以获得详细的、结构化的信息，并鼓励患者为你提供重要的新信息；多种方式的结合应该有助于你获得最有效的材料。

敏感性训练

在提问过程中，重要的是记住：高度结构化的提问不需要（也不应该）粗鲁或令人不快。你可以通过同情的表情或语调来使提问变得柔和。但是你也应该在措辞上更加注意，以使患者愿意谈论各种敏感问题。

"我意识到让你谈论妻子的离世可能有点难。"（这个评论表明，尽管患者明显感到痛苦，但这个话题很重要，值得探讨。）

"你认为，其他人会如何对待触犯法律的女儿？"（通过询问他人可能的反应或感受，你可能会减少患者的个人参与感和责任感。这种特殊的表达方式也表明，患者并不是唯一遭受这种经历的人。这样一来，你或许就能获得原本会遗漏的信息。）

"如果警察因你喝酒而把你抓起来——你会有什么感觉？"（利用假设，你可以帮助患者稳定激动的情绪。）

"你有没有机会告诉妻子，你对打她这件事而感到抱歉？"（在这里，你通过向患者暗示，是否有其他原因阻止了患者应该采取但没有采取的行动，从而使你的提问变得柔和。）

过　　渡

有效的访谈不仅仅是问一个又一个问题。你必须注意如何保持与患者对话的整体连贯性。从一个话题转到下一个话题的句子或短语被称为过渡。

通过过渡，我们可以清晰地指出接下来要探讨的内容。小心行事，不会让患者觉得被你牵着鼻子走。而且过渡也有助于将整个故事串联在一起。

最好的过渡是使用自然流畅的语言，就好像在对话一样。尽量试着让每个提问都是由从前一个问题的答案引出的，尽可能将患者自己的话作为探索的工具。

患　　者：……所以当我妻子找到一份全职工作时，我们的财务状况真的变好了。
访 谈 者：那你们的关系呢——在你妻子找到一份全职工作后，你们的关系有变化吗？

访谈不总是以线性方式进行的。如果你正在讨论一个重要的话题 A，而对方提到了话题 B，那么除非你在继续讨论话题 B 前结束话题 A，否则访谈可能会变得分散。之后，如果你通过引用患者之前的陈述重新引入话题 B，就可以顺利过渡了。例如：

"几分钟前你提到，当你喝酒时，抑郁似乎会好转。你能多谈谈关于喝酒的事吗？"

你可以利用时间、地点、家庭关系或工作等任何常见因素来使谈话顺畅地进行。

患　　者：……所以就在我哥哥去伊拉克后，我妈妈去世了。
访 谈 者：那时候你在做什么？

没有人喜欢被拷问，患者也不例外。因此，你应该试着让你的访谈更像一次谈话，而不是一次审问。平稳过渡有助于创造这种感觉。但是当你不得不做一个突然的转变时，可以做出提醒，让患者意识到你是在故意转变话题。

"我想我已经清楚你的饮酒习惯了。现在我想换一个话题。你能告诉我，你有过其他物质使用的问题吗？比如使用大麻或可卡因。"

等你和患者习惯了彼此的谈话方式，你可能会发现，只要适当强调一个单词，就标志着话题转变。

"现在，请告诉我，当你和丈夫制作和销售毒品时，发生了什么？"

当患者变得愤怒或者焦虑时，你可能想做一个相当突然的转变。即使是这样，你也应该努力平稳地过渡，并承认这种转变——患者也有权对你表达你在无意中引起的不满情绪。例如：

"我看得出，谈论你妻子和她情人私奔是一件非常令你沮丧的事。我不怪你。我们现在可以先跳过这个话题。相反，让我再问你一些关于你的新女友的事情。"

当然，如果患者突然改变了话题，你也应该试着了解背后的原因。

第十一章

精神状态检查：行为方面

什么是精神状态检查？

精神状态检查指的是临床工作者对患者当前精神功能的简单评估。精神状态检查最初是传统神经学检查的一部分，现在已成为初始心理评估的重要内容。本章和接下来的章节将讨论完整的精神状态检查，其所涉及的内容之多，类型之复杂，一开始会令人望而却步；但一旦掌握这个评估，便能在数分钟内轻松完成。

精神状态检查通常分为几个部分。可以用不同的方式进行排列，访谈者可以按照自己的喜好安排这几部分的访谈顺序，只要涵盖所有部分即可。最好的办法是选择一种总体安排，记住它，并且每次以相同的方式进行精神状态检查，直到它成为你的第二天性。

以下总体安排已经被许多专业人士证明有效，它基于精神状态检查涵盖的两大领域：行为和认知。

行为方面

获取行为材料无须询问特殊问题或进行某些测验。在大多数情况下，你只需在与患者交谈时观察其言行举止（情绪方面除外，这部分需要询问一些问题）。行为方面的检查包括以下内容：

1. 一般外貌和行为；
2. 情绪；
3. 思维流。

认知方面

精神状态检查的认知部分关注患者在思考（谈论）什么。对这部分进行评估需要你做更多的工作，包括以下内容：

1. 思维内容；
2. 知觉；
3. 认知；
4. 自知力和判断力。

认知方面的精神状态检查将在第十二章中详述。

我将定义和解释从业者需要了解的标准术语。楷体字用来提示我们应如何解读这些信息。然而，请记住这两点：一种行为可能有多种解释，一些非比寻常的行为也可能是完全正常的；在整个访谈过程中，访谈者应该不断将观察到的患者当前的实际行为表现与根据病史预期的行为表现进行对比。

一般外貌和行为

仅仅通过观察，访谈者就能对患者有深入了解。以下大部分特征都是访谈者在访谈中第一时间应该注意到的，甚至是在双方开口说话之前就能观察到的信息。

体貌特征

患者是什么族裔？各种研究表明，西班牙裔患者报告的症状与英裔患者有所不同。例如，一些诊断在美洲印第安人中更为常见。任何患者在与自己不同族裔的临床工作者沟通时都可能感到困难。

你认为这个人有多大年龄？外表年龄与实际年龄一致吗？年龄可以为某些诊断提供线索。例如，进食障碍和精神分裂症更容易出现在年轻患者（从10多岁到30多岁）中，而伴忧郁特征的抑郁症状或阿尔茨海默病症状在老年患者中更为常见。

注意患者的体形。其体形是苗条、矮壮还是健硕？其姿势是挺拔还是耷拉？其步态和其他动作是优雅的还是不协调的？存在跛行吗？有异常的体貌特征，例如疤痕、文身或肢体残疾吗？你会如何评估患者的整体营养状况和体重？是肥胖、苗条还是消瘦？异常瘦弱可能暗示患者患有神经性厌食。营养不良可能与精神障碍无关，但可能表明存在慢性衰弱性躯体疾病、抑郁、物质滥用或无家可归等情况。

当你在初次见面握手时，注意患者的手掌是干燥的还是湿润的。握手的力度是坚定有力的，还是软弱无力的？

警觉性

可以根据一个连续的程度对患者的警觉状态进行评分。

- **完全或正常的警觉**意味着对环境的觉察和对各种感觉刺激做出快速反应的能力。

- **嗜睡和意识模糊**指的是清醒但警觉性不足的状态。嗜睡意味着患者被刺激时还能醒来。正如服用药物过量的情况，意识模糊的低警觉性可能持续更长时间，这也意味着多数认知功能受到了严重损害。
- **昏迷**是一种患者无法被任何刺激唤醒的状态，即使是深部疼痛或刺激性气味也无法唤醒患者。

在上述连续体之外，存在一种称为昏睡的状态——这是一个定义不太明确的术语，它可能意味着意识不清，也可能指代一种状态，即个体虽看似清醒，却无法随意运动或说话。

在单次访谈中，患者意识水平的波动的情况并不罕见。要仔细记录任何意识水平的变化；这些变化可能影响你对测验结果的解释，以及你对患者行为的非正式观察。有些患者的警觉程度超出了一般人认知下的正常水平。这些人可能会迅速而反复地扫视房间，好像在警惕地搜寻环境中的潜在危险。这种过度警惕或超警觉性常见于偏执性障碍、某些物质（如中枢神经系统兴奋剂和致幻剂）使用障碍和创伤后应激障碍。然而，在正常人中，如热恋期恋人，也可能出现这种意识增强的状态。

衣着和卫生

患者着装是干净整洁的，还是脏乱破旧的？是休闲的，还是正式的？是时髦的，还是过时的？着装与当地的气候和访谈环境相称吗？注意观察患者佩戴的任何配饰。鲜艳的颜色提示躁狂倾向；即使是衬衫或大衣扣子扣错的常见现象也可能提示患者患有痴呆；着装异常，比如：成年人穿着童子军制服，可能暗示着患者患有精神病性障碍。

患者的发型和发色怎么样？留胡须了吗？个人卫生状况如何？如果患者外貌凌乱或有异味，应怀疑他患有严重疾病，如精神分裂症或物质使用障碍。

自主运动

尝试评估患者主要的体态：是明显放松的，还是紧张地坐在椅子边缘？

注意观察患者的活动。在你谈话的时候，患者是不是安静地坐着？有时是不是一动不动？各种精神状态和各种躯体问题所致的额叶脑功能障碍都会导致患者出现运动能力下降的情况。一动不动的情况是罕见的，这可能是重性抑郁障碍或紧张症的特征。

在精神障碍患者中，更常见的是运动过度。患者是否坐立不安，摆动双腿，或者频繁地从椅子上起身，来回走动？这些行为可能是由于静坐不能引起的，这是第一代（仍有使用）抗精神病药的副作用。有时候，静坐不能可能会变得非常严重，以致患者真的无法安静下来，大部分时间都在烦躁不安地踱步。偶尔不安的姿势变化更有可能只是焦虑的结果，有时也可能是不宁腿综合征的表现。

在大多数情况下，患者的手势只是帮助表达口头感受或强调口头陈述（边说边打手势）。然而，一些手势传达了未经言语表达的想法，例如，大拇指和食指形成的圈圈表示"好的（OK）"，或者伸出中指表示"不好（not-so-OK）"。注意观察患者的双手。患者的双手静静地交叠，还是紧握拳头？指甲是否干净，是否有咬痕，是否有污渍，是否精心修剪过？手是否颤抖？这可能是由焦虑引起的，但是搓丸样震颤通常见于帕金森病和假性帕金森综合征（第一代抗精神病药的常见副作用）。

注意患者在公共场合出现的任何不适当的抓挠、触摸或摩擦行为。是否存在抓挠皮肤或揉弄衣服的行为？这可能提示患者处于谵妄状态，可能是由各种生理或化学原因导致的。其中一种情况是酒精使用障碍患者中出现的震颤谵妄。

特别是对于慢性精神障碍患者来说，注意观察与迟发性运动障碍相关的面部和肢体不自主运动非常重要。是否有四肢扭动或蠕动的动作？面部是否有咀嚼、扭曲、龇牙咧嘴、噘嘴或吐舌头的动作？这些动作可能表现得很明显，但轻微表现更常见，且难以识别。如果有疑问，请要求患者张嘴并观察其舌头；蠕动样震颤可能是迟发性运动障碍的唯一早期征兆。

你可能会注意到其他异常行为，如在做某件事前看似无关紧要的习惯性动作（例如，某些人在写字之前用笔做一些夸张的动作）。习惯性动作是普遍和正常的；在一定程度上，我们每个人都有。但另一方面，刻板动作是非目标导向的行为。例如，患者反复且毫无目的地停下来做"胜利手势"。作态是指患者没有任何明显目的，摆出并保持一个姿势（例如，拿破仑式的藏手礼：将手藏在胸口的衣服中）。违拗症可能表现为持续沉默或回避检查者。蜡样屈曲的症状是，你只能缓慢而稳定地移动患者僵硬的肢体，就像在弯曲软蜡制成的棒子。木僵患者将保持某种奇怪或不寻常的姿势，尽管你劝他们放松，但不会有所改变。刻板动作、作态、蜡样屈曲、违拗症和木僵在今天很少见，而且只见于最严重的住院患者。这些症状通常提示患者患有精神病性障碍——常见于精神分裂症。

面部表情

患者的眼睛、嘴巴或其他身体部位有抽动吗？患者是否会微笑，面部表情是否正常？僵硬、面无表情可能提示患者患有帕金森病中常见的僵化症状，或者是抗精神病药引起的假性帕金森综合征。这位患者是否有良好的眼神交流？精神病患者可能会目不转睛地盯着你看，抑郁障碍患者的目光似乎黏在了地板上。在对话时，患者是否反复地环顾四周，好像注意到了你看不到的东西或者听到了其他人听不到的声音？对内部刺激的明显反应可能会出现在各种类型的精神病患者身上。

你需要注意与患者口头提供的信息相矛盾的其他行为，例如以下方面。

- 当患者否认服用抗精神病药时，你注意到他存在静坐不能的运动性不安。
- 患者面带愁容，好像要哭了，但声称自己感到愉悦。

声音

在交谈过程中，要注意患者发音的音量、音调和清晰度。语调的起伏变化是正常的（称为韵律），还是平铺直叙的？从语法的使用上，你能否了解到一些患者的教育或家庭背景信息？口音是否透露了患者成长的国家或地区？患者是否口吃、口齿不清、咕哝嘟囔，或存在其他言语障碍？说话是否有特殊习惯，例如惯用的词语或短语？你如何描述他说话的语气，是友好的、愤怒的、无聊的、悲伤的？

对检查者的态度

有几个维度可以描述患者与你之间存在的较为明显的关系，每个维度都是一个连续体：

- 合作 → 蓄意阻挠；
- 友好 → 敌对；
- 开放 → 守口如瓶；
- 参与 → 无动于衷。

患者在每个维度上得分越偏向左边，就意味着你越能够在访谈中获取大量信息，越能代表你们关系融洽。此外，请注意患者是否有任何轻浮或推诿的迹象。

情　绪

情绪和情感有不同的定义。目前，一些临床工作者会将两个词互换使用。我将使用情绪来指一个人命名感受的方式，而使用情感指一个人看起来有什么感受。因此，情感不仅意味着被命名的情绪，还包括面部表情、姿势、眼神接触（或缺乏眼神接触）以及哭泣等能被外界观察的部分。

情绪（或情感）有几个描述维度：类型、易变性、相称性以及（观察者视角下的）强度。

类型

患者的情绪类型是什么？类型仅指情绪的基本特质。在第七章，我提供了大约60种有关感受的表述（见表7.1），但它们可以归结为几种基本情绪。问题是，对于什么是基本情绪，并没有一致的看法。以下是一些专家对基本情绪的共识：

愤怒	喜悦
焦虑	爱
轻蔑	悲伤
厌恶	羞愧
恐惧	惊喜
内疚	

患者通常会有一种明显的情绪表现。当不存在某种明显的情绪时，正常或中等水平的情绪也够用来描述一个人的状态。

根据观察，我们能明显感知到患者的情绪。如果没有观察到，可以进行询问。

"你现在感觉如何？"
"此刻你的心情如何？"

如果你察觉到患者的悲伤情绪，可以进一步询问：

"你现在想哭吗？"

偶尔，一些患者会突然哭泣——这种反应可能会让一些初学者感到困扰，但眼泪有时对患者有治疗效果。在这种情况下，可以准备一些纸巾，并试着了解患者流泪背后的感受。

你也可以从患者的肢体语言中推断很多信息。以下是一些非言语线索暗示的情绪。

- 愤怒：咬紧牙关，握紧拳头，面部或颈部潮红，手指敲击，颈静脉突出，凝视；
- 焦虑：双脚抖动，扭动手指，故作轻松（比如剔牙）；
- 悲伤：眼睛湿润，肩膀耷拉，动作迟缓；
- 羞愧：眼神回避，脸红，耸肩。

一些患者会难以描述，甚至难以识别自己的感受，也有些人似乎根本无法做到。我想再次提出"述情障碍"这一术语，它常用来描述无法识别或描述自己感受的情况。

易变性

即使是正常人，有时也会在短时间内表现出两种或更多种情绪。例如，在电影或戏剧中一个有趣而又温情的时刻会让人同时出现大笑和哭泣的反应。但情绪的大起大落一般是异常的，应该在临床心理访谈中予以重视。这种情绪波动被称为情绪不稳定性增加。一些人格障碍患者可能会在几分钟内出现从狂喜到哭泣的剧烈情绪波动。躁狂亢奋的患者可能会突然泪流满面，然后很快恢复到兴高采烈的状态（有时使用"微抑郁"来描述这种现象）。在认知障碍中，情绪的快速波动严重时可以被称为"情感失禁"。

当患者的情绪变化减少时，则会出现相反的情况。这种对环境刺激缺乏反应的状态被称为情绪平淡（flattening）。术语"麻木（blunting）"曾被用作同义词，尽管一些作者使用"平淡"来表示情绪波动范围变窄，而将"麻木"用于情绪敏感性不足的情况。不管术语如何定义，这些患者似乎都无法理解他人的情感。相对静止的情绪状态虽然被认为是精神分裂症的典型表现，但它同样见于重性抑郁障碍、帕金森病及其他神经系统疾病。情感淡漠（blandness）意味着患者似乎对任何事物都无动于衷，这种情况通常出现在痴呆中。

相称性

情绪的相称性是患者的情绪与情境和思维内容相匹配的程度。访谈者对情绪相称性的判断会受到访谈双方各自文化背景的影响。尽管大多数人偶尔会表现出不相称的情绪反应，但明显的不相称的情绪反应可能存在于特定的病理性群体中。例如，一个人在描述悲伤的事情（比如亲人的去世）时傻笑或大笑，可能意味着他患有精神分裂症。病理性情感（不适当地笑或哭）可见于假性脑神经麻痹，其病因多样，包括多发性硬化和中风。患有在 DSM-5 中被称为躯体症状障碍（在 DSM-IV 中称为躯体变形障碍）

的患者有时会谈论他们的躯体症状，如瘫痪或失明，并表现出一种像提到天气预报那样的漠不关心。这种特殊类型的不相称情绪被称为"泰然淡漠（法语 la belle indiférence）"。

尽管访谈者应该不断警惕这些以及其他潜藏的感受，但千万不要过度解读。相反，试着将你观察到的与你听到的以及在类似情况下你可能会有的感受联系起来。患者的泪眼婆娑是否与正在讨论的主题相称，或者患者是否看起来有种不自然的悲伤？微笑看起来是真诚的，还是在强颜欢笑，也许是为了隐藏其他感受？

强度

尽管情绪强度的划分是主观的，略显随意，但你还是可以将情绪的强度大致分为轻度、中度或重度（想象一下，从非精神病性恶劣心境到伴或不伴精神病性特征的重性抑郁的连续变化）。你可能还需要注意患者情绪的反应性：它是短暂的、持续的，还是介于两者之间？

思 维 流

思维流（flow of thought）这一术语略显不恰当。我们感兴趣的是思维，但我们实际感知到的是语言的流动。我们假设所听到的语言内容反映了患者的思维。

这里描述的大多数问题通常只在疾病的急性期才有明显表现。它们可以大致被分为两类：（1）联想障碍（单词组合成短语和句子的方式）；（2）异常的速度和节律。

遗憾的是，临床工作者对这些定义的看法并不总是一致的，因此我试图采用一种共识的观点。然而，最稳妥的做法是记录患者说的原话。这不仅能帮助临床工作者日后准确回忆患者说的内容，还能让读者更好地理解临床工作者所用术语的含义，并为评估未来随着治疗可能出现的思维模式变化提供记录依据。

注意不要把患者说话的方式过度归结为病理学意义。患者与访谈者的言语模式不同，可能有其神经系统或其他疾病基础，或受到文化教育的影响，抑或受不同的母语成长环境的限制。

联想障碍

首先，观察患者是主动表达还是只在回答问题时说话。如果是后者，访谈者应该花些功夫引导患者自发地表达。

"很感谢你给我的所有回答。现在，如果你能就你的问题展开谈谈，我想这将有助于我更深入地了解你的困扰。"

如果这一方法未能奏效，那么访谈者会难以获取足够的信息来判断患者的言语模式。记录患者的原话，并记下你为促进患者表达所做的尝试。

- **思维脱轨**。有时被称为松散联想，是一种思维联想的中断。在这种思维障碍中，一个想法与另一个想法之间可能有细微的联系，也可能根本没有联系。你可以理解词语的顺序，但它们的总体方向似乎并无逻辑主导，而是受韵律、双关语或其他规则的支配，而这些规则对于旁观者来说可能并不明显。结果是，患者所说的话对他来说有意义，对你来说却没有意义。

"她一天早上告诉我一些事情，另一天早上又出去了。"
"半条面包比整条玉米卷饼好。"

"我再也不会去那家商店了。我没有足够的沙子放鞋子。"

- 一种特殊类型的松散联想是**思维奔逸**，即一个想法中的一个单词或短语刺激患者的思维跳跃至另一个想法。虽然患者（和你）也许能够定义两个连续想法之间的关系，但整个思维过程似乎没有最终目标，患者通常会偏离原问题的主题。

访谈者：你是什么时候进医院的？
患　者：我星期一来的。星期一是洗衣日。这就是我要做的——把那个人从我的头发上洗掉。他是乌龟，我是兔子。

躁狂患者经常出现与压力言语相关的思维奔逸（本章下文将对此进行描述）。

- **接触性离题**或**离题性言语**。这个术语指的是患者的回答看似与所提问题无关。如果问题和答案之间有某种关系，也很难辨别。

访谈者：你在威奇托住了多久？
患　者：连食蚁兽也喜欢法式热吻。

思维脱轨和接触性离题是精神病中常见的症状，通常是精神分裂症，但躁狂患者也可能表现出这些症状。

- **言语贫乏**。这是指患者的自发言语量明显低于正常水平。当你期望患者详细阐述时，患者却回答得很简短。除非有提示，否则患者可能会在很长一段时间内一言不发。当这种行为发展到极端（缄默）时，就几乎或完全不说话了。抑郁障碍患者可能会表现出言语贫乏。缄默多见于精神分裂症，但有时也见于躯体症状障碍。必须将它与神经性失语症相区分。

以下术语是在临床访谈中很少见的言语异常。我将进行简短的介绍。除非你在大型精神病医院的一线病房工作，否则你可能永远不会遇到这些行为。其中的大多数发生在精神分裂症患者身上，但也可见于神经认知障碍所致的多种精神病性障碍。当你遇到这样的案例时，一定要做记录，并试着了解患者为何会有这样的反应。

- **思维中断**。在回答问题的过程中，思绪戛然而止。患者对此通常只会解释称"忘了"。
- **意联**。刻意在一句话或短语中重复相同或相似的音节："I ran the risk, Doctor dear, of recognizing revolting rabbits racing in the roadster（我冒着风险，亲爱的医生，去辨认那些在跑车中竞速的讨厌的兔子）"。
- **音联**。患者根据押韵或发声相似性来确定使用哪个单词，而不是根据沟通要求来确定。

访谈者：是谁带你来医院的？
患　者：My wife, she's the wife of my life, no strife（我的妻子，她是我一生的妻子，没有争执）。

- **模仿言语**。在回答问题时，患者没有必要地重复临床工作者的话或短语。这可能相当微妙，以至只有在重复几次后你才能发现。

访谈者：那次你在医院待了多久？
患　者：你在医院待了多久？我在医院待了很久很久，那就是我在医院待的时间。

- **语词重复**。患者持续重复一个没有明显目的的词或短语："It was deathly still. Deathly. Deathly still. Deathly. Still deathly（它是死一般的

寂静。死亡，死寂，死亡，依然死气沉沉）"。
- **连贯性障碍**。讲话内容杂乱无章，以至个别单词或短语之间也似乎没有逻辑联系："今晚有一个非常沉重的负担，我们被咬了一口，我们走吧……"［在这个例子中，记者塞雷娜·布兰森（Serene Branson）知道自己在 2011 年的电视直播上胡说八道。虽然起初她被认为是中风了，但后来发现那是偏头痛的先兆。］有时，更支离破碎的不连贯被形象地称为**语词杂拌**。
- **语词新作**。在缺乏艺术意图［如刘易斯·卡罗尔（Lewis Carroll）的诗《贾巴沃克》（Jabberwocky）］的情况下，患者通常会将单词拼凑起来，创造新词，经常摘取词典里的部分词语。由此产生的结构听起来可能很真实：我不想让他浑身都是蜘蛛网，所以我用我的"蜘蛛鞋（arachnosquisher）"（一只鞋）打了他。
- **持续言语**。患者重复单词或短语，或者反复回到已经讨论或提及的话题上。

访谈者：你的女朋友长什么样？
患　者：哦，她有一头长长的金发，梳着马尾辫。
访谈者：当你和前妻闹矛盾时，你觉得她支持你吗？
患　者：但是她不是很高。只有 1.5 米多一点。
访谈者：我更想了解的是你与她之间的关系。
患　者：她曾经非常非常漂亮。

持续行为可以表现为重复动作，通常发生在有记忆缺陷的情况下，表明可能存在大脑的器质性疾病。
- **生硬言语**。所选择的口音、措辞或词语给发言带来一种不自然或古怪的感受，就好像患者完全是另一个人一样。如果一个美国人故意使用英国口音或频繁使用英国习语，那可能说明他存在生硬言语的现象。

语速和节律

患者的说话速度很快，通常还会长篇大论，是压力性言语（push of speech）或称言语压力（pressured speech）的表现。这些患者往往声音洪亮，难以打断，他们可能给访谈者带来真正的挑战。言语压力通常与反应延迟缩短有关，即你的问题和患者的回答之间的时间明显减少。有时，患者几乎在你完成提问之前就准备抢答了。言语窘迫和反应潜伏期缩短是躁狂患者的典型特点，他们可能会告诉你，他们的话语跟不上思维的速度。

另一方面，反应潜伏期延长的患者与正常人相比，需要更长的时间来回答问题，或者在说下一句话之前有长时间的停顿。当患者最终开口说话时，内容可能非常简短并且语速异常缓慢。这种情况通常反映了更普遍的精神运动迟缓，反应潜伏期延长可见于重性抑郁障碍和神经障碍。

当音节的发声顺序偏离正常时，会出现言语节奏紊乱。口吃就是这样一种障碍。在言语混乱中，患者说话很快，变得语无伦次。小脑病变患者可能在发每个音节时都和发最后一个音节的节律一样，导致语速过于均匀。某些肌肉萎缩症患者可能会出现言语混乱或发音困难。

其他言语模式通常没有任何病理意义。尽管这些言语模式可能对听者来说很明显，但说话的人可能完全没意识到它们出现的频率。

言语赘述一词意味在主要信息中掺杂大量无关材料。在这种常见的说话模式中，说话者最终会说到点子上，但往往会消耗听者大量的时间和耐心。

在言语分散转移中，说话者的注意力被与谈话无关的刺激转移。走廊里的噪声或拍打窗户的飞蛾都可能会让谈话转向一个新方向（尽管通常是暂时的）。言语分散转移通常是正常的，但也见于躁狂患者。

言语瘤癖[①]是指许多人经常无意识地过度使用常规表达。这种方式虽

---

① 或译作口头禅。——译者注

然看起来浪费时间，也很无聊，但基本上没什么问题。类似的常见表达有：

"你懂得（You know）"
"我说（I go）"［代表"我说（I said）"］
"基本上（Basically）"
"真的（Really）"
"棒极了（Awesome）"

我们用来标记言语模式的许多术语往往令人困惑，不同的专家会有不同的用法。因此，我再次强烈建议，为确保记录尽可能清晰，应逐字记录下你认为具有病理特征的具体话语。

第十二章

精神状态检查：认知方面

上一章行为方面的内容几乎都是通过被动观察收集的。相比之下，本章的大部分材料必须由主动提问来引出。

应该做正式的精神状态检查吗？

有些临床工作者可能忽略了对精神状态检查的认知方面的评估或报告，尽管这些信息对每位患者的全面评估都至关重要。另一些临床工作者可能认为问一些常识性问题会让正常的成年人感到被侮辱，比如"今天是几号？"或"总统是谁？"。临床工作者可能会选择只在发现阳性症状的情况下才做出正式提问，例如：亲属说患者好像记忆力变差了。

在大多数情况下，你可能不会直接问关于是否听到声音的问题。但除非你最终问了相关问题，否则你永远无法确定患者在认知方面没有受损。这就是我强烈建议的，尤其是对于新手来说，应该对所有的患者做正式的精神状态检查的原因。以下是可以采取的措施，以减少患者的不耐烦和尴尬。

- 解释你将要做的事情。强调事实，即这是正常询问，并不是因为患者说了什么或者做了什么才会被问这些问题。

> "现在，我想问一些常规问题，这些问题将帮助我评估你对事情的看法。只需要几分钟。"

诸如"常规"和"正常"这样的词语有助于消除人们对问题的误解。

- 使用任何程度的积极反馈都是必要的，只要你实话实说。

> "太好了！这是我这一周见过的做运算做得最好的人了。"

- 认真回答这些问题可能会引发痛苦。如果有必要，就休息片刻，再回到那些棘手的话题上来。

> "在大脑里做连续减 7 的运算很难受，让我们休息一下，试试说出几位总统的名字吧。"

- 无论如何，在初始访谈的时候完成认知评估更好。如果你在治疗开始后再问这种问题，会更可能让你和患者感到尴尬。

如果观察临床经验丰富的专业人士进行正式的精神状态检查，我们会留意到他们并非对每位患者都要把每个问题问一遍。随着时间的推移和经验的积累，临床工作者会知道对某些患者可以省略哪些检查，哪些每次都必须做。当你还在学习阶段时，我建议你每次都完成整个检查过程，没有例外。这样一来，你不仅会学到所有内容，还会对每项测试的正常反应形成自己的判断。一旦你攒够了经验（做过几百次精神状态检查），就可以决定哪些检查可以省略，以及在什么时候省略。

精神状态检查关注当前的行为、体验和情绪。同时在检查中获取相关的病史信息也是容易的。这就是为什么很多评估和筛查问题以"你……过吗？"开头。

还有一点，接下来谈到的一些体验可能非比寻常，以至患者可能不愿坦诚地回答。为了应对这种不情愿，你可以给出解释：当人们压力大、生病或服用药物时，可能会有各种各样的奇怪体验。这种问询方式可以帮助患者减少焦虑，并鼓励他们分享你需要了解的信息。

思 维 内 容

说话者此刻所关注的任何东西都构成了思维内容。在现病史中，这通常会涉及导致患者前来寻求治疗的问题。

然而，有几个关键问题是每次必须询问的。虽然患者可能主动提到一部分内容，但大多数重要的思维异常是通过筛查提问发现的。

无论在什么时候检查思维异常，我们都要足够温柔，让患者感受到我们是同情的和友好的。不要急于下结论，也不要对听到的回应感到惊讶。请记住，那些奇怪的想法，如飞碟或会说话的鱼，对患者来说可能和你最坚定的信念一样正常。

妄想

妄想是一种坚定不移的错误信念，不能用患者的文化和所受教育解释。这个定义必须满足以下所有条件：同一文化中的其他人必须认为这个信念或想法明显错误；尽管有证据表明它是错误的，但这种想法不可动摇。

"我被派去保护总统。"一位患有慢性酒精中毒且失业多年的73岁患者说。

"我丈夫偷偷去和街对面的女人发生关系。他用百叶窗帘向对面的女人打暗号。"听到这里,患者的丈夫叹了口气,主动提及自己做过前列腺手术后就阳痿了。

你可以通过以下提问测试患者的坚信程度:

"这种感觉有没有可能是由于紧张或情绪问题导致的?"

如果患者回答说"没有",甚至声称医院的工作人员刚刚加入了阴谋组织,那么这个想法是妄想。

面对同样的情况,一些患者会认同另一种可能的解释,对于这些患者,你不会做妄想这一诊断。

"那只是看起来像是某种阴谋。"
"也许这是虚构出来的!"
"我最近的精神状况很不好。"

除非患者在有明确的相反证据时仍坚持错误的解释,我们才能下妄想的诊断。

诊断妄想需要达到文化/受教育程度的标准。一个传统的纳瓦霍人(美国最大的印第安部落)不应该因为相信女巫而被说有妄想,给圣诞老人写信的孩子也不应该被认为存在妄想。

要筛查妄想,你可以问以下问题(可以适当停顿,以获得回应)。

"你有任何想法或感觉是认为人们在监视你、谈论你或试图以某种方式伤害你吗?"
"你收到过不寻常的信息吗?"
"你有过其他人可能认为不寻常的想法或念头吗?"

因为一些主诉内容不大可能是真实的，所以你能轻易地分辨真假（比如，被外星人劫持到外星飞船上是典型的离奇妄想）。另一些内容则似是而非，需要你思考："这个故事是真的吗？"当患者告诉你，他们在努力回避前妻／前夫的追求或前商业伙伴的诉讼时，我会有这种思考。此外，我们偶尔也会遇到公婆／岳父母真的试图拆散一段婚姻的情况。虽然患者的这些说法有时候会自相矛盾，自己就站不住脚；但在大多数时候，我们可能需要通过问询第三方信息来验证真假。

患者通常能意识到其他人认为他的妄想不寻常或奇怪，因此他们可能会不遗余力地隐藏这些妄想。通常，访谈者同情的、感兴趣的、不评判的态度会缓解患者的紧张情绪，从而使你们能自由讨论这些问题。也许你可以让患者阐述一种妄想；也许对于愿意回答的患者来说，你可以含糊地提问：

"你怎么知道这（妄想）是事实？"

你必须小心行事：如果挑战妄想，可能会让患者感到不安；如果接受妄想，可能有巩固患者头脑中的错误想法的风险。如果访谈者真的可以不做任何表态，那么对于患者的想法，最好既不表现出怀疑，也不轻信。如果被要求发表看法，你可以诚实地说：

"许多人会认为这（妄想）不寻常。"

因为这是患者已经意识到的事情，所以他们不会感到震惊；这个答案通常似乎能令患者满意。如果患者进一步追问，你可能需要更充分地给予回应：

"我认为也许还有其他说法能够解释你的不适。可能是你弄错了，也可能是紧张情绪导致的。"

因为你只是试探性地提出了这种说法，所以可能不会引起太多争议。如果这种回应引发了争议，也许你和患者可以友好地就保留分歧达成一致意见。

一旦你发现患者有妄想，就要尽可能地了解它——尤其是妄想对患者生活的方方面面产生的一定程度的影响。以下问题应该有帮助。

"你有这种感觉多长时间了？"
"因此，你采取了什么行动？"
"你还打算采取什么其他行动？"
"你对此（这些信念）有什么看法？"
"你认为为什么会发生这种情况？"

更具体的"为什么"问题，比如"你认为你为什么被解雇？"，是另一种可以用来引出妄想的方式。

还需要了解的是，妄想内容是心境协调的（mood-congruent）吗？换句话说，妄想的内容是否与患者的心境协调一致？下面是心境与妄想协调的例子。

> 一个因抑郁障碍住院的中年男子以为他真的下地狱了。他以为聚集在他床边的医务人员是魔鬼，他们正聚集在一起对他做出他应得的惩罚。

下面是一个妄想与心境不协调的例子。

> 一位老年女性患有精神病多年，她最近因心力衰竭而脚踝肿胀。

她相当温和地解释说，纳粹在她家地下室安装的重力机器，将体液吸到了她的腿部。

心境协调的妄想的出现会让你觉得患者存在心境障碍；而心境不协调的妄想更多的是精神分裂症的典型症状。

妄想类型

在对许多患者的访谈过程中，你可能会遇到各种各样的妄想。以下几种最常见。

- 死亡妄想。又称虚无妄想，是疑病妄想的一种极端表现。
- 夸大妄想。即错误地认为自己拥有无上地位［比如觉得自己是著名歌手碧昂丝（Beyoncé）］，或者认为拥有别人没有的特殊能力或天赋（巨额的财富、精湛的音乐能力或长生不老）。一定要把这些想法和开玩笑区分开：总统、国王和行业领袖等有时会披上"先知"或"不可战胜"的外衣。对他们来说，"我是长生不老的神仙"可能是一个部分现实的比喻，并不意味着心理病理学上的异常。夸大妄想常见于躁狂发作，但也可见于精神分裂症。
- 罪恶妄想。患者认为他们犯了一些严重的错误或罪恶，他们可能声称自己应该受到惩罚。罪恶妄想常见于重性抑郁和妄想障碍。
- 疾病或躯体变形妄想。这些患者认为自己被某种可怕的疾病折磨：他们的内脏已经腐烂；他们的肠子变成了水泥。疾病或躯体变形妄想偶见于重性抑郁障碍或精神分裂症。
- 嫉妒妄想。患者认为配偶或伴侣"不忠"。嫉妒妄想常见于酒精性妄想障碍，但也可见于精神分裂症和妄想障碍。这会导致患者虐待配偶或杀害家人。

- 错认。患者认为某人，通常是近亲，已经被一个确切的替身取代［这种信念被称为卡普格拉综合征（Capgras syndrome）］，或者认为一个陌生人实际上是他们认识的人。这种妄想常见于大脑的病理学改变，但也可见于精神分裂症。

- 被动或影响妄想。患者认为他们被外界的力量以不寻常的方式控制着，比如通过电视机、收音机或微波炉。因此，他们可能否认自己的行为责任。相比之下，有些人可能觉得他们可以控制环境：他们吃的早餐影响了"美国国务卿在演讲中提到另一个国家"这件事，或者他们的思维波动导致河流上涨。这种妄想表明患者罹患精神分裂症。

- 被害妄想。患者认为他们受到了威胁、嘲笑、歧视或其他干扰。这是精神分裂症的典型症状。

- 贫穷妄想。尽管有相反的证据（银行存款、定期的残疾津贴），患者仍相信贫穷会迫使他们卖掉房子，资产会被拍卖。这些妄想有时可见于重性抑郁障碍。

- 关系妄想。患者认为有人监视、诽谤或者以其他方式反对他们。这些患者"注意"到他们从人群中走过时，别人会小声谈论他们；印刷品或广播媒体包含专门针对他们的信息。例如，"在昨晚的《新闻一小时》（The NewsHour）节目中，朱迪·伍德拉夫（Judy Woodruff）说和解在即。这意味着我应该同意与前妻的财产分割协议。"关系妄想常见于精神分裂症，但也可能见于其他精神障碍。

- 思维被广播。患者认为自己的思想似乎在当地或整个国家传播。这种情况常见于精神分裂症。

- 思维被控制。患者认为自己的头脑被灌输或者被抽离了某些思维、感受或想法。这些妄想与消极情绪密切相关，且具有类似意义。

感 知 觉

幻觉

幻觉是在没有相关的感觉刺激下出现的错误感知。例如，患者听到有人在空壁橱里说话，或者看到紫色的蛇漂浮在清澈的洗澡水中。幻觉通常是在真实空间中发生的（也就是说，不是想象的，就像是在脑海中看到的一样），可以涉及五种感觉中的任何一种。在精神障碍患者中，最常见的是幻听，第二常见的是幻视。

要筛查幻觉，你可以问：

"当周围没有什么人发出声音时，你能听见别人听不见的声音吗？"
"你能看见别人看不见的东西吗？"

一些患者在回答关于幻听的问题时会错误地回答"能"，他们的意思只是他们现在听到了一个声音（访谈者的声音），或者他们"听到了"自己的想法——但并不是像思维化声那样听见想法被大声说出来。通过仔细地询问，你通常可以区分假阳性幻觉和真性幻觉。

例如，当有患者说能听到噪声或说话声时，你可以问：

"这些声音源于你自己吗？比如，源于你的内心或你自己的想法。"

如果患者承认这种声音可能是"我的想象"或"来自大厅的声音"，它就并不符合我所谓的严重精神病性障碍患者的真性幻听。我有时会问患者，这个声音是否"像我现在说话的声音一样清晰"，语句是否完整。如果患者回答"否",说明情况不是那么严重。然而,一些精神分裂症患者报告,他们的幻听更像是内心的想法,而不是真实的外部声音。只有当患者有创伤再体验时才会出现幻觉,这也暗示了除精神分裂症之外的其他问题——也许是创伤后应激障碍。我可以打消患者的疑虑:这种体验不太可能意味着他患有真实的精神病性障碍。

应该评估幻觉的严重程度。比如幻听可被划分为不同的等级:模糊的噪声→喃喃自语→可以理解的单词→短语→完整的句子。

以下是一些有用的提问,可以帮助你收集与幻听有关的信息。

"你听到这种声音的频次如何?"
"是不是和我现在说话的声音一样清晰?"
"声音来自哪里?"(患者的大脑?患者的身体?微波炉?走廊?)
"这是谁发出的声音?"
"有不止一个吗?"
"它们在谈论你吗?"
"它们说了什么内容?"
"是互相交谈的声音吗?"
"你认为它们是由什么引起的?"
"其他人能听到这些声音吗?"
"你有什么反应?"(很多患者被幻听吓坏了,而有些人只是感到困惑。)
"声音有命令你做一些事吗?"(如果有,患者服从过吗?)这是很重要的一点:患者有时会出现服从命令性幻听,并因此对他人造成伤害。

思维化声是一种特殊形式的幻听。在这种幻听中,患者听到自己的想法被大声说出来,别人也能听到。思维化声包括对患者的行为进行连续评论的声音,以及相互交谈的多种声音。这些幻听可能表明患者患有精神分裂症。

幻视也可以分等级：光点→模糊图像→成形的人物（尺寸多大？）→场景或画面。上述对于幻听的部分提问，经过适当的修改，同样适用于对承认存在幻视的患者的提问。你尤其应该关注幻视是在什么时候发生的（只在患者吸毒或喝酒的时候，还是在其他时候？），以及内容是什么。患者对这些幻视有什么反应？（当患者看到人脸变色或变形时，可能感到极度恐惧——一个女人照镜子，发现自己变成了一只蘑菇！）

幻视是精神病性障碍的独特特征，通常发生在物质使用或有一般躯体疾病的情况下。例如，长期大量饮酒的患者在戒酒后出现震颤性谵妄时，常会报告看到小动物或小人儿。使用致幻剂时，有时会出现拖尾现象——图像似乎停留在患者的视网膜上。虽然在精神分裂症中出现的大多数视觉现象是错觉或实际刺激的变形（如颜色的增强、物体大小的变化），但精神分裂症患者有时也会经历真正的幻视。

幻触、幻嗅和幻味在精神障碍患者中并不常见。这些症状通常见于脑肿瘤、中毒或癫痫发作等疾病所致的精神病性障碍，尽管精神分裂症患者有时会出现身体感觉幻觉。与视觉、听觉和触觉相关的幻觉体验也可能发生在正常人入睡或醒来时。这些幻觉容易从真实的幻觉中分辨出来，因为它们的发生时间是固定的。

一位女士曾经告诉我，"你一定会觉得我疯了。去年的一个清晨，我看见魔鬼站在我的床边。我完全瘫痪了——手脚不能动，但我完全清醒！我当时吓坏了，事后抖了 1 小时。"我很高兴地告诉她，她是正常的——她体验到了觉醒前意象（觉醒时发生的听觉或触觉体验）和睡眠麻痹的结合，睡眠麻痹有时也发生在觉醒时。

心理工作的乐趣之一是能够向某人保证他们的体验在正常范围内。

焦虑症状

焦虑是一种既没有特定对象，也不是由患者能够识别的任何特定事物引起的恐惧。它通常伴随着各种不愉快的躯体感觉。其他心理症状可能包括易激惹、注意力不集中、精神紧张、担忧和夸大的惊吓反应。

要筛查焦虑症状，你可以问：

"你会对事物过度担心吗？或者你的担心超过危险的真实程度了吗？"
"你的家人说过你是一个忧虑者吗？"
"你经常感到焦虑或紧张吗？"

如果对以上任何提问的回答为肯定的，请继续追问第十三章中关于"焦虑"的部分所涵盖的一些问题。

惊恐发作是一种不连续的体验，在此期间，患者突然感到强烈的焦虑，伴有心跳加速、呼吸急促、颤抖和出汗等躯体感觉，以及一系列可能的躯体症状。患者经常报告害怕灾难发生、发疯或濒死。发作通常在几分钟内达到高峰，在半小时内减弱。

要筛查惊恐发作，你可以问：

"你体验过惊恐发作吗？也就是你突然感到极度恐惧或焦虑。"

用对其他焦虑障碍的提问来跟进（第十三章和附录D）。患者主诉内心紧张，有时伴有明显的不安，这是静坐不能的典型症状，见于使用抗精神病药的患者。

恐怖症

恐怖是一种与某种物体或情境相关的不合理的、强烈的恐惧。常见的特定恐怖症是对各种动物、乘坐飞机、高处（恐高症）和密闭空间（幽闭恐怖症）的恐惧。常见的社交恐惧症的类型（在 DSM-5 中称为社交焦虑障碍）包括害怕公开演讲、害怕在公共场合吃饭、害怕使用公共卫生间或害怕别人注意到自己在写字时手抖。场所恐怖症是患者害怕离开家或害怕到公共场所。

有些人可能会认为恐怖症和妄想一样不合理。不同之处在于，恐怖症患者能意识到这些感受非常不合理，但妄想患者不会。

要筛查恐怖症，你可以问：

"你有过看起来不合理或程度与情境不相称的恐惧却无法摆脱吗？"

"你害怕过独自离开家，或者处于拥挤的人群中，或者待在商店或桥上等公共场所吗？"

对于社交焦虑的患者，比如害怕公开演讲，一定要询问预期焦虑的发展。在这种情况下，焦虑往往会在患者执行害怕的行为之前出现，而且通常是强烈的、使人丧失能力的焦虑。

畸形恐怖用来描述对身体外观（或想象中的）轻微缺陷的过度关注。这些缺陷通常是面部的（皱纹、鼻形等），但也可能涉及所有能想象到的身体部位。当然，因为患者无法回避自己的相关身体部位，所以这种情况不能被归为恐怖症。它现在被称为躯体变形障碍，在 DSM-5 中被归类为强迫及相关障碍。

强迫症

强迫思维是一种信念、想法或观念，它支配着患者的思维内容并持续存在，尽管患者认识到了它不真实并试图抵制它。例如，一位中年人有持续地想做一些尴尬之事的想法，比如在听演讲时站起来尖叫。强迫思维通常与污秽、时间或金钱有关。

强迫行为是以患者意识到既没有必要也不相称的方式实施的重复行为。通常，这些行为是为了回应（或应对）强迫思维。例如：

- 重复计数；
- 顺从毫无根据的迷信行为；
- 遵循某种仪式（例如，如果不严格遵守固定的睡前仪式，就必须从头再来）。

强迫思维和强迫行为的一个关键方面是，患者通常能意识到这些想法或行为毫无意义，并经常试图抵制它们。

要筛查强迫症，你可以问：

"你有强迫思维吗？我是指对你来说似乎毫无意义的想法却总是反反复复出现。"

"你有强迫行为吗？比如，你觉得你必须一遍又一遍地执行的仪式或行为，即使你试图忍住这个行为。"（准备举例子，以防患者提问。）

有些人没有意识到他们的行为异常，例如过度整洁。这种情况可能需要仔细询问才能发现。

"你家里干净整洁的程度如何？你的个人物品呢？"
"你会把脏盘子留在洗碗池里不洗就上床睡觉吗？"
"若有人坐在你整理好的床上，你觉得有必要把它铺平吗？"

轻微的强迫性思维很常见，因此，判断其严重程度很重要。和恐怖症一样，最好用对学业、工作和家庭生活等的影响来衡量严重程度。在严重的情况下，患者可能会每天花大量时间执行毫无意义的洗手、穿衣或洗澡仪式。与恐怖症一样，需要询问发病时间、持续时间、治疗史以及严重程度。

暴力想法

不管以前是否有过自杀企图或针对他人的暴力，你都必须了解患者现在在想什么。要筛查自杀意念，你可以问：

"你有过以任何方式自伤或自杀的想法或念头吗？"

因为我们大多数人都有过这样的想法，肯定的答案可能仅仅反映了患者对压力或失控的生活的短暂反应。但忽视任何答案，哪怕答案是含糊的，都可能导致悲剧的发生。你必须彻底检查任何类似的想法。

回顾你已经获得的关于自杀企图的所有材料（见第九章）。了解患者当前是否有自杀计划以及执行这些计划的方法。你应该问：

"怎样才能让自杀看起来不那么有吸引力？"

任何类似"没有什么能让自杀变得没有吸引力"的想法都应该被视为严重的自杀倾向和自杀预兆。如果你遇到这种想法，尤其是如果有患者当前在饮酒或抑郁的证据（无价值感、绝望感、思维问题、精力不足、负罪感）支持这种想法，那么患者可能需要住院——甚至可能需要立即被收治入院，而不用等到初始访谈结束。

杀人或对他人使用暴力的想法也是类似的紧急情况。只是由于使用暴力的想法比自杀意念更不常见，对暴力想法的恐惧担忧才相对缓和一些。要筛选杀人或对他人使用暴力的想法，你可以问：

"你感到过非常愤怒或不安以致想伤害别人吗？"
"你曾难以抑制这种冲动吗？"

针对任何肯定的回答，你都必须立即跟进，并与你已经获得的病史信息进行比较。患者是有暴力计划，还是只有想法？患者是否有暴力手段（枪械、致命药物）来执行这个计划？有时间计划吗？如果威胁针对的是特定的人，尤其是亲密伴侣，并且是当面提出的，那么暴力行为更有可能被执行。但我需要告诫你认真对待任何威胁言语。（请务必阅读第九章中关于暴力的详细内容。）

体验可能令人担忧，但通常是正常的

有一些体验你通常不必问，比如正常的体验（如果是正常的体验，就不用把它当成疾病症状），或没有诊断意义的体验。然而，就像在第183页讲到的有觉醒前意象的女性一样，患者有时会对这些体验产生担忧，并在访谈时提到它们。你应该准备好给出解释。

错觉是对现实感觉刺激的歪曲。通常是视觉上的，它们最常发生在感觉输入减少时（如在昏暗的光线下）。一旦患者意识到这个错觉，就很容易分辨这是良性的。你可能也有过这样的体验：墙上的裂缝看起来像一条可怕的蛇；可是一旦你打开灯，这种感觉就会立刻减轻。为了区分幻觉和错觉，你需要获取诸如环境和时间（也许只有在睡觉时出现）等细节信息。虽然错觉通常是正常的，但在痴呆或谵妄患者中也会出现。

似曾相识，法语 déjà vu 的意思是"曾经见过"，是一种普遍发生的感觉，即一个人好像以前经历过某种情境或到过某个地方，而事实可能并非如此。尽管颞叶癫痫患者可能会报告这种情况,但大多数正常人都有过似曾相识的感觉。

超价观念是指我们在缺乏证据证明其价值的情况下仍然坚持的信念。像妄想一样,它们通常不能被论据或逻辑挑战;但与妄想不同,它们不是明显的错误。例如,认为自己所属的性别、种族、信仰高人一等。超价观念有时会严重干扰个人功能,给个人或周围人带来痛苦。常见的例子是种族仇恨。分界线可能很难划定:被高估的信仰可能会变成对信仰的先占观念,然后变成妄想。你要记下患者的原话,作为之后回顾的基线。

人格解体是一种对自我感知觉的改变。人们通常体验到了一种脱离身体或灵魂的不舒服的感觉;在人格解体时,他们可能会有一种奇怪的感觉,觉得自己在观察自己或者在做梦。尽管患者自知力良好,但他们可能担心自己会发疯或失控。与它类似的症状是现实解体,指的是人们觉得环境不真实。要筛查这些(通常是同时发生的)体验,你可以问:

"你感觉不真实吗?你感觉自己像机器人吗?"
"你有过感觉身边的东西都不真实的情况吗?"

人格解体和现实解体是相当普遍的,而且往往是正常的;它们有时会在极度痛苦或睡眠不足的情况下出现。发作可能只持续几秒;但当发作持续时间变长或频繁出现,且严重到足以引起痛苦时,个体可能被诊断为人格解体/现实解体障碍。这些体验也可能发生在创伤后应激障碍发作和大脑病变期间。抑郁或焦虑往往伴发此类症状。

意识和认知

在精神状态检查的下一部分,你需要评估患者理解信息、处理信息和沟通信息的能力。我们常用的临床测验只能让我们对患者有一个大致的了解，但它们可以作为有用的指南。

为了引出这个任务，你可能需要向患者再次保证，这些提问只是例行检查。我希望你避免一个常见的错误，即新手临床工作者可能会因为不得不问这样的问题而感到尴尬，因此经常会将这些问题称为"愚蠢的"问题。（逻辑好的患者会想："如果这些问题很愚蠢，为什么要问呢？"）贬低问题会削弱患者认真回答的动力。对于那些想知道你为什么要问的人来说，正确的回答是"有助于评估你的状况"。你也不应该声称这些问题是"简单的"，这样只会使那些难以回答的问题让患者更加不适。请牢记，对精神功能的任何一项检查都有可能造成心理创伤，尤其在患者对失败感到恐惧的情况下。患者做得不好就总是会有压力，回答不顺畅的患者可能需要一些支持。

"当人们感到压力很大时，是无法发挥出最佳水平的。"
"大多数患者都觉得这项任务有点困难。"

无论如何，试着强调患者做得好的方面。

"你在连续减 7 的运算上做得很好。"
"在这次测试中，你做得比许多人都好。"

当然，你只能基于事实发表这种支持性评论。

注意力和专注力

针对这一点，你已经对患者的注意力（我们将它定义为专注于当前任务或主题的能力）和专注力（在一段时间内保持专注，同时排除其他竞争性需求的能力）有了很好的理解。你可以用更正式的方式——减数运算——评估患者专注于刺激的能力。让患者计算100减7，然后再减7，如此进行下去，直到减到接近0。大多数成年人会在不到1分钟内完成计算，犯错不超过四次。在评估患者的表现时，请考虑其年龄、受教育水平、文化背景以及抑郁和焦虑情况。

就我个人而言，只要有可能，我更喜欢在访谈过程中评估注意力。例如，当患者提到多年前的一个日期时，这种可能性就会出现。"让我想想，"我会说，"那时你多大年纪？"如果患者能说出正确的年龄，并且在我们（可能延长）的对话中保持专注，我可能就不会再进行这种测试了。

做连续减7的运算需要一些数学教育基础和技巧；如果连续减7的运算对患者来说太难，那么可以让患者从87开始倒数，数到63为止。这种对注意力的测试不会像连续减7的运算那样受文化水平限制。我们经常让患者把"世界（world）"这个单词倒过来拼写，有些患者做过太多遍，甚至可以不假思索地把它背出来。试着换一个单词，比如，手表带（strap）或手表（watch），但首先要确保患者会拼写这个单词。给患者一列数，要求他们先从前往后回忆这列数中的前五到七个数字，再从后到前回忆，这样也可以达到同样的效果，而且受教育程度对这个任务的影响更低。患有癫痫和认知障碍等疾病的患者以及患有精神分裂症和双相障碍的患者都会出现注意力不集中的情况。由于如此多的心理操作依赖于集中注意力的能力，所以当患者的注意力受损时，你应该谨慎地解释精神状态检查的其他测试结果。

定向力

为了检查患者的定向力是否完整，你可以问：

"我们现在在哪里（城市、省/区或机构名称）？"

如果患者未能回答，可以继续询问患者："我们现在在哪类机构？"例如，"图书馆"或"世贸大厦"这样的回答暗示患者可能存在严重的病理性改变；但也要小心，不要过度解读一位幽默的或不合作的患者所给出的回答。

"今天的日期是……？"

患者经常给出正确的日期和月份，但会忽视年份，这种情况并不少见。一定要问清楚时间定向的所有组成部分。患者往往会前后记错一两天。这通常没有临床意义，尤其是对于脱离日常作息的住院患者来说，他们往往会忘记日期。

患者是否知道自己的名字（对人的定向力）在访谈的早期部分应该就能明显看出。如果你发现时间或地点混淆了，就问一下对人的定向力。

"你能再告诉我一遍你的全名吗？"

语言

语言是指我们通过文字和符号来理解和表达意义的手段。通常对语言的评估包括理解能力、流畅性、命名、复述、阅读和写作。这些常规评估可以很快完成，这对老年患者和有躯体疾病的人来说尤其重要。当患者实际上患有语言障碍时，被误诊为躯体化障碍、认知障碍和其他精神障碍的情况并不少见。

- 在访谈中，观察患者对谈话的反应，就可以看出他对语言的**理解**程度。作为一个简单的测试，请求患者做一些复杂的行为，比如，"拿起这支笔，把它放进你的口袋，然后把它放回桌面"。

- 从词语和语韵以及句子长度中，也能轻松地判断患者语言的**流利性**。要特别注意犹豫、喃喃自语、结结巴巴和不寻常的语调。
- **命名**方面的问题可能会很明显。患者会用拐弯抹角的方式描述日常物品，而不是直接说出名字。以下是这种**命名性失语**的例子。

    手表带是"戴在手腕上的东西"。
    钢笔是"写字的东西"。

    要筛查失语症，你可以让患者说出圆珠笔的部件：笔尖、笔夹、笔筒。
- 让患者重复一个标准的、简单的短语来测试**复述**能力，比如"明天会是晴天"。
- 让患者读一两句话可以快速测试**阅读**能力。注意，即使在发达社会，也有一小部分成年人的识字能力不足。你需要根据你已知的患者的受教育背景来评估这个测试和其他测试的结果。如果偶尔有患者在完成这项任务时遇到困难，你要做好为他们提供帮助的准备。
- 让患者写一个句子来测试**书写**能力（如果患者想不出句子，你可以口述一个句子）。
- 询问铅笔和手表的名称，测试患者的**表达性失语症**。也可以要求患者写出自己选择的句子。
- 通过要求患者绘制一个简单的几何图形，如下图所示，来测试**失用症**（尽管运动通路完好无损，但不能执行自主行为）：

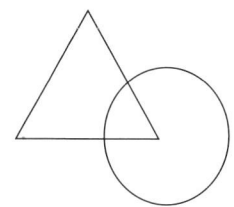

无法照着画出这个图形的基本轮廓（忽略书写时的抖动和方向位移）可能表明患者有**观念运动性失用症**。失用症可能源于大脑右侧的损伤。

如果你在这些筛查测试中遇到任何问题，那么患者的精神状况可能会因严重的神经功能障碍而变得复杂。你应该要求进行神经病学评估。

记忆力

记忆力通常分为三或四个部分。为方便起见，我们讨论三个：瞬时记忆、近期记忆和远期记忆。如果你对任何一部分产生了怀疑，那么你可以这样问：

"你的记忆有问题吗？我想测试一下。"

瞬时记忆（5秒或10秒后记住和再现信息的能力）实际上更多的是对注意力的测试，你可能已经用连续减7的运算、倒数或者只是通过患者对访谈的专注程度验证过了。但是你可以在测试短期记忆的过程中再次评估它。你可以说出几个不相关的内容，例如，名称、颜色和街道地址。然后要求患者重复这些项目。这种重复不仅能评估瞬时记忆，还能评估患者是否理解你说的话。

若你打算在几分钟后要求患者进行复述，是否该提醒他？对此有两种观点：一种观点建议你给出提示，尽管我不知道这样做的原因；另一种观点则提醒你，这样做会让患者进行认知预演，这可能意味着一些患者在练习的同时对你当下提出的问题关注不足。虽然我一直认同后一种观点，但这个问题也许不重要或没有意义；也就是说，两种方法都可以，只要你的做法一致。你想要的是一种感觉，即你的提问得到了正常回应。

5分钟后，让患者回忆这三个项目，从而测试近期（短期）记忆。5分钟之后，大多数人应该能够重复之前提到的名字、颜色和至少部分地址。当你解释这个测试结果时，一定要考虑患者的外在动机程度。如果对这三项的回忆全部失败，则表明注意力不集中是由于重度认知障碍，或者是由于抑郁、精神病性障碍或焦虑等严重应激所致。

你可以通过患者是否有能力组织必要的信息讲述当前的病史，来对远期（长期）记忆做出最好的评估。你还可以通过患者对事件的发生顺序、孩子的出生情况等信息的掌握程度来评估远期记忆——这些材料都是你在询问上述病史信息的过程中收集的。专家对近期记忆和远期记忆的划分持不同看法。大多数人认为，在12—18个月内记忆会得到巩固，因此，长期储存的记忆不容易被忘记。尽管罹患重度痴呆（如阿尔茨海默病）的患者的远期记忆通常比近期记忆保存得好，可一旦病情发展到一定程度，远期记忆最终也会丢失。

失忆通常是由于躯体或心理的创伤而暂时丧失记忆，与痴呆有很大不同。失忆可见于各种程度的脑外伤、酒后失忆、创伤后应激障碍和分离障碍。失忆可能难以被确定，因为如果问"你失忆过吗？"，患者可能回答"我不记得了"，这显然没有帮助。你可以试着问：

"你有过完全不记得在一段时间内发生之事的经历吗？"
"别人说过你的记忆力有问题吗？"

如果你遇到失忆了，试着确定它是碎片性遗忘（患者可以回忆起在受影响期间的个别片段），还是全部遗忘（患者完全丧失了那段时间的记忆）。你可以试着把失忆期和对前后的记忆放在一起（"在失忆开始之前，你能回忆起的最后一件事是什么？事后你能回忆起的第一件事是什么？"）。你也可以问："你请朋友或亲属帮你重构过当时发生的事情吗？"

不要认为失忆必然意味着发生了不好的事情。在历史上，临床工作者曾因为说服患者相信失忆意味着被侵犯或猥亵而陷入麻烦——这就是所谓的"虚假记忆"综合征。

你偶尔会遇到一位患者，他不仅没有定向力，还试图通过编造听起来合乎逻辑地回答来隐瞒自己的失忆。这种无意识的记忆编造被称为虚构，它并不意味着患者在说谎；患者似乎真的相信他们讲的故事，这些故事大多是与自己有关的。如果你问，你们是否见过面，患者可能会说见过，即使这是你们第一次见面。虚构表明患者的记忆因为某种疾病而严重受损，如慢性酒精中毒导致的缺乏维生素 B_1。

一名学生曾经问我妄想和虚构的区别。这是个好问题！有妄想症的人可能会曲解一段真实的记忆，而虚构是为了弥补那段本该存在却消失了的记忆。

文化信息

有些书籍甚至不再提及文化相关的信息，这些信息主要用于评估患者的远期记忆和一般智力。然而，这是精神状态检查的传统内容，所以你应该熟悉经典的问题。

"说出最近的 5 位总统（或其他国家元首）的名字，从现任总统开始。"

大多数患者能说出四五位总统（或其他国家元首）的名字，倒着说也可以。一次问一个。许多患者因被要求"按时间倒序说出最后 5 位总统的名字"而心生畏惧，这是可以理解的。如果患者漏掉了其中一个，可以试着提醒一下："让我们想想，你有没有漏掉某个人？"或者"他在两位布什总统之间的那位总统"。

"这个州的州长是谁？"

"说出五个大型城市。"

"说出五条河流。"

这一部分提问的注意事项与前面提到的数数和连续减 7 的运算相同。或者,你可以通过询问时事来准确地了解患者的兴趣、智力和记忆力,具体可以是重要的体育比赛的结果、下一届总统竞选人的名字以及其他具有流行文化意义的内容。

抽象思维

从具体事例中总结规律的能力,这项测试在很大程度上取决于文化、智力和受教育水平。与我们在半个世纪前学的内容相反,这种能力与理智无关。常见的抽象思维包括对谚语、比喻和差异的解释。下面是对一些典型谚语的解读。

"'五十步笑百步'是什么意思?"

"你能告诉我'滚石不生苔'是什么意思吗?"

请注意,有些谚语有不止一种解释(例如,"滚石不生苔"可以有可取之处,也可以有不可取之处)。应该接受任何合乎逻辑的解释。

比较共同点和不同点比谚语更少受到文化的限制,所以你最好问这样的问题:

"苹果和橘子的共同点和不同点是什么?"(都是水果,两者都是球形的,两者都有种子。)

认知能力测试

简明精神状态检查［Mini-Mental State Exam，MMSE；不要与精神状态检查（MSE）混淆］有时被称为福尔斯坦测试（Folstein test），以纪念它的两位开发者。该测试仅需几分钟即可完成，它扩展并量化了认知测试。如果测试得分低于 24 分（满分是 30 分），则可能表明患者有痴呆问题，但受过高等教育且智商较高的患者可能得分更高，只有进一步进行正式的神经心理学测试才能发现这类患者的轻度神经认知障碍。简明精神状态检查可以很好地用来追踪痴呆患者的认知变化。

简明精神状态检查曾一直是免费的，因此它成了常规心理健康评估的重要组成部分。但很遗憾，这个工具不能再完整复制，因为它已经改为通过心理评估资源公司（Psychological Assessment Resource）出售。你也可以在原始文献中找到它，我已将参考文献放在附录 F 中。

与简明精神状态检查相比，另一项认知能力测试——蒙特利尔认知评估（Montreal Cognitive Assessment，MoCA）——对患者的轻度认知功能损害更灵敏。此外，它还可以在线免费获取。它的最高得分是 30 分，低于 26 分表明存在认知障碍。

这两种测试都只能得出关于人的认知能力的近似值，为了获得更精确的结果，你可以请具备资质的心理学家对患者进行正式的神经心理学测试。

关于智力的特别说明

对智力的精确估计（这是一个矛盾的说法！）超出了任何初始访谈的范围——事实上，除了进行正式的测试，任何互动都无法实现这个目标。大多数书籍和文章都忽略了这个话题，但这个话题很重要，因为它会对你的评估造成严重影响，尤其是对认知状态和人格的评估。

1983 年，心理学家霍华德·加德纳（Howard Gardner）提出多元智力模型。除了语言智力和逻辑数学智力（这两个领域构成了标准测试中的主要部分），还包括空间智力、身体运动智力、音乐智力、人际智力、内省智力、自然智力和存在性智力。尽管一些学者认为这个模型混淆了智力和能力，但智力的多元论支持了一个令人欣慰的想法，即每个人都有擅长的领域。

尽管如此，普遍的观点仍然认可存在多种一般智力因素。它不仅仅是纸面上的一个数字，还能让你评估一个人在追求生活目标的过程中应对环境变化的能力。当然，智力只能通过标准化测试来准确测量，但作为初始评估的一部分，你至少要有一个粗略的估计。

考虑到年龄、文化背景以及警觉、合作、抑郁和精神病的程度，从历史信息（教育、职业）加上你对访谈本身的印象中，你可以充分了解患者的智力水平（高、中、低）。然而，如果想要更多数据，你可以用伊恩·威尔逊（Ian Wilson）在1967年发表的一项测试来快速估计整体智商（附录F）。让患者计算 2×3，然后计算 2×6，2×12，以此类推。在韦氏成人智力量表（Wechsler Adult Intelligence Scale，WAIS；现在使用的是第四版，WAIS-IV）的标准智力测试中，能正确回答 2×48 的患者的得分在正常范围内或更高的概率为85%。

自知力和判断力

在心理评估的背景下，自知力指的是患者对你评估的任何问题的想法的有效性。有自知力的患者认识到：（1）有些地方不对劲；（2）它可能对未来的健康产生影响；（3）原因可能是生物的、心理的或社会的（与恶魔或外星人的影响相反）；（4）需要某种形式的治疗。参与心理治疗或理解心理动力学的能力通常不在这一评估之列。

缺乏自知力有重要的含义。它可以提示患者当前需要住院治疗，或需要被监护人或委托人监护，或者患者可能倾向于拒绝药物治疗或其他治疗。另一方面，患者的自知力良好可以增强你的信心，让你相信患者会配合治疗计划，遵从药物治疗，并定期就诊。

要评估自知力，你可以问：

"你觉得自己有问题吗？"
"你听到的声音是不是由疾病引起的？"
"你认为这是由什么导致的？"
"来这里寻求帮助的人会有哪种问题？"
"你认为你有什么功能受到了损害？"
"你认为你需要治疗吗？"

自知力可以是完整的、部分的或缺乏的。例如，一个有部分自知力的患者可能意识到某件事是错的，但会为此责怪别人。自知力也往往是变化的，它可能随着病情的恶化而恶化，并在疾病缓解期间得到改善。缺乏自知力是神经认知障碍、重性抑郁障碍和任何精神病性障碍（尤其是精神分裂症和伴精神病性特征的双相障碍）的典型特征。

为了筛查患者对自我形象的看法，你应该试着提问：

"你认为你有什么优点？"
"你喜欢自己的什么特点（地方）？"
"你觉得别人怎么评价你？"

患者对自身优点的评估，即他们认为自己擅长什么，对于推荐治疗方案和评估预后很重要。

除了衡量患者对于你所推荐的治疗的接纳度外，我们可以将判断力视作追求现实目标的过程中的行动决策能力。一些临床工作者仍然会通过问一些假设的问题来评估判断力，比如，"如果你发现了一封上面有邮票的信，你会怎么做？"或者"如果你在观看演出时剧院发生火灾，你会有什么反应？"。这样抽象的问题可能与个人在世界上的应对能力关系不大，你最好避开类似的问题。相反，你可以问一些实际的问题来评估患者的判断力。

"你期望从治疗中得到什么？"
"你对未来有什么打算？"

归根结底，你对判断力的最佳评估可能来自你在过去 1 小时的访谈中刚刚获得的材料。

当你报告患者的自知力和判断力时，一定要给出细节：陈述看起来缺乏自知力的方面，并举例说明你为什么这样认为。很多时候，我们满足于做出价值判断（"患者的自知力受限"），然后就不再追究了——这种做法缺乏严谨性，而且不利于做出良好的判断。

什么时候可以省略正式的精神状态检查？

对于这个标题中提出的问题，显而易见的答案仍然是"永远不能"。原因是，除非所有信息都准确无误，否则你在每次谈话中都会进行大量精神状态检查。我们真正提出的问题是：在什么时候可以安全地省略精神状态检查中关于认知部分的提问（这一章中的大部分内容）？

遗漏任何检查都有风险；无论在何时，你都必须权衡利弊（节省时间和患者可能的尴尬），然后决定是否这样做。筛查的缺点通常无关紧要：大多数筛查都很快，无论你提出什么问题，大多数患者都能接受。尽管如此，在以下几种情况下，你可以通过省略一些关于定向力、知识、注意力和记忆的正式测试来简化精神状态检查。

你的患者提供了一份详细的、条理清晰的病史。例如，一位因相对没有威胁性的问题（可能有生活压力或遇到了婚姻问题）而向你寻求咨询的门诊患者清楚地讲述了一个有逻辑的故事，没有漏洞或矛盾之处。

有现成的测试结果。你有一份近期的心理测试报告，比你初步的非正式测试精确得多。

患者已经很苦恼了。如果患者最近接受了其他检查人员的问询，并且对重复的提问感到尴尬或愤怒，你就可能需要简化检查。对于完成某些测试有困难的患者来说，可能尤其如此。

在以下情况下，你不应省略正式的精神状态检查的任何部分。

- 任何司法鉴定。这种报告需要在法庭出具，需要千方百计地做检查。
- 其他法律要求。某些操作程序、能力评估和特定程序（如电休克疗法）所要求的检查几乎总是需要一份完整的报告。
- 基线记录。例如，如果你知道以后需要评估治疗的结果，你最好有一份关于患者"以前"情况的准确记录。
- 提示患者存在自杀意念或暴力威胁的迹象。考虑到对患者的个人后果和潜在的法律影响，通常要求对他做全面检查。
- 重要诊断。涉及任何重大疾病（尤其是精神病性障碍、心境障碍、焦虑障碍、神经认知障碍和物质使用障碍）都必须做全面检查。
- 住院状态。任何需要住院的患者都应该接受全面检查。
- 可能有脑损伤。当有脑外伤或神经疾病的病史时，一定要做完整的精神状态检查。
- 新手。一遍又一遍地进行完整的评估会让你熟能生巧。

第十三章
临床感兴趣的体征和症状

临床感兴趣的领域只是一种综合分析病史和精神状态的方式。我将在这里讨论的八组症状包括临床心理工作者遇到的在意料之内的大多数症状和体征。临床感兴趣的领域应该有助于你将询问的重点放在鉴别诊断所需的资料上。

你的工作是获得必要的事实来评估这些领域对整体评估的重要性。请记住，它们中的每一个领域都包括许多具有共同症状的临床诊断。为了确定哪种诊断最合适，你必须询问你所想到的每种疾病的症状。

例如，患者主诉感到沮丧、悲伤或泄气，应具体如何操作。你可能会发现心境障碍的一些附加症状：哭泣、绝望、食欲和睡眠模式的变化、在一天中某些时候感觉更糟、精力不足、注意力不集中、对前景悲观，以及自杀的意念或行为。虽然大多数患者不会有所有症状，但即使只有其中几个症状，也表明患者可能患有某种抑郁障碍。在这种情况下，你应该了解疾病的症状和病程是否支持心境障碍的诊断。换句话说，首先要获取数据。然后，当所有事实都摆在眼前时，你可以判断哪个诊断最符合事实。

在讨论每个临床感兴趣的领域时，我将介绍以下特征。

1. 提示或"警报（red flag）"症状会提醒你这个症状需要进一步探索。
2. 主要诊断。本部分涵盖了临床感兴趣的领域中最重要的几种障碍，以及主要的鉴别诊断。我用星号（*）标记了我在附录 B 的诊断描述中囊括的内容。
3. 病史信息。在这里，我会简单解释一下你应该询问的每一点病史数据的重要性。
4. 精神状态检查的典型特征。在进行鉴别诊断时，当前的精神状态不如病史那么有用，所以这里只列举了典型症状。

有时，我们很难知道哪里是既往史的结尾，哪里是当前精神状态的起点。由于这个原因，你可能会发现在一个部分提到的某些特征似乎也属于另一个部分。例如，患者可能会报告一些在访谈中未能观察到的情绪。

在附录 D 中，你会看到涵盖主要精神障碍诊断的半结构化访谈。它给读者提供了一种方法，以确保我们在访谈中囊括所有基本内容。不过，需要注意的是，在访谈中需要细致入微地寻找特定的诊断线索。初始访谈的目的是确定哪里出了问题，而不仅仅是寻找证据来证实你先入为主的看法——或者是其他临床工作者给出的诊断。换句话说，不要为了钓某一种鱼而下饵；相反，你应该撒网看看你能捕到什么鱼。

精神病性障碍

精神病性障碍仅指患者与现实脱节，表现为有幻觉、妄想或明显的思维散漫。这种情况可能是短暂的，也可能是长期慢性的，尽管在目前的治疗现状下，一个人长期处于精神病状态的情况是少见的。

提示

出现以下症状时，你要考虑将精神病性障碍作为你感兴趣的临床领域：

- 情感淡漠或与环境不相称；
- 行为怪异；
- 意识模糊；
- 妄想；
- 幻想或不合逻辑的想法；
- 幻觉（涉及任何一种感觉）；
- 自知力或判断力异常；
- 缄默；
- 知觉扭曲或误解；
- 社交退缩；
- 言语不连贯或难以理解。

主要诊断

精神病性症状常见于以下三种诊断：器质性精神病（由于其他躯体疾病或物质使用所致）、精神分裂症或某种心境发作——伴精神病性特征的重性抑郁发作（可能是重性抑郁障碍或双相 I 型障碍的征兆）或严重躁狂发作（双相 II 型）。最常见于心境发作和精神分裂症。这里有一份更完整的清单：

- 精神分裂症 *；
- 重性抑郁发作 *；
- 躁狂发作 *；
- 神经认知障碍，如谵妄 *；
- 由于多种原因导致的物质/药物所致的精神病性障碍 *（例如酒精）；
- 短暂精神病性障碍；
- 精神分裂症样障碍 *；

- 分裂情感性障碍*;
- 妄想障碍*。

病史信息

起病年龄　精神分裂症往往始于生命早期（青少年晚期或20多岁），妄想障碍始于中老年。

酒精或药物　许多精神病患者会使用某些物质。需要检查时序。如果精神病性障碍先出现，那么精神分裂症继发物质滥用的可能性更大。如果物质使用在前，那么精神病性障碍可能是继发诊断；诊断为精神分裂症的可能性较小。

抑郁　如果有既往或当前的重性抑郁，应考虑伴精神病性特征的心境障碍的诊断。

环境应激　严重应激先于精神病的起病，诊断为短暂精神病性障碍的可能性更大。

家族史　精神分裂症和心境障碍有家族遗传倾向，亲属患有这两种疾病会增加患者罹患该疾病的可能性。

病程　精神病性症状持续的时间越长，最终被诊断为精神分裂症的可能性越大。

动力、意志和兴趣丧失　这些症状是精神分裂症晚期的典型症状。

发作　突然发作（持续几天到几周）表明是伴精神病性特征的认知或心境障碍。起病时间越长、越缓慢（有些病例的起病甚至长达几年）就越有可能是精神分裂症。

躯体疾病　认知障碍与许多健康风险因素有关：内分泌或代谢紊乱、肿瘤、暴露于有毒物质、创伤以及各种神经和躯体疾病。

之前发作的恢复情况　心境障碍往往是单次发作的，这类患者比精神分裂症患者更有可能完全康复。

分裂样或分裂型人格障碍　在精神分裂症起病前，可能会出现一些长期存在的性格特征，如冷漠、情感退缩、少有朋友，或者有奇怪的信念或行为。

失业或降职　如果失业多年或长时间不工作，特别是如果从急性发作中恢复后的工作水平持续下降，那么相比直到最近还在从事高水平、高要求的工作的患者，前者被诊断为精神分裂症的可能性更大。

注意一级症状　一组被广泛讨论的幻觉和妄想是库尔特·施奈德（Kurt Schneider）提出的一级症状。他认为，患者若有其中任何一种症状，都可以被诊断为精神分裂症。尽管随后的研究表明，患有其他疾病的患者也可能报告这些症状，但你会经常遇到一级症状的概念，所以有必要列出一个简要的清单。

- 思维化声。
- 妄想性知觉，即患者给正常观察赋予异常的意义；例如，当一位患者午餐吃到一个烤奶酪三明治时，他"知道"他姨妈就要死了。
- 影响妄想。
- 思维控制妄想。
- 幻听到不止一个声音在谈论患者。
- 评论性幻听。
- 躯体幻觉（由外界影响而产生的躯体感觉）。
- 思维被传播。

精神状态检查

外貌和行为
  运动异常
    活动减少
    踱步
    作态
    强直
    违拗症
    扮鬼脸
    刻板动作
  衣着怪异或凌乱
  过度警觉
  卫生状况差
情绪
  淡漠或反应肤浅
  身份困惑
思维流
  言语受限
  缄默
  不连贯
  思维散漫
  缺乏逻辑
  过度沉迷于幻想
思维内容
  幻觉：时间？地点？

思维内容（续）
  幻听
    有无说话声？
    如果有，是谁的？
    有无思维化声？
  幻视
  幻触
  幻味
  幻嗅
妄想
  死亡妄想
  钟情妄想
  夸大妄想
  罪恶妄想
  疑病妄想或躯体变形妄想
  嫉妒妄想
  影响妄想
  被害妄想
  贫穷妄想
  关系妄想
语言通常不会受损
认知通常保持良好
缺乏自知力
急性期判断力可能受损

心境紊乱：抑郁

抑郁这种情绪经常被描述为"悲伤""情绪低落"或"忧郁"以及"沮丧"等，这种低落的心境必须是持续性的，一般至少持续 1 ~ 2 周。抑郁通常被描述为患者正常心境的显著变化。有些人会告诉你，他们不觉得抑郁，只是体验不到快乐（这种状态被称为快感缺失）。现病史所需采集的信息包括抑郁的病因（见下文）和严重程度。

提示

如果患者出现以下任何症状，你就应该筛查抑郁障碍：

- 活动水平显著降低或升高（激越）；
- 焦虑症状；
- 食欲变化；
- 注意力差；
- 死亡意愿；
- 心境抑郁；
- 对日常活动（包括性生活）的兴趣减少；
- 失眠或过度嗜睡；
- 自杀意念；
- 哭泣；
- 药物或酒精使用；
- 体重减轻或增加；
- 无价值感。

主要诊断

许多能够导致精神病性障碍的躯体疾病也会导致抑郁。然而，诊断的主要问题是区分原发性抑郁（从时间顺序上看，抑郁先于其他障碍出现）和继发性抑郁（在另一种精神障碍或人格障碍之后出现，并由这种精神障碍或人格障碍所致的抑郁）。需要考虑的主要诊断是：

- 重性抑郁发作*（作为重性抑郁障碍、双相Ⅰ型障碍或双相Ⅱ型障碍的一部分）；
- 忧郁症*；
- 恶劣心境（如今在DSM-5中称为持续性抑郁障碍）*；
- 经前期烦躁障碍；
- 心境障碍伴季节性模式；
- 继发性抑郁。

病史信息

酒精和药物 继发性抑郁是物质使用的主要结果。

快感缺失 患者无法体验到愉悦感。在部分患者中，这种感觉可能代替了心境抑郁。

非典型特征 与压力相关的抑郁可能有睡眠过度（嗜睡）、食欲旺盛和体重增加的症状，患者在早上时以及和喜欢的人待在一起时感觉更好。这些之所以被称为非典型特征，是因为抑郁患者通常会失眠，在晚上感觉更好，食欲不振和体重下降，在愉快的社交场合感觉糟糕。

自我改变 患有双相障碍重性抑郁发作或单相抑郁发作的患者经常报

告觉得"与我以往的感觉完全不同"。

环境应激 任何严重的环境应激都可能与心境抑郁有关。一旦应激解除，抑郁就会缓解，这种抑郁有时被称为反应性抑郁。与压力无关的抑郁有时被称为内源性抑郁（从内部产生），人们有时将它描述为"原因未明"。反应性抑郁通常比内源性抑郁轻，通常也不太需要治疗。

既往发作 以前有过抑郁发作吗？患者完全康复了吗？如果答案是肯定的，就表明患者可能曾经罹患双相障碍抑郁发作、单相抑郁或心境障碍伴季节性模式（见下文）。持续多年的慢性、低强度抑郁是持续性抑郁障碍（恶劣心境）的典型特征。

心境障碍家族史 这是重性心境障碍的典型特征，通常至少部分归因于遗传因素。

优柔寡断 无法下决心，甚至是在很小的事情上，也是重性抑郁的特征。

孤立 在与朋友或家人的社交中，退缩意味着重性抑郁，如忧郁症。

躁狂发作 双相障碍抑郁发作和重性抑郁障碍很容易通过既往是否有躁狂发作来区分。

忽视爱好和活动 重性抑郁常伴有对日常活动的兴趣丧失。

经前期模式 抑郁症状主要发生在月经来潮前，经前期烦躁障碍先于抑郁出现。

最近的丧失（居丧） 这是先于抑郁发作的另一种常见的环境压力。

季节性模式 一些患者报告在一年中的特定季节（通常是秋季或冬季）起病，随后完全缓解（通常是在春季）。这些患者可能被诊断为心境障碍伴季节性模式。

性欲减退　性欲丧失是中重度抑郁的典型症状。

自杀意念和企图　面对任何一位抑郁障碍患者，都要询问他以前的自杀企图所造成的心理和生理严重后果。目前有关于自杀的想法吗？患者是否有自杀计划和手段来实现这些想法？

思维或注意力不集中　这些症状通常见于中度至重性抑郁。

自主神经症状　伴忧郁特征的重性抑郁的典型症状是终期失眠（患者早醒后不能再入睡）、食欲不振、体重减轻、精力不足或疲劳。患者会有晨重暮轻的表现，当与他们平时喜欢的人待在一起时，感受也没有多大改善。

精神状态检查

外貌和行为	思维内容（续）
哭泣	绝望感
对外貌的关注降低	无价值感
对日常活动兴趣减退	愉悦感丧失
行动迟缓	"最好死了"
激越	死亡意愿
情绪	自杀意念、计划
悲伤的表情	心境协调的妄想
焦虑	内疚
思维流	罪恶感
迟缓	无价值感
思维内容	疑病
负罪感	贫穷
思维反刍	语言通常不受影响

认知
　　通常完好
　　可能有"假性痴呆"

自知力和判断力
　　否认抑郁感受
　　否认改善的可能性

心境紊乱：躁狂

躁狂患者用"兴奋""亢奋""激动""兴奋"或"欣快"等词语描述他们的心境；有时，他们的主要表现是易激惹。尽管人们早在100多年前就已经认识躁狂了，但躁狂经常被误诊为精神分裂症。认知障碍有时也会伴有躁狂症状。

提示

当你面临以下任何症状时，需要考虑躁狂：

- 活动水平增加；
- 随境转移；
- 自我价值感膨胀；
- 欣快或易激惹的情绪；
- 计划许多活动；
- 睡眠减少（睡眠需求减少）；
- 语速快，声音大，难以中断；
- 近期开始使用药物或药物使用量增加；
- 思维从一个想法快速跳到另一个想法。

主要诊断

大多数躁狂患者也有抑郁发作（通常比较严重）。环性心境是另一种需要考虑的诊断，这是一种较温和的情况，非精神病性的高涨情绪与抑郁情绪会在其中交替出现。鉴别诊断包括以下几种：

- 躁狂*（双相Ⅰ型障碍，躁狂发作）；
- 双相Ⅱ型障碍；
- 环性心境；
- 器质性心境障碍。

病史信息

酒精滥用 有时，这可能是一种应对快速发展的不舒服感受的方式。

注意力不集中 躁狂患者经常开始做一些事情，但总是虎头蛇尾。

既往发作 先前的躁狂或抑郁发作并完全康复通常是确诊的关键。如果是这样，特别需要注意患者的快速循环情况（1年中有四次或更多次在心境高涨和心境低落之间切换）。这些发作有时候可能只持续几天，但会对可能有效的治疗选择产生影响。

失眠 这通常表现为睡眠需求减少。

判断力差 可能表现为挥霍无度、法律纠纷不断或存在不检点的性行为史。

性欲增强 躁狂发作会导致滥交、意外怀孕和感染性传播疾病的风险。

人格改变 在极端情况下，一个平时安静、谦逊的人会突然变得吵闹、爱争论或脾气暴躁。

躯体疾病　类似于躁狂的去抑制作用可在脑外伤等情况下出现,如脑肿瘤和内分泌疾病。

关系混乱　朋友和家人很难应对显著的行为改变。

社交能力增强　躁狂患者可能过度喜欢参加派对和其他社交聚会。

工作相关问题　注意力不集中和专注于浮夸的计划会导致工作或学习成绩下降。

精神状态检查

外貌和行为
　兴奋、激越
　极度活跃
　精力旺盛
　大声说话
　着装华丽或奇装异服
　可能表现出威胁性或攻击性
情绪
　欣快
　易激惹
　情绪快速地转变
思维流
　思维奔涌
　思维奔逸

思维流（续）
　言语急迫
　俏皮话、笑话
　注意力不集中
思维内容
　自信
　对信仰更虔诚
　制订各种方案和计划
　可能有夸大妄想
　语言通常不受影响
　认知通常完好
自知力和判断力
　缺乏对疾病事实的自知力
　判断力差（拒绝住院和治疗）

物质使用障碍

物质滥用是由它发生的文化背景定义的。在大多数文化中，大多数成年人都有物质使用问题——如果把只使用咖啡因也算在内。我们是否认为一个人存在物质滥用不仅取决于他使用的量或频率，还取决于这种行为的结果。这些结果可能是行为、认知、法律、财务和躯体等方面的。其中的许多结果还会影响整个社会。

提示

以下症状应促使你考虑对物质使用障碍进行诊断。

- 每天饮酒超过一两杯的情况。
- 被捕或有其他法律问题。
- 财务问题：患者将用在必要开销上的钱用于其他目的。
- 健康问题：酒后失忆、肝硬化、腹痛、呕吐。
- 使用非法物质。
- 失业、迟到或降职。
- 记忆缺陷（因饮酒或吸毒而失忆）。
- 社交问题：打架、失去朋友。

主要诊断

在 DSM-5 中，这些障碍被称为物质使用障碍和物质/药物所致的心境障碍、精神病性障碍等。而由物质所致的神经认知障碍，即许多大量使用物质的人在某个时候会出现的大脑综合征，将在"思维问题（认知问题）"

部分进行讨论。

以下是被认为容易滥用的物质类别。许多物质使用者会使用多种物质：

- 酒精；
- 苯丙胺；
- 大麻；
- 可卡因；
- 致幻剂（包括苯环己哌啶）；
- 吸入剂；
- 尼古丁；
- 阿片类药物；
- 镇静剂、催眠药或抗焦虑药。

物质使用可以作为单独的诊断，但它通常与另一种主要的精神障碍诊断或人格障碍有关。应特别注意以下几类：

- 心境障碍（抑郁和躁狂）；
- 精神分裂症；
- 躯体化障碍（在 DSM-5 中称为躯体症状障碍）；
- 反社会型人格障碍。

病史信息

滥用 以前用来指那些因使用物质而产生问题但实际上并未真正依赖的人。现在这个术语应该被理解为超过个人健康需要，过多地使用任何物质。

为了获取毒品参与某些活动 这些包括贩卖毒品、盗窃、抢劫和卖淫。

起病年龄 物质使用从患者多大年龄开始？就酒精使用而言，女性的起病年龄可能比男性晚得多。

时序 如果存在相关的精神障碍，哪个先出现？例如，如果酗酒在时间上先于抑郁障碍，则抑郁障碍被认为是继发的。

依赖 从本质上来说，依赖意味着因物质使用导致了行为改变。DSM-5用以下症状定义物质使用障碍的各种行为改变。（前两个症状通常不适用于大麻或致幻剂。）

1. 耐受性（患者需要服用更多的物质才能产生相同的效果，或者服用相同的剂量而效果减弱）。
2. 戒断（患者出现该物质的典型戒断症状，或为了避免戒断而服用更大剂量）。
3. 物质使用量超过患者的意图。
4. 患者试图控制物质的使用，但没有成功。
5. 患者花费大量时间获取、使用该物质或从其影响中恢复。
6. 物质使用导致患者放弃重要的工作/学业、社交或娱乐活动。
7. 尽管意识到某物质已经造成了躯体或心理问题，但患者仍继续使用它。
8. 患者反复使用物质，即使这种行为是危险的（如醉酒驾驶）。
9. 由于反复使用物质，患者无法履行在家庭或工作/学校中的主要义务（反复缺勤、忽视孩子或家庭，或者工作表现差等）。
10. 尽管患者知道某物质已经导致了社会或人际关系问题（打架、争吵），或者使之恶化，但患者仍继续使用该物质。
11. 最后，患者对物质产生渴求。当然，这种强烈的欲望本身并不是一种行为，而是上述行为症状背后的驱动力。

情绪/行为障碍 特别常见的并发症包括精神病性障碍、心境综合征、焦虑综合征、妄想障碍和戒断后谵妄。

使用频率　每种物质多久使用一次？有没有随着当前的治疗而改变？

健康问题　是否有证据表明健康状况恶化了？出现如肝硬化、胃病、消瘦、肺结核或呼吸系统等问题。

法律问题　患者是否因持有、销售或资助供应的犯罪活动而被逮捕或监禁？必须将因需要为毒品获取金钱而导致的犯罪活动史与反社会型人格障碍（如果在患者未吸毒且在清醒时进行了非法活动，这可能是正确的诊断）区分开。

针头共用　如果报告使用静脉注射，患者是否用过被污染的针头？是否感染了肝炎？最近进行过人类免疫缺陷病毒检测吗？

使用模式　是连续的、不连续的还是在短时间内大剂量使用？如果涉及多种药物，每种药物的使用模式是什么？

性格变化　药物使用如何影响患者与其他人的关系？患者是否出现了普遍的动力丧失（特别是长期使用大麻或致幻剂）？

关系问题　包括离婚、分居和打架。有些伴侣是因为对吸毒有共同的兴趣才在一起的。

使用方式　可以使用以下任何方式：吞咽、鼻吸、口吸、皮下注射、静脉注射、直肠给药和阴道给药。

精神状态检查

外貌
　面部潮红
　震颤
　凌乱

情绪
　抑郁
　焦虑
　好战

思维流	语言
变得健谈	流畅性降低（咕哝，言语不清）
思维内容	认知
感情脆弱	如果伴有神经认知障碍，可能会出现认知症状
苛刻	
幻觉	自知力和判断力
更常见幻视	可能拒绝诊断
也可见幻听	患者常拒绝治疗或不顾建议而签字退出治疗

社交和人格问题

人格特质是贯穿成年生活的行为或思维模式。如果患者被诊断为人格障碍，那么其特质必须足够显著，足以导致患者的功能障碍（在工作／学业、社交或情绪方面）或个人痛苦。

提示

当患者有以下任何特征时，应该考虑社交和人格问题：

- 焦虑；
- 行为怪异；
- 戏剧性表现；
- 滥用药物或酒精；
- 人际冲突；
- 工作问题；

- 法律困难；
- 婚姻冲突。

人格障碍必须与非精神障碍的普通生活问题区别开。后者可能包括临界智力功能、学业问题、婚姻和其他家庭问题、工作问题以及单纯的居丧反应。

主要诊断

尽管多年来有多种人格障碍被提出，但目前只有以下十种人格障碍得到了正式诊断。成年患者如果不完全符合上述任何一种诊断标准，但有长期存在的自我障碍（身份或自我导向的）和人际关系障碍（共情或亲密），则可能被诊断为未特定的人格障碍：

- 反社会型*；
- 回避型*；
- 边缘型*；
- 依赖型；
- 表演型；
- 自恋型*；
- 强迫型（人格障碍）*；
- 偏执型；
- 分裂型；
- 分裂样*。

在诊断人格障碍时（包括那些未获得正式诊断的十种人格障碍之外的其他类型），要特别注意它们与其他精神障碍的区别，以确保诊断准确，包括：

- 双相 I 型障碍 *；
- 重性抑郁障碍 *；
- 恶劣心境（持续性抑郁障碍）*；
- 精神分裂症 *；
- 妄想障碍 *；
- 物质使用障碍；
- 强迫症 *；
- 由于其他躯体疾病所致的人格改变。

病史信息

许多特征都与人格障碍有关。为了便于描述，我使用了一些常见的标题。这份清单并不完整，它确实呈现了临床医生在定义目前公认的人格障碍时认为重要的特质。这些是在做出人格障碍诊断时应该了解的信息。

麻木不仁　强迫他人进行性活动，为个人利益而利用他人，公开侮辱他人，使用苛刻的规则，以别人的痛苦为乐。

怨恨

儿童期不良行为　旷课，打架、斗殴、持械，逃课，残忍虐待动物或人，破坏财产，放火。

过分顺从　为了讨别人喜欢，自愿做令人不愉快的工作；为了避免自己被拒绝而同意别人的意见。

缺乏对他人的关心　以自我为中心，无法识别别人的感受。

拒绝批评 拒绝有益的建议，容易被他人伤害。

不诚实 说谎，偷窃、抢劫或哄骗他人。

冲动 居无定所，四处游荡；不检点的性行为；在商店行窃；不顾个人安危。

犹豫不决 避免做决定或依赖他人做决定，没有目标。

不在乎赞美

不灵活 不愿做与日常安排不同的事情，完美主义妨碍任务完成，专注于规则、排序和秩序，目光短浅，反对别人为所欲为，对道德、伦理的执着。

不安全感 在独处时感到不舒服；不参与社交，除非确定被喜欢；在社交场合害怕尴尬；夸大了一些在常规之外的事情的风险；害怕被遗弃；因为感到无助或不舒服，所以避免独处。

不负责任 债务违约，如家庭赡养或债务；无工作能力；未能完成合理的分内工作；"忘记"履行义务；拖延。

情绪不稳定 情绪波动比一般情况更快或更剧烈。可能容易发怒，"一点就炸的脾气"。

躯体攻击 战斗或攻击。

保存没有价值的物品。

性欲低

社交能力差 是一个孤独的人（喜欢独自活动）；在社交场合或与陌生人在一起时，感到不舒服；回避亲密关系。

吝啬 在金钱或时间方面过度节俭。

自杀意念或行为，非自杀性自伤

多疑 不愿向别人倾诉，容易被忽视，从无伤大雅的话语或情绪中解读隐藏的含义，预计会被他人利用或伤害，质疑朋友的忠诚或配偶/伴侣的忠诚。

过于信任别人 习惯性地选择会导致失望的伙伴或环境。

不稳定的人际关系

工作狂

精神状态检查

外貌和行为
  缺乏幽默感
  过度警觉
  好争辩
  表现得紧张
  不愿意吐露隐私
  不适当的性诱惑行为
  过于关注外表和吸引力
情绪
  敌意或防御
  发脾气，不恰当的、强烈的愤怒
  言语和行为过于情绪化
  否认有强烈的情绪

情绪（续）
  感到空虚或无聊
  对于伤害他人缺乏悔恨
  浅而快的情绪转换
  情感淡漠
  受限制或不恰当的情感
  冷酷、冷漠或肤浅
思维流
  言语含糊
  言语怪异（含糊、离题、贫乏）
思维内容
  预计会被利用
  质疑朋友的忠诚
  怀疑存在隐藏的含义

思维内容（续）
　　迷恋成功、权力
　　牵连观念（例如，陌生人在谈论患者）
　　奇怪的信念、迷信或魔法思维、幻觉
　　对于身份（自我形象、性取向、长期目标、价值观）的不确定
　　频繁地要求保证或赞同
　　故意要别人说赞扬的话
　　害怕尴尬

思维内容（续）
　　评判自己和他人
　　不合理地贬低权威的人
语言：通常未见异常
认知：通常未见异常
自知力和判断力
　　夸大成就
　　对所作所为缺乏悔恨
　　感到他人有无理的要求
　　高估自己的工作，自大，感觉自己的问题是独特的，自以为是的权利感

思维困难（认知问题）

各种物理或化学因素都可以干扰思维，这些原因可能包括：

- 脑肿瘤；
- 脑外伤；
- 高血压；
- 感染；
- 代谢障碍；
- 术后并发症；
- 癫痫；
- 有毒的物质或精神活性物质戒断；
- 缺乏维生素。

提示

出现以下任何情况都应该对患者的认知问题进行深入筛查：

- 行为怪异；
- 意识模糊；
- 判断力降低；
- 妄想；
- 幻觉；
- 记忆缺陷；
- 情绪不稳定；
- 毒素摄入史。

主要诊断

大脑的物理或化学功能障碍会导致行为或思维的异常，这些异常可能是暂时的，也可能是永久的。问题的类型包括：

- 遗忘综合征；
- 焦虑障碍；
- 谵妄*；
- 妄想综合征；
- 痴呆（DSM-5 称之为重度神经认知障碍）*；
- 分离障碍；
- 中毒和戒断；
- 中毒或戒断所致的精神病性障碍；
- 情绪综合征；

- 由于其他躯体疾病所致的人格改变。

重要的鉴别诊断包括前面标星号的诊断/综合征，以及：

- 抑郁*；
- 精神分裂症*；
- 物质使用障碍*。

注意，谵妄和痴呆可能会共存。

病史信息

起病年龄　痴呆最常见于老年人，谵妄常见于儿童和老年人。这两种情况在整个年龄段都有可能发生。

病程　可能是稳定的、波动的、恶化的或改善的。如果是组织损伤（如严重的脑外伤），即使有所改善，也会有一些永久性功能障碍。痴呆患者（如阿尔茨海默病）的病情往往会逐渐恶化。

抑郁障碍　了解抑郁障碍的病史和当前的抑郁特征尤其重要，因为重性抑郁可能表现为假性痴呆，它是一种完全可以治疗的心境障碍，而不是神经认知障碍。

自我照料困难　这通常就是迫使家庭成员带痴呆患者来就诊的原因。

症状和精神状态波动　这种波动是谵妄的特征。

脑外伤　外伤会造成硬脑膜下血肿，几天到几周后才会出现症状。颅内出血也会导致硬脑膜外血肿，在数小时或数天内出现症状。也要警惕脑震荡可能导致的记忆缺失。

冲动 痴呆患者丧失对可接受行为的判断力；因此，他们会按照以前受到抑制的冲动行事。谵妄或痴呆的患者面对恐惧或意识模糊的反应可能是逃跑。痴呆患者可能会毫无顾忌地花钱，尽管这种行为不像躁狂发作时那么夸张。

实验室检查 这应该与任何认知综合征的病因相一致。

记忆丧失 记忆丧失是痴呆的特征。近期记忆最常受到影响，不过重度痴呆也可能影响远期记忆。一些患者试图通过虚构来弥补记忆空白。

发作 症状的发展可能是迅速地或渐进地，这取决于病因和疾病的性质。快速起病是由中风、感染或创伤所致障碍的特征，渐进性发展可能是由维生素缺乏和脑瘤导致的。

人格改变 许多认知综合征的症状涉及患者的人格改变。其中包括变得易怒或好斗，社交退缩，粗鲁的行为（讲粗鲁的笑话），以及忽视仪容整洁和卫生。例如，一位一直欢迎种族多样性的患者在患上阿尔茨海默病后公开发表了种族主义言论。有时可见洁癖（有时称为器质性整洁）。

精神病性症状 妄想，通常是被害妄想，见于痴呆（阿尔茨海默病患者常认为别人偷了他们的东西）。这种妄想可能与精神分裂症的妄想难以区分。幻觉见于谵妄状态，但通常是幻视。

睡眠节律变化 谵妄的患者通常会昏昏欲睡，但也有些患者难以入睡；还会做生动的梦或噩梦。

自杀企图 如果患者存在自杀行为，应该考虑重性抑郁障碍的诊断，尽管在痴呆患者中也会见到自杀企图（和自杀死亡）。

精神状态检查

外貌和行为
  凌乱
  震颤
  坐立不安
  挑拣或拉扯床上用品和衣物
情绪
  情感平而浅
  愤怒
  焦虑
  淡漠
  抑郁
  欣快
  恐惧
  易激惹
思维流
  言语不清
  持续言语
  内容散漫、无序
  联想松散
思维内容
  多疑
  当前的自杀意念
  错觉

思维内容（续）
  精神病性特征
    妄想
    幻觉（尤其是幻视）
语言
  理解力随着痴呆加重而下降
  常保有流畅性，即使在中度痴呆时
  命名：失语症
认知
  嗜睡，难以保持清醒
  定向障碍
    不知道日期可能是谵妄的早期症状
    对地点和人的定向障碍是晚期症状（常见于痴呆）
  抽象思维受损（相似性方面）
  注意持续时间变短（易分散），尤其多见于谵妄
  记忆受损
自知力和判断力
  判断力受损

焦虑、回避行为和唤起

这一临床研究领域中的疾病都有焦虑症状，这些症状可以导致患者试图回避刺激。

提示

这组症状包括任何焦虑或恐惧的表现，以及在没有已知原因的情况下，出现呼吸或心跳等方面的躯体症状，这些都表明需要对这一领域做进一步探索：

- 焦虑；
- 胸部主诉（疼痛、沉重、呼吸困难、心悸）；
- 强迫行为；
- 对物体、情境、濒死、即将到来的厄运和发疯等的恐惧；
- 紧张；
- 强迫思维；
- 惊恐；
- 创伤（强烈的情绪或躯体体验史）；
- 担忧。

主要诊断

这一临床领域涉及的主要疾病包括：

- 惊恐障碍*；

- 广泛性焦虑障碍 *；
- 特定恐怖症 *；
- 场所恐怖症 *；
- 强迫症 *；
- 创伤后应激障碍 *。

虽然几乎在每一种精神障碍中都会出现焦虑症状，但重要的鉴别诊断包括：

- 抑郁障碍（各种具体诊断）*；
- 物质所致的障碍；
- 精神分裂症 *；
- 躯体化障碍（DSM-5 中的躯体症状障碍）*。

病史信息

起病年龄　这些症状大多始于患者相对年轻时。动物恐怖症始于童年，情境性恐怖症多始于 30 多岁时。

场所恐怖症　可伴发或不伴发惊恐障碍。通常发生在难以逃离的或尴尬的情境下，如离开家时、在拥挤的人群中、乘坐公共汽车时或在桥上。

酒精或药物使用　这可能是焦虑症状的原因，也可能是焦虑症状的结果。

预期焦虑　常见于恐怖症，在害怕的刺激（比如在公共场合讲话）出现前几分钟到几小时内，会体验到这种感觉。

咖啡因的摄入　过量饮用咖啡（或茶）会导致焦虑症状。

惊恐发作的场合　一共有过多少次发作，发生在什么时间？是意料之外的吗？（惊恐发作往往是自发的。）

强迫行为　最常见的强迫行为是洗手、检查、数数以及必须遵循的习惯（比如在睡觉的时候）。它们可能作为仪式（规则）、"解药"或对强迫思维的反应而出现。

抑郁症状　确定这些症状是发生在焦虑障碍之前（原发性抑郁），还是发生在焦虑障碍之后（继发性抑郁）。

惊恐发作的持续时间　单次惊恐发作只持续几分钟，但可能在几周、几个月或几年的时间内反复发作。

惊恐发作的频率　通常在一周内发生数次。

生活方式受限　患者是否会因为焦虑而待在家里或回避特定的情境或物体？生活方式受限可见于特定恐怖症、强迫症、创伤后应激障碍、场所恐怖症和惊恐障碍。

惊恐发作的心理内容　患者可能害怕他们将要死亡，失去控制，失去理智。

强迫思维　最常见的想法是（1）伤人或杀人的念头和（2）诅咒（亵渎）。尽管患者能认识到这些想法是毫无意义的和奇怪的，但难以摆脱。

焦虑的躯体症状　在惊恐发作和焦虑及相关障碍中出现的躯体症状大多相同：

- 呼吸困难
- 胸痛
- 寒战或潮热
- 眩晕

- 口干
- 易疲劳
- 频繁尿意
- 心悸

- 喉咙有异物感
- 肌肉紧张
- 恶心
- 不安
- 出汗
- 震颤

使用处方药物　临床工作者经常开处方药，焦虑障碍患者经常求助于药物，试图控制症状。

社交焦虑障碍　这通常包括害怕在公共场合表演、演讲或吃饭，害怕使用公共厕所，或者害怕在有人看的时候写东西。

特定恐怖症　最常见的是对乘飞机旅行、动物、血液、封闭场所、高处和受伤的恐惧。

应激源　严重的躯体或情感创伤体验是创伤后应激障碍的诱因。

担忧　广泛性焦虑障碍的特征是对多种现实生活环境的无根据的或过度的担忧。比如，担忧在房贷还清前几个月把房子输给银行；以及在他成为公司总裁的最得力的助手时，担心被解雇。

精神状态检查

外貌和行为	思维内容（续）
过度警觉（扫描环境）	杀人
情绪	亵渎
抑郁	自知力和判断力
焦虑	通常保有知道这种恐惧或行为
思维内容	不合理的自知力
强迫思维	试图抵抗

躯体主诉

如果患者的主诉是躯体症状,那么躯体疾病(在解剖学上可证明的心脏病、哮喘、溃疡和过敏等)始终是临床工作者关注的首要问题。但许多患者就诊时虽主诉躯体症状,但生理、化学或解剖学方面的基础证据不充分。这种症状在过去被称为疑病症或心身疾病。通常,当这样的患者最终向心理科临床工作者寻求帮助时,他们已经做过全面的医学检查和评估。因为神经性厌食和神经性贪食的某些人口学特征和症状特征与这一组症状相同,因此我将这两类患者归为一类。

提示

如果患者出现以下任何问题,请考虑这个临床兴趣领域:

- 食欲紊乱;
- 慢性抑郁;
- 复杂的病史;
- 多重主诉;
- 无法用已知疾病解释的躯体症状(特别是神经症状,如疼痛、惊厥、感觉丧失);
- 儿童期的躯体虐待或性虐待;
- 女性的物质滥用;
- 多次治疗失败;
- 病史不清楚;
- 慢性虚弱;
- 体重改变(增加或减轻)。

主要诊断

在这一领域的主要诊断包括：

- 神经性厌食*；
- 躯体变形障碍；
- 神经性贪食；
- 疑病症（DSM-5 中的疾病焦虑障碍）；
- 疼痛障碍或慢性疼痛综合征（DSM-5 中的躯体症状障碍，主要表现为疼痛）；
- 躯体化障碍（DSM-5 中的躯体症状障碍）*。

对于患者躯体症状的主诉，应该考虑的其他障碍有：

- 抑郁障碍*；
- 惊恐障碍*；
- 躯体疾病；
- 物质相关障碍*。

病史信息

起病年龄　本组中的大多数精神障碍都是从生命早期（儿童期或青少年期）开始的。疑病症通常始于 20 多岁，而疼痛障碍则始于 30 多岁或 40 多岁。

儿童期的躯体虐待或性虐待　应该常规询问被虐待的情况，因为这在躯体化障碍患者中很常见。

慢性疼痛　在疼痛障碍中，没有已知的疼痛基础，或者疼痛与已知的躯体原因不一致。

反复就医　DSM-IV 中的躯体形式障碍（DSM-5 中的躯体症状及相关障碍）经常伴随着对治疗方法的不懈探索。这可能会导致反复的、毫无结果的医疗检查。

环境压力　社会问题（婚姻、工作或人际关系）可能导致了躯体症状，患者会因此寻求临床心理科的治疗。

对不存在的疾病的恐惧　尽管存在（常反复听到）相反的证据，患有某种疾病的非妄想性想法仍然存在。这是疑病症（DSM-5 健康焦虑障碍）的主要症状。

手术　躯体形式障碍（躯体症状及相关障碍）患者通常有多次外科手术史。

儿童期躯体疾病　患者小时候因为生病得到过关注吗？在某些情况下，这个因素可能是躯体化的基础。

（想象或夸大的）身体缺陷　这是躯体形式障碍的基本症状，这种想法通常没有达到妄想的程度。神经性厌食患者通常认为自己超重，即使他们消瘦得明显。

次级获益　当一个人因生病而受到关注或支持时，就会发生这种情况；这是躯体化障碍和其他躯体症状障碍的典型症状。

自杀意念和行为　这些患者经常威胁要自杀或企图自杀，有时会导致死亡。

物质使用　酒精或药物滥用经常使这类障碍复杂化。

精神状态检查

外貌和行为
    戏剧化表现
    华丽的着装
    讨好行为
    举止夸张
    明显消瘦
情绪
    对于症状漠不关心
    （泰然淡漠）
    焦虑

情绪（续）
    抑郁
思维流：通常未见异常
思维内容
    关注躯体（有时候是想象的）
    精神疾病
语言：通常未见异常
认知：通常未见异常
自知力和判断力
    过度解释躯体症状

第十四章

结束访谈

通常,1小时的访谈足以弄清楚患者来寻求治疗的原因,并能够获取大量的背景信息。在此期间,你应该对患者进行一次正式的精神状态检查。即使你还有很多想了解的信息,也不宜过度延长访谈时间,因为你是在访谈,而不是在测试忍耐力,你需要保持清醒以评估所见所闻。或许另一位患者的到来预示着你需要将这次访谈留到下周再去完成,或者如果你明天有空闲的时间可以再回到这里。又或者,如果当前你和患者都还有空闲时间,并愿意继续访谈,也可以休息一下再继续。

结束的艺术

结束初始访谈是需要小心谨慎的微妙艺术。一次出色的结束不只要总结访谈,也要为患者(以及你和其他临床工作者)的未来会谈做好准备。患者对于刚刚结束的访谈投入了许多希望与信任,并希望从中获取信息。信息的内容在很大程度上取决于你们所建立的关系如何。

如果你是负责该患者的临床医生,你可能会遵循以下步骤:(1)总结你的发现;(2)与患者合作,制订未来的治疗计划;(3)为你的下一次会谈安排时间。在适当的情况下,你还应该:(4)向患者灌输希望。下面是一个例子。

"从你跟我讲的内容来看,你和丈夫似乎很难面对女儿的去世。你们还没谈论过这件事,这种沟通的缺失也让你们感到痛苦。我想我愿意帮助你们,但在制订具体行动计划之前,我想和你的丈夫进行一次沟通。你之前说你认为他愿意来,请问你可以安排他在下周的某个时间与我会面吗?"

如果你是一名受训者,你的初始访谈或许可以这样结束:

"感谢你愿意与我度过宝贵的时间。你的确帮助我进一步理解了你的抑郁情况。听起来,你的治疗师也在竭尽全力地为你提供帮助。如果明天方便,我想进一步了解与你的家庭背景有关的内容。"

你不应该期望预知患者需要听到的一切。在初始访谈这样紧张的会谈中,你可能会遗漏一些重要内容。因此,了解是否遗漏了应该囊括的内容很重要。在结束之前,你可以问一些关于访谈本身的问题,或要求患者给予反馈。

"关于我们刚才的谈话,你有什么疑问吗?"(注意:通过假设患者确实有疑问,你在鼓励他们表达。对于一些患者来说,另一种问法——"你还有什么问题吗?"——可能会妨碍他们进一步的沟通。)

"我们还有什么重要问题没有谈及吗?"

你可能会发现你遗漏了一些需要采集的信息——比如关于拟议治疗的额外信息,不确定下次预约的时间,或者对预后的保证。请试着对任何实质性问题做出实事求是地回应。

当然,你不可能在一次访谈中收集到所有信息。大多数患者会接受这一点,并愿意将其他担忧、疑问及病史信息推迟到下次访谈时再讨论。

有时,在访谈即将结束之际,患者会突然抛出一些问题,但这些问题需要花费很多时间才能进行充分探讨。例如：

"像我这样的人的未来会是什么样子的？"
"关于我儿子的酗酒问题，你认为我该怎么办？"

如果你和患者的时间都充裕，你可以立刻处理这些问题。但时间安排上的冲突往往会迫使你将深入讨论推迟到下一次访谈时。

无论是哪种情况，你都应思考患者为何会在访谈结尾才提出新问题。一些患者会习惯性地将重要信息留到最后，也许他们需要花费一整次会谈的时间才能鼓起勇气讨论这个重要的问题——他们害怕你可能给出的建议吗？其他人可能会发现会谈非常有价值，以至会下意识地试图延长会谈时间。

对于大多数患者临时提出的问题，你可以通过表示感兴趣并承诺在下次会谈中进行讨论来应对。

"我很高兴你提到了这一点。这也是我想了解的。在下次见面时，让我们把它作为首先讨论的内容吧。"

如果最后一刻提及的信息关乎生命安全（如自杀或杀人的想法），那么你别无选择，只能延长会谈时间。如果这种情况经常发生，你就要下决心，在每次初始访谈中尽早提出这些敏感话题。

过 早 结 束

极少数患者可能会试图中断尚未完成的访谈。这类患者通常有人格障碍、精神病性障碍、中毒或应激过度（可能由于睡眠剥夺或躯体疾病所致）

等相关表现。有时，以上情况都会发生！不管是什么原因，你正在进行访谈，来访者却突然穿上外套准备离开。这时，你应该如何应对？

如果访谈接近尾声，可以向患者解释，再有几分钟时间，访谈就结束了。然后你可以只询问剩余问题中最重要的问题，并尽量照顾患者的激动情绪。

如果面对的是新患者，你对他的影响力有限，因此应尽量避免正面冲突。在访谈初期，患者可能尚未完全理解做评估访谈的原因，你可以尝试再次进行解释。同时，你可以表达共情。

"我能觉察到你感到很不舒服。对于你不适感的增加，我很抱歉，但我们确实需要交流。我只有通过这种方式才能获取帮助你所需的信息。"

你诉诸理性的呼吁大约有 50% 的机会能成功。如果没有成功，尝试讨论阻碍双方合作的感受。与之前一样，先从共情开始。

"你看起来非常不舒服。你能告诉我你现在的感受吗？"

你可能会了解到关于患者的恐惧、愤怒或不适的诸多信息。通过追问刚刚听到的内容，你们也许能够重新回到访谈上。

访谈者：我能看出这让你很不开心。你能告诉我你现在的感受吗？
患　者：（起身要离开）我受不了了。就像上次一样！
访谈者：你当时也很难过吗？
患　者：当然！如果你的治疗师像我的治疗师对待我那样对待你，你也会难受的。
访谈者：那一定让你非常不舒服。
患　者：（再次坐下）我感到羞耻，也感到恐惧。

就像这个例子一样，你可能会听到很多关于之前的治疗尝试失败的事情。你要准备花费相当多的时间（无论是在初始访谈中，还是之后）了解患者过往的治疗情况，即使这可能与患者前来寻求治疗的原因无关或几乎无关。（注意不要批评或贬低之前的临床工作者，因为到目前为止，你获得的信息可能是非常片面的。）

如果你所有的努力都失败了，请尊重患者对舒适和隐私的需要。具体来说，不要乞求或威胁患者，也不要暗示患者应感到羞愧或内疚。如果患者起身要离开房间，请避免使用身体约束。相反，应承认患者有权做出这个决定，并承诺尊重这一决定。但是，请保证你会尽快再次尝试完成这个重要的信息采集任务。

"看来我们不得不暂时中断谈话了。没关系——当你感觉特别糟糕时，你有权选择不被打扰。但是弄清你想来医院处理的难题是非常重要的。我可以下午再来，让你有机会休息一下。"

偶尔，你可能会决定提前结束访谈，而时间还远没到1小时。在以下情况中，提前结束访谈是一个非常不错的选择。

- 三更半夜，患者刚刚被送进医院，你们两个都筋疲力尽。
- 由于严重的精神病性障碍或抑郁障碍，患者在每次访谈中都难以让注意力集中几分钟。
- 愤怒的情绪使患者不愿合作。
- 你在繁忙的一天中挤出时间对某位患者进行了简短的访谈。经过患者同意，你可以安排下一次充足的访谈时间来讨论其主要问题，并决定很快就会再次见面。

第十五章
与知情者进行访谈

在大多数情况下,患者能够提供你所需的信息,但通过第三方渠道获取额外信息可以使数据更加全面。然而,有时你可能需要从知情者那里获取更多信息或验证数据的真实性。以下是其中的一些情况。

- 儿童或青少年通常缺乏对自身行为的充分认识。
- 有些成年人也不了解重要的家族史信息。
- 智力障碍患者通常只有在别人的帮助下,才能提供信息。
- 任何年龄的患者,如果对过去的行为感到羞愧,就可能隐瞒一些信息,比如不检点的性行为、物质滥用、自杀企图、暴力行为和任何类型的犯罪行为。
- 患有精神病障碍的患者受到妄想的影响,其陈述可能更多的是患者对事实的解释,而不是事实本身。
- 通常,患者本人并不了解童年的健康状况,而这可能与智力障碍或某种特定的学习障碍有关。例如,患有散发性精神分裂症的患者可能在出生时有产科并发症的病史。
- 患有认知障碍的患者,例如阿尔茨海默病患者,可能无法很好地提供病史。
- 知情者可以提供关于文化规范的信息,这可能是了解患者的家庭是否本身就有迷信等行为的唯一途径。

- 有些患有人格障碍（尤其是反社会型人格障碍）的患者可能不会诚实地陈述情况。
- 有些人格障碍不会给患者带来太大的困扰，却会令其家人和朋友感到痛苦。
- 对于一些人来说，保守家庭的秘密可能比向临床工作者提供有助于诊断和治疗的信息更重要。
- 家庭中的互动模式可能会透露一些信息。例如，亲属强烈的情绪表达（频繁地大声争吵）可能预示了与这些亲属生活在一起的精神分裂症患者更容易复发。
- 出于一些显而易见的原因，在涉及司法鉴定的情况下，仅仅依赖患者的自述是不明智的。

因此，只要可能，我喜欢从其他来源（例如，患者的亲属、朋友、既往临床记录和其他临床工作者）那里获取有关现病史的资料。通过核实现有信息和补充新的证据，你可以对患者和背景有一个清晰、全面、平衡的了解。

临床工作者几乎总是先与患者访谈。除了被父母带来的儿童和年幼的青少年，唯一的例外是语言表达能力有限的成年人。这其中包括衰退型精神分裂症患者、痴呆患者、智力障碍患者以及与你语言不通的人。但即使你和患者之间的沟通良好，花一点时间与亲属交流通常也会促进你对患者障碍的了解。在亲属第一次陪同患者就诊时——通常是因为亲属担心如果没有他们的帮助，患者可能无法讲述整个故事——尤其如此。有时，缺乏安全感的患者在告诉你就诊原因时，需要亲属的支持。

首先获得许可

在与患者的朋友或亲属交谈之前，你通常必须先征得患者的同意。大多数人会欣然同意。少数不同意的患者可能是因为担心你会泄露隐私。你可以通过强调你的主要任务是采集信息而非传播信息来打消这些顾虑，并且为了能够给患者提供最好的帮助，你需要了解另一个人的观点。你可以这样给予保证：

"你告诉我的内容是保密的，我会尊重你的隐私。这是你的权利。但同样，你也有权获得我所能够提供的最佳帮助。为此，我需要了解更多关于你的信息。这就是为什么我想与你的妻子谈谈。她当然会想知道你出了什么问题以及我们打算怎么做。我认为我们应该告诉她，但我只会说出你和我已经一致同意的内容。除非你事先同意，否则我不会告诉她我们俩所讨论的其他任何事情。"

一旦获得患者的同意，就请小心谨慎，切记不要泄露更多额外的信息。所泄露的秘密有可能被以意想不到的方式发现。在极少数情况下，当患者拒绝让你与知情者访谈时，你可以提议在你与其朋友或亲属会谈时，让患者在场。这可以打消患者对于临床工作者在背后策划某种阴谋的担忧。

不过，在通常情况下，你应该尽量单独与知情者访谈。私密的谈话将有助你获取完整而准确的信息，同时你和知情者都会感到更加自在。

只有少数几个重要的例外情况不需要首先征得患者的同意。这些情况包括患者：

- 是未成年人（尽管你也应该努力争取他们的同意）；
- 是处于监护状态或无法知情同意的患者；
- 有暴力行为；
- 缄默；
- 有急性自杀风险；
- 正经历其他紧急的躯体疾病或精神障碍。

然后，当患者显然没有行使自主权的判断力时，你有责任介入，并由你决定最佳行动方案。而为了实现这一点，你通常会尽可能获取各种信息。

如果患者的朋友或亲属提供信息并要求你不要将这些内容告知患者，或者至少不要透露信息来源，那么该怎么办呢？做出承诺就意味着你成了错综复杂的人际关系网络中的一环——而这正是我会尽量避免的情况。当然，泄露信息毫无必要，还可能引发一系列麻烦。但是，你可以迫使自己记住你向谁做出过保密承诺。

选择一个知情者

因为你的目标是尽可能多地获取相关的资料，所以你自然会选择一个对患者非常了解的知情者。配偶或伴侣通常拥有一手信息，因此，如果患者已婚或有长期的亲密关系，那么你可能会首先与这个人交谈。但是你需要的信息类型可能让你做出不同的选择。例如，如果你想了解儿童多动症，那么你应该与儿童的父母进行访谈。另一个考虑因素是，研究表明，曾经患过类似疾病的亲属能更好地识别患者的症状——可能是因为这些亲属对症状和病程有了一定的了解。最后，正如我们稍后将讨论的那样，你可能最终会与患者的多位亲属、朋友甚至是同事进行团体访谈。

你会问什么？

首先，你应该简要地说明此次访谈的目的。亲属通常会欣然接受你需要核实病史或向他们提供信息。但是他们可能担心，作为临床工作者，你还有其他目的，例如，责备他们或要求他们为患者承担更多的责任。

通过你之前与患者的访谈，你应该已经积累了丰富的知识，因此你与知情者的讨论通常可以相对简短——也许只需几分钟到半小时。即使你认为自己已经确切地获得了想问的问题的答案,你也可能依然会对所获得的与之前的问题有关的新信息感到惊讶。因此,为了先了解知情者知道的内容,不妨先尝试一次试探性询问,而一个开放式提问正好可以作为你的诱饵。

在下面的示例中,患者在初始访谈中的大部分时间都在谈论她以前的抑郁发作。因此,当她的丈夫进来时,访谈者准备好了关于抑郁症状、治疗和反应的问题。幸运的是,第一个问题是开放式的。

访　谈　者:关于你妻子的艰难处境,你有什么可以告诉我的吗?
患者的丈夫:好吧,我只希望你能对她的酗酒问题做点什么。每天下午我下班回家时,她几乎都喝醉了,但她拒绝承认自己有问题。

一旦你确定患者和知情者都发现了相同的问题,你就可以开始获取所需的其他具体信息。这些信息包括两类:(1)患者无法回答的问题;(2)患者前后讲述得不一致,导致你感到困惑的问题。下面列举了几个例子:

- 父母的精神病史;
- 患者的发育史;
- 对患者的物质使用史进行重新评估;
- 患者罹患精神病性障碍期间的症状;
- 患者的自我照顾能力;
- 患者出院后亲属提供支持的意愿;
- 配偶对婚姻不和的背后原因的看法;
- 表明可能从事某种犯罪活动的行为;
- 对患者人格特征的评估;
- 患者对治疗的依从性;

- 患者的行为变化对家庭的影响。

即使你没有了解到关于患者的很多新信息，与知情者进行开放的讨论也可能有助于你找到以下问题的答案。

- 家人对疾病的了解如何？
- 患者向知情者讲述了自己的哪些症状？
- 与上次功能完全正常时相比，这个人现在怎么样？
- 患者如何诠释这些事实？
- 患者是否歪曲了你所说的话？

如果知情者提供的信息与你从患者那里获得的信息有矛盾，你就必须决定相信哪个故事（如果两者都不相信）。如果你直接接受知情者的版本，那么你绝对没有把握；也不应该因为作为精神障碍患者的身份而自动否定其故事版本的可信度。相反，在评估相互矛盾的信息时，你要考虑以下因素，不论信息提供者是知情者还是患者自己。

- 知情者与患者有多少次接触？
- 知情者看上去记得多少信息？
- 知情者似乎在保护某人（自己、患者或其他人）吗？
- 家庭禁忌会阻止知情者讨论某些敏感话题吗？
- 知情者讲述的故事被单方面的想法（例如，对于濒临破裂的婚姻怀有臆想的幸福）所扭曲了吗？
- 是否有"光环效应"，使得对患者所有行为的解释带有（正面或负面）倾向性？
- 知情者是否有足够的动机向你提供完整准确的故事？

之后，最好与患者讨论这次与知情者的会谈。你应该总结复述一下谈话内容，并保证你没有泄露任何秘密。但是，总结复述是面面俱到还是泛泛而谈，应该取决于患者的需求和你的风格。你还应注意不要泄露亲属告知你的任何隐私。

以下是向患者提供的反馈示例。

"我与你妻子谈得很愉快，克伦肖先生。她向我证实了上周你告诉我的关于你的抑郁症的信息。我认为我们对你接受治疗的必要性达成了一致意见。按照你的要求，我没有向她提及任何关于你使用药物的情况，但我认为，如果你鼓起勇气亲自与她讨论这个问题，你会感觉好一些。"

团 体 访 谈

如果患者家庭的人数众多，并且许多成员住在附近，你可能会发现自己需要面对整个家族进行访谈。一些临床工作者发现这很困难，特别是当家庭成员感到不满并强烈表达了这种不满时。虽然管理一个庞大的家庭群体可能很困难，但这种方法也有优势。

- 这种团体访谈比逐个访谈的效率高得多。虽然你有时可以让家里人推举一个代表与你会谈，但如此一来，信息可能会在传递过程中丢失或失真。
- 家庭是患者所处环境的重要组成部分。团体访谈让你有机会观察家人之间是如何互动的，并通过逻辑推理观察家人与患者如何互动。他们是否对彼此友善体贴？你能否察觉到家庭中的某些知情者有指责、推卸责任的行为或内疚的倾向？他们关心的是患者，还是为了让自己感觉舒服？

- 在某些情况下，你可以选择同时与患者及其家人进行访谈。这样可以避免各种保密问题，因为每个人都听到了其他人说的话。这让你有机会直接观察患者与其家人的互动方式。家人是否忽视患者或替患者回答问题？他们是否经常意见不合？是否会大声争吵？是否会打架？
- 如果你确定家庭动力在一定程度上导致了患者的困境，那么作为治疗的辅助手段，与每个人进行单独会谈有助于为改变患者的家庭环境奠定基础。
- 如果团体访谈是解决患者所遇到的困难的有效方法，那么临床工作者可以为以后的家庭治疗奠定基础。

在一次会见多个知情者时，一定要鼓励所有人都发表看法。通常会有人保持沉默；这时，你应该设法让这个人发表看法。最好从一开始时就听取每个人的意见，而不是当你不在场时让他们自己厘清自己的看法。你不应该替他们做决定，也不应该偏袒任何一方。你的目标应该是促进讨论，以便所有家庭成员都能理解患者以及患者和他们的共同问题。但最重要的是，你必须对患者希望保密的信息守口如瓶。

其他访谈设置

电话访谈

多项研究表明，你可以通过电话访谈获得高质量的信息——也许不像面对面访谈那样可靠，但远比书面问卷好得多。特别是如果没有其他与患者的亲属进行交谈的方式，那么这当然比什么都不做好。但是，在未曾会面的情况下，第一次与某人进行电话访谈可能是一项挑战。如果你只能获得言语和语气信息，你就无法了解身体语言传达的细微含义。此外，除非你参加的是视频电话会议，否则在电话另一端的亲属也无法观察你。

近年来，借助互联网服务，视频通话变得更加普遍。即便如此，个人访谈仍然可以更好地传达温暖的感觉，让患者的亲属知道你是可以信任的人，可以与你分享秘密或敏感信息。最后，请考虑涉及保密的法律法规。如果没有视觉接触，你更加难以确定你是否在与正确的人交谈。比如，如果你把信息透露给一个你认为是患者配偶但实际上是患者雇主的人，那么这可能严重损害患者的职业生涯和你的声誉。

家访

虽然家访如同胰岛素昏迷疗法一样，已经被渐渐抛弃，但对于那些想要了解患者全面的生活环境的临床工作者来说，它依然是一种有用的工具。通过家访，你可以感受到环境（住房类型、邻里社区）和家庭成员，患者在家中感到放松时可能会比在咨询室或医院环境中表现得更"正常"。

第十六章

阻　抗

大多数访谈都是双方努力达成共识的过程。大多数患者是合作的、知识渊博的以及（在某种程度上）对问题有深刻见解的。然而，每位患者都有自己想要谈论的话题，有时候这些话题会与初始访谈的目标冲突，这就是为什么许多患者会拒绝提供完整的信息。这可能导致你在试图建立合作关系的时候，并不能获得完整的信息。

阻抗是患者有意无意地试图避开话题讨论的行为。几乎每个人都会对某些话题感到不舒服，所以阻抗可能是临床工作者必须学会应对的最常见的行为问题。出于各种原因，当阻抗出现时，重要的是及时解决，而不是视而不见。

识 别 阻 抗

要面对阻抗，首先必须识别阻抗。有时，这事很容易，尤其是当患者做出"我不愿意谈论……"这样明确的表达时。但是很多患者会对要公开反抗这件事感到不舒服，因此他们的阻抗方式可能极其微妙，让你难以察觉。注意，以下任何一种情况的出现都可能说明你的访谈遇到了麻烦。

- **迟到**。迟到是典型的阻抗表现。与后续访谈相比，在初始访谈中更少出现这种情况。

- **随意的行为**。眼神飘忽不定、看时间、接听手机或寻呼机、坐立不安，这些征兆表明当前讨论的话题可能让患者感到不适。
- **不自主行为**。患者面部潮红、打哈欠或做吞咽动作，可能意味着他有不适感。创伤后应激障碍患者在经历闪回时的空洞凝视介于随意行为和不随意行为之间。
- **遗忘**。一些患者只能记住对自己有利的事情，而对某些问题用"我不知道"或"我记不起来"进行回答。
- **遗漏**。患者故意忽略某些信息。除非与可靠的知情者访谈，否则即使是经验丰富的临床工作者也很难察觉这种阻抗。当患者说"我没有任何问题"时，可能是在试图掩盖本应被挖掘出来的问题。
- **矛盾**。与你之前了解到的信息相矛盾，前后似乎不一致的矛盾相对容易发现，但要整合起来可能是比较困难的。
- **转移话题**。患者转移话题的行为也许是在试图吸引你的注意，以便你不再继续谈论他想回避的话题。例如，你问布洛克先生对于即将离婚的感受如何；他回答说，他妻子的律师一直在榨取他的血汗钱。
- **夸大**。有些人会通过吹嘘自己的成就来逃避面对自身的真实情况。或许你难以察觉个别夸大之处，但随着时间的推移，你或许能渐渐辨识一系列令人难以置信的说法。
- **转移注意力的策略**。这包括讲笑话、要求喝水或去洗手间。一些患者可能试图通过询问访谈者的私人生活来控制访谈。
- **沉默**。这可能是阻抗的主要指标之一，不应与一些患者需要时间思考复杂问题后才做出回应相混淆。
- **轻微地犹豫**。最轻微的表现可能是在回答某些问题之前稍微犹豫一下。

患者为什么阻抗？

出于各种原因，患者可能会出现阻抗，不愿意对临床工作者讲述关于自己的完整故事。了解这些原因是应对阻抗的关键。

- 最常见的原因之一是为了避免尴尬，尤其可能在初始访谈时出现这种情况。这种担忧完全可以理解，因为向陌生人敞开心扉与自我保护的本能相对立。特别是在涉及性、非法活动以及透露出自身判断力不足等敏感话题时，坦诚是一件尤为困难的事情。
- 一些患者（或其家人）可能害怕批评，或担心你可能对他们的故事感到震惊。他们已经学会了通过不冒风险的方式避免遭到反对：会对被认为容易招致谴责的隐私信息保密。
- 一些患者可能会隐瞒信息，因为他们太害怕诊断、预后或治疗可能带来的不良影响了。精神疾病的社会污名——被当作"疯子"——就是一个例子。
- 你的新患者可能对你还无法充分信任，尚无法毫无保留地与你沟通，尤其是和你谈论可能损害其亲密关系、危及其工作或法律地位的想法或行为。不幸的是，患者先前的经历可能会让他们担心临床心理工作者会违背保密原则。
- 患者的利他主义倾向可能会敦促他们保护朋友或喜爱之人的隐私，以免受之前提及的任何不良后果的影响。
- 一些事情或想法可能看起来很琐碎，无法联系起来。
- 患者可能在（有意或无意地）测试你是否足够聪明，能否坚持不懈地（你足够关心他吗？）找出被隐藏的信息。
- 患者可能在自己有意识或无意识的愤怒下隐瞒信息——这种情绪可能有很多原因。你可能在无意中说了令人不快的话；或者患者可能把过去对他人的情感投射到你身上,这种行为被称为移情。当然,移情并不仅局限于愤怒。

无论原因是什么,你都不能让患者的阻抗持续存在,而既不对此进行探讨,也不加以挑战。你必须尝试确定患者阻抗的原因并想办法化解。跳过重要的话题或仅仅被动地跟随患者的引导都可能是一个严重的错误。

如何应对阻抗?

最重要的是,你要尽力理解(如果你能做到,尽量补救)行为背后的原因。第一步是需要思考你是否做了什么事情导致患者阻抗。可能有一些可以直接处理的明显问题。

访谈者:我注意到你突然变得安静了。出了什么问题吗?
患　者:哦,我不知道。
访谈者:我在想你是不是因为我说我想和你丈夫谈谈而感到不安。
患　者:(长时间的沉默)嗯,我不明白你为什么要这样做。
访谈者:你能告诉我你在担心什么吗?
患　者:他不会理解我和你提到的那次外遇。他一点都不开明。
访谈者:啊,我能理解你为什么不高兴了。我想任何人都会担心治疗师泄露这样的秘密。但那并不是我想做的。我之所以想和他谈谈,是为了了解他对你们两个正在经历的婚姻问题的看法。我认为这会帮助我更好地理解整个情况。你能在下一次访谈的时候跟他一起来吗?

这位临床工作者的解释告诉了患者几件事情:(1)临床工作者理解她;

（2）她有权利拥有自己的感受；（3）她的担忧没有根据；（4）她将与丈夫一起参加会谈。

然而，在很多时候，你无法找出任何可以被迅速纠正的具体问题。那么你所采取的方法将取决于阻抗本身的几个特点：

- 阻抗的原因；
- 阻抗的严重程度；
- 阻抗的表现形式；
- 你正在采集的信息的重要性。

处理沉默

常见的轻微阻抗的例子是尴尬的沉默。你可能会在询问与性有关的问题（参见第九章）时遇到这种反应，但它几乎可能在任何访谈情境中发生。你最好的第一反应可能是保持短暂的沉默。你可以尝试将目光移开几秒，来强调你愿意等待。通过这几秒的沉默，你给了患者一些额外的思考时间。也许，沉默从一开始就蕴含这样的意义。但如果它是在早期阶段出现的阻抗，那么沉默意味着你同意给患者一些时间让他尝试解决冲突。

然而，长时间缺乏回应可能会给患者开了保持沉默的先例，让他们以为在后续的访谈中也不用提供更多的信息，这对患者不利。如果在一个合适的时间（不超过 10～15 秒）后仍没有做出回应，那么你应考虑进行干预。

在短暂的沉默期间，患者可能会分心，所以下一步应该是以稍微不同的形式再次提问，来重新聚焦于问题。以下是一个简短的例子。

访谈者：你的性生活怎么样？

患　者：（静静地看着地板，持续 15 秒。）

访谈者：我刚才在想你的性生活是否有问题。

如果问题看起来很重要（患者无法回答可能暗示其重要性），你也许应该坚持讨论下去。一种策略是让患者自己决定要讲什么，并给予安慰。

访谈者：请谈谈你对性生活的感受，说出你觉得自在的部分。
患　者：这对我来说真的很难。
访谈者：我理解这一点。但这很重要，在这里谈论这个内容是安全的。

另一种策略结合了多种方法，你可以做类似这样的表达：

"很多人在回答类似的敏感问题时都会遇到一些困难。我真的很抱歉让你经历这些，但为了最大限度地帮助你，我需要尽可能多地采集信息。请你试着帮助我。"

在这一番话中，你（1）表达了同情；（2）强调了患者的感受是正常的；（3）重新强调获得完整信息的重要性；（4）以个人的名义呼吁患者提供帮助。

还有一种方法是尝试命名患者可能正在体验的情绪。如果你准确地说出患者的情绪，你将更有可能被患者视作一位有同情心和洞察力的访谈者，是值得信赖以及保守秘密的。如果你说出了患者此时可能有的几种情绪，就能最大限度地提高成功率，就像下面这个例子一样：

"我能感觉到你对这个问题确实有困扰。有时，人们因为羞愧而难以回答问题。有时，令他们难以开口的原因是焦虑或恐惧。你现在正经历其中的某些感受吗？"

在上面的例子中，尽管你现在的提问与你原来的提问不一样，但二者是有联系的。患者可能感觉第二个问题更易于回答。但请注意，通过提出几种可能性，这将大大增加你正确命名患者情绪的机会。

你需要强化患者对你做出回应的习惯，即使是一个手势也比完全没有好。一旦你获得了回应，即使是一个沉默的耸肩或皱眉，你通常也可以将它转化为重启访谈。

访谈者：你一定对此感到非常沮丧。我说得对吗？

患　者：（点头）

访谈者：我觉得，也许我们应该继续谈谈你的受教育情况。你觉得这对你来说是一个好主意吗？

患　者：（点头）

访谈者：你觉得你能谈谈这一点吗？

患　者：是的……我想是这样的。

访谈者：另一个话题很重要，但现在显然不是谈论它的时候。我们稍后再回来讨论它。

推迟讨论困难的话题，如上面提到的例子，可能是应对中度到严重阻抗最常用的方法之一。这种技巧以牺牲某些信息为代价，但能够促进关系的融洽和保证访谈的完整性，因此你应该谨慎地使用。重要的是让患者明白这个问题并未结束，只是推迟了讨论。这就是访谈者承诺稍后再谈论这个问题的初衷。

患者给出的"我不知道"的回应容易让谈话陷入僵局；如果频繁出现，可能会导致访谈停滞。偶尔，你的一个提问可以成功地让患者脱离这种状态。

"那你认为呢？"

不幸的是，在一般情况下，这只会引发患者另一次明显（且让人发狂）的反驳："我不知道。"

如果你最后并未得到太多信息，那么通过施加并不常见的面质并不会带来太大风险。这时，你可能会得到一些关于阻抗原因的线索，正如16岁的朱莉的例子。

访谈者：（身体前倾并微笑）有几次，当你说"我不知道"的时候，我认为你其实是知道答案的。你觉得如果你不隐瞒，会发生什么？

朱　莉：我不知道。

访谈者：很多人之所以不愿意谈论，是因为有某些事情令他们感到不安。你最近有感到不安吗？

朱　莉：可能有。

访谈者：（微笑）也许我们应该试着对此加以理解。你刚才有什么感觉？

朱　莉：是我那愚蠢的妈妈让我来的。（停顿）

访谈者：所以你来这里是由于你妈妈的想法？

这个例子展示了面质和情绪命名的技巧，在这里已经提到过。它还提示了其他几种有助于克服阻抗的技巧。

- 聚焦症状描述，暂时不必担忧其含义。
- 从事实转向感受。阻抗通常有情感基础。这位访谈者意识到，在继续进行病史采集之前，必须先探索感受。
- 强调正常。患者有时会认为，自己一定很古怪才需要接受临床心理工作者的治疗。在朱莉得知临床心理工作者以前见过类似的行为，并且不觉得奇怪后，可能会感到释然。

- 拒绝行为，接纳个人。通过身体前倾，用温暖的措辞和友好的语气，朱莉的访谈者清楚地表明了：（1）对患者作为个人的无条件接纳；（2）期待患者给出不同的回应。
- 使用言语和非言语的鼓励。一旦患者开始说话，访谈者就通过微笑和以"也许……（Maybe...）"开头的建议来鼓励患者多说一点。
- 称赞患者做出回应的行为。第四章讨论过其他鼓励方式（点头和复述）。
- 关注患者的兴趣。一旦了解了这位患者对被迫前来感到不满，访谈者就把注意力转向了她和母亲的关系。随后，这次会谈变得更加富有成效。
- 还有一个技巧是找到一个情感负担较少的典型事例来讨论所涉及的行为或情感，先讨论患者的这个典型事例。通常，这个事例是很久以前在患者身上发生过的类似事件，但也可能是对一位朋友或亲属有影响的事件。以下是该技巧的实施过程。

访谈者：你感觉很糟糕吗？有没有想过伤害自己？

患　者：我——我不好说。

访谈者：这是一个相当令人不安的话题，对吧？

患　者：（点头）

访谈者：你不是说几年前尝试过自杀吗？

患　者：是的。（长时间的沉默）

访谈者：那时发生了什么？

患　者：我过量服用了妻子治疗心脏疾病的药。但我后来把它们吐出来了。

访谈者：你当时一定感到非常绝望。

患　者：（点头）

访谈者：你现在也如此感觉吗？

患　者：我想是的。但我不想谈论这些。这会吓到我妻子。

通过做一些改动，这种技巧有时可以在直接提问的方法失败后轻松地帮助你展开富有成果的讨论。但如果引发了更多的阻抗，或许你应该彻底换个话题——只要这种推迟讨论当前话题的做法不会对患者造成潜在伤害。

有时，患者会自发地将话题转到情感负担较轻的事例上。在发生这种情况时，你可以听患者讲一讲过去的事例，然后问：

"你能看出那时发生的事情与你最近的行为方式有什么联系吗？"

大多数患者都会理解你的意思。对于那些不理解的患者，你可以细致地解释这种类比。

迟到

如果患者只迟到了一次，你也无法知道患者会不会经常迟到。如果患者第一次访谈就迟到了，而且你有更多的时间，那么延长时间来完成评估是可行的。如果没有，你最好的选择是说"让我们充分利用现有的时间"，然后立即开始工作。

但是，频繁迟到的患者对心理治疗工作来说是一个大问题。如果只是偶尔迟到一两次，你可以忽略这个问题。但有些人在任何情况下都习惯性迟到，但是将这一点作为理由来接受并没有什么用；长期迟到不仅会影响治疗，还有碍于其他方面的事务。我不建议给经常迟到的人额外的时间：这会传达这样一种信息，即不履行个人义务是可接受的；并且这对下一位预约的患者来说不公平。因此，这是你必须处理的阻抗行为。

首先，确保患者不觉得你生气了。你也不应该生气：这不是关于你的问题，而是关于患者的问题（也许正是这个问题促使他前来接受治疗的）。

相反，你的言辞和态度应该表达出"我担心你没有得到你需要的帮助"的意思。邀请患者与你一起探讨可能的原因——"在我们的会谈中，你担心会发生什么？"——然后集中精力纠正行为："你能想到什么办法来帮助你准时前来就诊？"接着，你很可能发现自己正与患者探讨使用闹钟以及手机上众多免费应用程序的提醒功能。

特定技巧

以下是其他在应对阻抗时有用的访谈技巧。在大多数情况下，这些策略适用于特定的情况或特定类型的患者。初学者很少会使用这些专门的技巧。

- 为不利的信息提供理由。通过提供可信的理由，你可以鼓励患者坦率地谈论尴尬的或令人不快的问题。

访谈者：最近你喝了多少酒？
患　者：不多。我并没有特别留意。
访谈者：考虑到你承受着丈夫去世的压力，我想你可能又开始酗酒了，就像几年前你母亲去世时那样。
患　者：你说得对。我已经控制不了了。如果我每天晚上不喝三四杯双份烈酒，我就完全睡不着。

- 夸大没有发生的负面后果。通过强调某种行为可能的最糟糕的后果，你可以减轻患者对实际情况的焦虑感。

访谈者：在那次争吵中，你真的伤害了你妻子吗？
患　者：嗯……（沉默）

访谈者：那么，你杀了她吗？

患　者：没有，我只是对她有些粗暴。

- 诱导患者自我吹嘘。偶尔，患者隐瞒了与某个英勇行为有关的信息，但患者似乎很引以为傲。一些访谈者会试图通过巧妙地暗示来对患者行为的某个方面表示钦佩，从而鼓励患者更坦诚。

访谈者：当时你喝了多少？

患　者：天哪，这很难说。

访谈者：看你这身强体壮的，你应该能喝很多。

患　者：我以前确实喝过不少。

访谈者：我敢打赌你能把所有人都喝趴下！

患　者：是的，我想我过去确实非常能喝。

这种技巧可以在获取信息的同时建立融洽的关系。尽管这种方式也许对有物质使用问题的患者来说无可厚非；但我担心对于那些有性行为不端、斗殴或犯罪行为等人格障碍的患者来说，这可能传递出一种认可的信号。如果你使用过这种技巧，请小心不要怂恿或鼓励行为本身。坦率地说，我几乎从未使用过这种技巧。

预 防 阻 抗

预防阻抗的最佳方法与解决任何其他问题一样，是在一开始就避免阻抗。以下策略应该能够帮助你避免使用我们刚刚讨论过的不太光明正大的技巧。

- 如果在访谈开始前可以获取有关患者性格或互动风格的信息，那么你也许更能够调整你对困难话题的处理方式。信息可以来自转介患者的临床工作者之口，也可以来自以往的住院记录。

- 有时，你可以立即看出你的患者不愿意交谈。甚至在你开口说话之前，患者脸上轻微不满的表情、一声叹息或抬头凝视上方就已经传递出了阻抗的信号。如果是这种情况，你也许就要打破第一章里提到的规则了——由你抛出问题，避免与患者寒暄。用几分钟谈论一些你们共同感兴趣的事情（天气或体育）可能会让人觉得你是"友好的"，从而减少患者的敌意。寒暄的目的是与潜在会阻抗的患者（潜在困难个案）进行富有成效的对话，对此有两点特别提醒：（1）需要回避与政治和信仰有关的内容，这从来都不是"小"话题；（2）对于任何主题，避免持有可能被认为强烈的或有争议的立场。这可能会导致已经具有挑战性的访谈陷入不必要的对抗。

- 密切留意你自己对获取的信息的反应。如果你的言语或面部表情露出惊讶或不赞成之意，你可能会严重破坏融洽的治疗关系，对于你后续获取信息的数量和质量都会造成限制。

- 尽可能完整而诚实地回答问题。当然，对待任何患者都应如此，但对于你的意图以及合作的潜在益处进行开放的、认真的讨论，也许特别有助于减少偏执患者甚至是精神病患者的怀疑。

- 个性化的病史采集技巧。有些患者不喜欢匆忙的访谈方式。他们并非精神病患者或痴呆患者，他们只是要用自己的方式讲述故事。当你遇到这样的患者时，你可以忘记你的时间表，放松心情，享受这个过程。你会慢慢了解患者的相关病史，还能和患者保持融洽的关系。

- 在进行妄想、幻觉和定向力方面的精神状态检查之前，你可以先说一句这些"例行问题"是全面评估的一部分。这应该会打消患者所担忧的状况，即你怀疑他们智力发育迟滞或精神病发作。

- 如果你遇到妄想或幻觉等精神病性症状，不要和患者争论。反驳患者主观世界里的"事实"不意味着你赢了。但你也不应该认同你明显知道是错误的事情，你肯定不想看到患者的精神病性症状被强化。相反，你可以问问患者他这样的感受持续多久了，或者强调你更关心症状带来的不适感。例如，患者可能害怕幻觉的内容。

你 的 态 度

如前所述，面对每位患者时，理解自己的感受非常重要。如果你发现自己感到无聊、生气或厌恶，就问问自己"为什么"。是不是患者让你想起了某个人，比如领导、父母或配偶？（当治疗师对患者的感情是从个人关系中转移出来的，我们就称之为反移情。）也许这位患者的一些人格让你想起了你自己身上不那么令人钦佩的特质。你对自己的健康、婚姻或家庭感到焦虑吗？这些感觉是无处不在的，所以即使是经验丰富的临床工作者，也必须努力防止这些感受对治疗关系的干扰。

与不合作或在其他方面存在困难的患者打交道是一项重要挑战。作为临床工作者，在此情况下，不要让被动攻击、讽刺或愤怒导致自身情绪爆发。这类消极情绪，尤其是在治疗关系早期，可能会威胁访谈并严重损害未来建立融洽关系的机会。当你在访谈中感到不适时，应自问：

"我为什么感到如此不安？"
"我遗漏了什么信息？"
"这位患者让我想起了谁？"

这些问题的答案能够帮助你确定要采取什么补救措施。

第十七章

特殊的或有挑战性的行为和问题

每一位患者都是特殊的、独一无二的。但是一些患者可能特别具有挑战性：他们可能说话含糊不清、充满敌意、爱说谎、意识模糊，甚至有暴力行为。除了行为，我们也要特别注意患者的某些特征（比如，躯体状况）。有挑战性的行为和问题给临床工作者增加了练习调解和说服技能的机会，增强临床工作者的耐心和容忍性。

含糊不清

有的患者的言语空洞苍白，无法提供有用的信息。以下是几个例子。

主诉没有目标 患者可能提出各种各样的问题，但似乎没有一个是前来寻求治疗的充分理由。

过度概括 患者可能把疾病的单次发作视为典型状况，但实际上并非如此；患者可能会给朋友的个别行为贴上"常见"的标签。在会谈中，患者使用"总是"和"从不"的表述可能提示存在过度概括。

近似答案 这通常意味着当你想知道具体的数字时，患者给了你一些形容词。

访谈者：你喝酒多长时间了？

患　者：很久了。

访谈者：你能告诉我具体多久了吗？

患　者：确实很久了。

一些患者不能给出精确的描述。

访谈者：当你的继女来到这里长住时，你有什么感觉？

患　者：讨厌。

访谈者：好，你能告诉我你之后的感觉吗？

患　者：我感到害怕。

处理含糊不清

在处理患者言语含糊不清的情况时，首先需要努力确定其原因。有时，患者说话含糊不清是智力障碍、精神病性障碍或人格障碍的特征。然而，并非仅限于这些病症，几乎所有不习惯精确思考的人都会出现这种情况。患者有可能是初次尝试表达令人困惑的感受，或是阻抗沟通——他们是否试图隐瞒某些信息？

你可以想象，直接指出患者说话"含糊不清"并没有帮助。如果你必须给患者的这种行为命名，可以使用"过度概括"这个词。可以在会谈中尝试询问："请帮我理解一下你讲的内容。"同时，通过提供结构化的谈话来处理含糊不清的情况：明确表明所期望的答案类型或精确度。

访谈者：你在监狱服刑多久了？

患　者：哦，有一段时间了。

访谈者：是几个月还是几年？

对于坚持使用像"可怕"这样的笼统词语的患者，你可以回答：

"你对'可怕'的解释是什么？"
"你能举例说明你说的'可怕'是什么意思吗？"

你可能需要通过特定的提问来具体定义一些信息，这些问题可能基于临床兴趣领域（见第十三章），或基于你对特定精神障碍的了解。

访谈者：你说的"可怕"是什么意思？
患　者：我不知道。我就是感觉很糟糕。
访谈者：你能举个例子吗？
患　者：（停顿）就是真的很糟糕。
访谈者：嗯，你感到过抑郁吗？
患　者：有时候有。
访谈者：你感到过焦虑吗？
患　者：是的，就是这样！我像上了发条一样紧张！

无论你使用何种技巧，一旦澄清了患者的意思，就做个总结以确保你的理解正确。

"所以，当你说在继女来拜访时，你'感觉很糟糕'，意思是你有点抑郁，但主要是感到焦虑，有些失控。"

教一个擅长提供近似答案的患者学会习惯给出精确的回答可能需要提供许多大量提示。你可能需要使用多项选择题来帮助他们。在访谈初期，如果患者的注意力不集中，说话滔滔不绝，那么你需要提出聚焦且简洁的问题。但如果你已经尽力了，但患者的回答仍然含糊不清，那么患者可能存在潜在的阻抗。为了探索这种阻抗的原因，你可能需要冒着面质的风险。试试这样问：

"为了更好地帮助你，我确实需要一个更明确的答案。有没有什么原因让你在回答问题时有困难？"

缺乏概括能力

与含糊不清相关的另一个问题是，有些患者无法概括自己的体验。当你要求患者给出大概的描述时，他们会用具体的例子和小插曲进行回应。

你可以尝试重新定义你想了解的内容。使用像"常见""经常""通常"这样的词语可能有助于引导患者表达你想了解的内容。

访谈者：你经常发脾气吗？
患　者：上周，我对我岳母真的很生气。我发了脾气。
访谈者：我想知道的是这对你来说很常见吗？

如果患者根本无法概括，你可能需要通过一些例子来归纳总结。然后把你的总结反馈给患者，以确保你的理解正确。

说　　谎

患者同意说真话是治疗合约中隐含的一部分，在任何临床关系中都是如此。在你与患者开始工作时，你应该假定患者会说真话。不幸的是，由于各种原因，情况并不总是如此。

当患者感到恐惧、羞愧、担心或愤怒时，他们可能会说谎。这些情绪可能适用于寻求临床心理工作者帮助的大多数人；事实上，说谎会影响每个人！患者可能会为了社会利益而说谎——为了得到或保住工作，为了避免惩罚，或者为了更被尊重。有些人只是在准确报告和保全面子之间存在难以解决的冲突。那些无法分辨原因或因获益而习惯性说谎者，通常被称为"病态（或强迫）说谎者"，当然这只是少数人。

有各种各样的线索会提示你，患者可能在说谎。

- 患者的病史与你所怀疑的疾病的已知病程不一致。例如，尽管患者有长期严重的躁狂症状病史，但是他否认自己住过院。
- 你问及的行为可能会让大多数人感到羞愧或内疚。常见的例子包括药物使用、性问题、自杀行为和暴力行为，患者可能会在这些问题上掩盖真相。
- 患者讲述的故事存在不一致的内部逻辑。举一个极端的例子：一个八年级未读完的人声称自己担任过高级主管。
- 你注意到一些与说谎有关的行为。这些行为可能包括目光游移和不进行眼神接触、打哈欠、说话结结巴巴、出汗、过度呼吸、不安地乱动或坐立不安、面色潮红、声音提高、语速加快，以及似乎在努力寻找听起来的最佳答案而迟迟没有作答。因为这些行为可能另有原因，所以你不应该轻易下结论。你应该尽量通过进一步观察或验证来澄清怀疑。
- 你怀疑患者患有严重的人格障碍。例如，儿童期的不良行为发展为成年期的犯罪行为，这会让你怀疑患者有反社会型人格障碍。这些患者通常对真相毫不关心。
- 尽管有充分的机会和客观的正当理由，但患者否认了所有负面的个人特质。

一名40岁的女性，大学学历，却被困在一份乏味的秘书职位上，满腹牢骚。她的生活中显然缺乏爱情和友情。但当你问她如果重新开始会改变什么时，她回答说："没有。"

- 患者似乎夸大了一生取得的成就。

处理说谎

与其他问题行为一样，你需要谨慎地处理患者疑似说谎的情况。你需要根据准确的信息做出诊断，但公开的面质可能会更早地破坏治疗关系。（在治疗中，你最终需要讨论在治疗关系中建立信任的必要性。尽管治疗并不是初始访谈的主要目标，但你也不希望说出会妨碍你与患者进行建设性合作的话。）

在采取行动之前，通常可以要求患者重新陈述刚才所说的内容。

"你可以再给我讲一遍吗？"

也许你误解了；也许患者讲错了；无论如何，补充一些细节或许能澄清问题。

另一种方法是忽略谎言，从其他地方寻找真相，比如从过去的记录或知情者那里。通过拼凑一份详细的过去的工作、教育和社交活动史，你也许能得出真相。尽管这需要时间，但我总是觉得探寻个人史的工作很有趣，而且是值得的。

如果你得出了结论，认为有必要就错误信息进行面质，那么应避免指责式的表述方式。相反，你应该用解决误解或澄清困惑的方式来表述。

"有些事情让我感到困惑。你刚刚说你没有喝酒的问题，但你这里的医疗记录中提到，你在过去 1 年里有两次因酒精中毒而进急诊室。你能说明一下吗？"

对于那些通过回应表明他们好争辩的人（"你是说我在说谎吗？"），你可以回答说你的提问不是针对患者本人的，而是针对他讲述的故事的。

"请你帮助我澄清一些矛盾之处。"

同样的方法——温和地请求对方帮助你理解——可能会成功地应对夸大和忽视症状方面的行为。

同时，如果你怀疑患者在说谎或者是在装病（我尽量避免使用这个词），要特别小心不要用诱导性提问。当患者在谈话中引入了虚假信息时，就已经够糟糕的了；若访谈者再协助患者说谎，情况就更糟了。

敌　　意

患者所表现出的愤怒或敌意可能是最容易被察觉的问题。患者的情绪往往通过皱眉、握紧拳头、愤怒的语气或讽刺的言辞显示出来。就连虽露出微笑但仍然带有负性情绪的患者，也可能通过咬紧的下颌或声音的紧张透露出他们的真实感受。无论敌意的表现形式如何，都必须立即有效地加以处理。如果处理得不当，可能会危及整个访谈过程。

产生敌意的可能原因有很多。以下是部分原因，其中有几点已经在造成问题行为的其他原因中被提过。

恐惧疾病　这些患者拒绝接受治疗，否认自己生病。

情绪转移　也许敌意并不针对你或当前的情况，而是患者对老板、配偶或之前的临床心理工作者的敌意。你成了消极移情的无辜目标。

害怕亲密关系　这个原因可能与临床心理访谈尤为相关，因为敌意可以"保护"患者避免暴露隐私。

隐藏感受　一个人发泄愤怒可能是为了掩盖其他更可怕的情绪——也许是焦虑或抑郁。

害怕依赖　一些患者对于不得不寻求帮助感到愤慨。对他们来说，敌意可能是一种防御机制，以便与被视为权威人士的人保持安全距离。也许这是因为患者长期以来处于较低的社交地位。

习惯　无论最初的原因是什么，有些人已经习惯性地具有攻击性和敌意了，使患者能够维持对他人的控制。

访谈者缺乏共情能力　除了前述的"以患者为中心"的原因外，你还要考虑访谈者是否表现得不专注或不感兴趣。大多数精神障碍患者已经担负了相当严重的负性情绪。如果他们还必须应对一个本应提供治疗但表现得冷漠或缺乏共情的人，那么产生敌意可能是一种自然反应。

如果患者的敌意频繁地影响你与患者的关系，那么你可能需要考虑最后一种可能性。在这种情况下，你可能需要获得诊断方面的帮助。也许是求助于培训项目的督导师或教师，请他回顾你与患者的访谈视频。对于熟悉访谈技巧的人来说，反复出现的愤怒或敌对模式应该是显而易见的。对此需要采取更多的补救措施，这些措施超出了本书涵盖的内容。

处理敌意

负性情绪通常也会让拥有这个情绪的人感到不舒服；同样，敌意也会让朋友和周围的人感到不适。由于临床心理访谈者也会因此产生这种不适，所以你的第一反应可能是迅速转移话题。如果愤怒或怨恨是由你的提问引起的，那么这种策略可能会成功。但是真正的敌意往往比愤怒更常见，你不太可能通过忽视来成功地应对。

任何敌对迹象都会提示你，在继续访谈之前，你必须直面患者的情绪。

要想有效地推进访谈,你就必须不带任何威胁性和评判性地使用面质。请看下面的例子是如何做到的。

> 访谈者:你来到这里的原因是什么?
> 患　者(一位高大魁梧的28岁男士):你是问我为何被带到这里吗?为什么我必须告诉你?你是我今天下午谈过的第三个人了!
> 访谈者:我敢打赌你已经对谈论这件事感到厌烦了。我不怪你。
> 患　者:你不怪我,你只是烦我。
> 访谈者:我不是故意打扰你的。我看得出,任何像你一样心烦意乱的人都一定有很多心事。
> 患　者:你说对了。
> 访谈者:是什么事情?让你如此激动的事一定很糟糕。
> 患　者:正是如此,没错。(停顿)我妻子离开我了。

尽管这位患者的愤怒针对的是访谈者,但其敌意背后的真正原因更加个人化。通过原谅患者的敌对行为并表示同情,访谈者与患者站在了一边,减轻了他的敌意。对敌意背后的恐惧做出回应,往往能帮我们有效地应对敌意。请注意,这位访谈者还通过询问详细信息,将患者咄咄逼人的状态引导到了对话中。

访谈者的不同反应只会引发患者更多的负性情绪。

> "听着,我只是想帮助你。"(内疚)
> "如果你不谈论这件事,你就永远无法克服它。"(焦虑)
> "别对我吼!我没对你做过什么。"(更多的敌意)

最后这种反应提出了一个有时会被我们忘记的问题。敌意具有传染性;如果你不小心,它甚至会感染你。然而,在这种情况下,无论尖锐的反驳看上去有多么自然，它都可能破坏访谈。注意，也许患者一直试图造成这种结果。如果你能认识到你与患者的相识时间太短，不可能激起任何个人敌意，就可能有助于你保持镇静。因此，任何言语攻击都可能是患者自身问题的产物。

如果你正在与自愿接受治疗的患者交谈，而他要求离开，你可能就永远无法完成访谈了。但是，如果患者在封闭的病房接受强制治疗，你可能有足够的时间。

一名20岁的男子被强制入院接受治疗。在下面的对话中，请注意访谈者没有与患者争论，而是认同患者的每一项陈述；并对每一项请求都进行了变通处理，这种处理需要患者的配合。

患　　者：听着，我不想和你或其他心理医生谈话。让我立马离开医院！

访谈者：这就是我要做的。我的工作是帮助你离开医院。但是法律规定我不能让你走，直到我知道让你离开是安全的。而我——

患　　者：别说那些废话。我现在就想离开这里！

访谈者：（站起来准备离开）只要我从你这里了解到我所需要的信息，我将很高兴着手为你处理这件事。

患　　者：你的意思是我得在这里待一整晚？

访谈者：（朝门口走去）嗯，可能要几天。

患　　者：等一下！你不能就这样离开！

访谈者：我愿意在你准备好谈话时再回来。

患　　者：我要起诉你，把你挣的每一分钱都要回来！

访谈者：我们会在明天帮你找律师。但是如果你决定合作，会更快一些。

这位访谈者离开了房间，但在患者的要求下，访谈者在20分钟后回来了。随后，患者全力配合，并在几小时后获准出院了。当访谈者展现了与患者站在同一立场的态度时，阻抗被化解了，患者只有通过改变行为，才能得到他想要的。

化解敌意是对访谈者专业素养的最终考验。要通过考验，你必须不断监控自己的感受，并以满足患者的情感需求的方式做出回应，而不是只顾满足自己的需求。

潜在的暴力风险

患者的暴力对抗形式并不常见，尽管心理工作者被患者严重伤害的情况并不罕见，我们中的很多人在职业生涯中至少被患者冲撞或攻击过一次。这是非常令人不安的经历，我们必须保持警惕，预防此类事件的发生。

遗憾的是，要预测哪些患者具有暴力倾向是非常困难的。尽管大多数严重精神障碍患者不会有危险性，但这一人群在美国占凶杀犯罪总数的5%。除了精神分裂症和心境障碍等问题外，认知障碍、人格障碍（尤其是反社会型人格障碍）和急性物质中毒等情况也可能导致患者出现暴力行为。在你与有以上诊断的患者进行访谈时，无论对方是男是女，你都应该提高警惕。

不管是什么诊断，都有几个因素可以预测什么样的患者更可能出现暴力风险。这些因素包括：年龄相对较小；有既往暴力史；有儿童期被虐待史；有与暴力行为相关的命令性幻听（其他类型的幻听不能预测暴力行为）。当患者具备其中任何一个因素时，我们都应当格外警惕。

在进行访谈时，请遵守以下安全原则，这些原则适用于所有临床工作者，但女性临床工作者应当尤其注意，因为有些患者可能会将女性访谈者视为容易攻击的目标。以下是你应该采取的预防措施。

- 在与新患者访谈之前，请仔细审查所有历史资料，要特别注意那些有暴力史或可能存在冲动控制问题的患者。患有精神病性障碍、中毒或反社会行为的人群可能存在暴力风险。
- 在理想情况下，临床心理科急诊的访谈室应该配备两扇向外打开的门。即使不是这种情况，你也应该合理地安排座位，确保患者不会阻碍你的逃生路线，这个策略在第一章介绍过。
- 在你第一次见新患者时，应尽量安排一名保安，特别是在深夜，周围几乎没有其他人时。
- 许多诊所的办公桌下都安装了紧急报警装置。如果你的咨询室有这种设施，请一定要熟悉其工作原理以及会有什么反应。
- 在不确定的情况下，让访谈室的门敞开着，这会给你带来安全感，让患者更克制。
- 仔细观察紧张加剧的迹象：紧握的拳头、高亢或颤抖的声音、愤怒的言语、收窄的眼神或突然爆发的动作。
- 如果患者变得焦躁不安或有威胁性，请保持冷静。你可以轻声说"请坐好"。虽然有些情况只能通过武力来应对，但你所具备的冷静的能力可以让激动的患者冷静下来。

你必须做好准备以应对潜在的对人身或财产造成的伤害。有些人专门喜欢欺负别人；他们的威胁行为往往容易成功，但很难提前知道谁或者在什么情况下会对他人造成实际伤害。因此，制订一个计划至关重要，这个计划由三部分组成：

1. 列出安全原则和安保力量，确保你和周围人的安全；
2. 当你告诉患者进一步威胁或实际行为的后果时，要保持冷静；
3. 做好充分的准备，一旦有需要，就要立刻从逃生通道离开。

假设你虽尽了最大努力来建立融洽关系，但患者仍表现出了持续的敌意，然后你可能不得不中断访谈，但请试着以下面这种方式来做，这样你就能为以后的治疗关系保留一些基础。你可以这样说：

"我很抱歉。我真的很想和你一起工作，但你现在似乎很不高兴。也许我们可以之后再谈。"

然后迅速离开房间，通知保安人员和同事。记住，没有谁的工作需要独自面对一个充满敌意且可能有暴力倾向的患者。"人身安全"虽然是陈词滥调，却是必要的，作为一名临床心理工作者，你有责任维护患者、同事和自己的安全。

意 识 模 糊

与因痴呆或谵妄而导致意识模糊的患者进行访谈是一项极具挑战性的任务。["意识模糊（confusion）"不是一个严格的医学术语，但它是一个方便的标签，用于指代那些思维似乎混乱不清或自称糊涂的人。]这些患者可能会表现出思维和言语迟缓，混淆事件的先后顺序，遗忘重要的事实，以及难以遵照指示。他们对自己的糟糕表现感到沮丧，有时还会产生敌意。由于所获取的数据不可靠且有限，因此访谈者非常难以做出诊断，甚至会在访谈结束时一无所获。

为了应对这一挑战，最佳方式是在访谈前进行预防性工作。在与患者交谈之前，你应尽可能通过其他渠道（如患者的亲属、内科医生、其他心理工作者以及之前的医疗记录）获取尽可能多的信息。近期研究表明，在某些疾病中，如长期精神病，既往医疗记录可以为你提供大量信息。这样，你就可以集中精力对患者的精神状态进行全面评估了。

即使没有其他信息渠道，也可以采取几项举措促进与认知功能障碍患者的访谈。

- 缓慢而清晰地介绍自己。在开始提问之前,确保患者理解你是谁以及你的职责。
- 尽量不要太匆忙。掌握一些可靠的事实会比得到一堆不准确的杂乱无章的资料更好。
- 说话要简短。长篇大论只会加重意识模糊。
- 仔细选择措辞。术语和俚语对于本就意识模糊的患者来说可能更不容易理解。
- 避免使用省略句。例如,一位意识模糊的患者可能会把你的问题"你有听到声音吗?"理解为字面意思。
- 要求复述问题。如果患者能够复述你的问题,那么患者很可能可以理解问题。
- 询问关于某一天的活动安排。如果你的常规提问没有取得理想效果,可以让患者描述当天的活动或典型一天的日程安排。
- 你可能希望在有知情者在场的情况下进行访谈。特别是对于患有中度认知障碍的患者,这可以提高信息的可靠性,并为患者提供支持。这个方法首先要征得患者同意。
- 不要太快进入正式的精神状态评估,一些有轻度认知症状的患者可能会注意到话题的突然转变并感到气愤。
- 保持微笑。在你获得的信息不足时,你也不希望因为看起来恼怒而损害治疗关系。

老 年 患 者

年老本身并不代表失能。很多时候,访谈者忽视了这一点,并假设年龄较大的患者就糊涂、耳聋或年老体衰。虽然我们应该表达关怀，但年长患者不喜欢被当作弱者来照顾，不喜欢被搬来搬去，不喜欢被大声训斥。这是可以理解的。不要因为他们年事已高，就不询问通常与年轻人有关的活动。这些人只是年纪大了，并不是与世隔绝了。许多年龄较大的人仍可能存在滥用药物或酒精的问题，能享受性生活，甚至还要担负照料年迈父母的责任。

然而，在访谈老年患者时，有一些特殊的考量需要牢记。

- 你可能需要延长访谈时间，以处理大量资料。在长达几十年的人生中，一般而言，老年患者积累了比年轻人更丰富的经验，无论是积极的还是消极的。特别需要给予老年患者更充分的时间进行个人和社会史的访谈。由于老年人的心理问题通常会因为其他身体健康问题而变得更为复杂，因此你可能需要花费更多时间获取有关一般健康状况的信息。
- 在七八十岁的某个时刻，人似乎会发生一种人格上的变化：某些人格特质会更加凸显。此外，老年患者往往喜欢回忆过去；在回顾早年生活时，他们可能感到更加愉悦。年轻的访谈者应该适应这种更缓慢的节奏。把话说得更清晰，给患者留出更多的回应时间，并根据需要来建议安排额外的访谈以完成数据收集。希望这样更专业的方式能够更好地指导你处理与老年患者进行访谈时的工作。
- 有一些年轻的访谈者可能难以理解老年患者的独特问题。例如，对于许多年轻的临床工作者来说，尝试填补休闲时间可能是他们没有亲身经历过的情况。此外，老年患者面对着低收入带来的压力，而且没有未来增加收入的契机。对于那些变得孤独或消沉的人来说，即使是普通的活动，如准备饭菜和交通出行，也可能成为负担。
- 要注意老年人被虐待的情况。这个问题——可能包括被忽视、被剥削、被侵犯权利以及遭受躯体和心理上被虐待——每年可能影响超过100

万 65 岁以上的美国人。当老年人变得更加依赖看护者（通常是施虐者）时，被虐待的可能性更大。你可以通过询问以下问题来筛查老年人被虐待的情况。

"你曾害怕家里的某个人吗？"
"你受到过家人对你的伤害吗？"
"有人逼迫你做过某些事情吗？"

如果老年人被虐待，你应该向你所在地区或辖区的相关成年人保护服务部门报告。在一些地方，医护人员未报告老年患者遭受的躯体虐待属于轻罪，可被处以罚款或监禁。

- 老年人在经历各种丧失的同时，这些丧失随着时间的推移会成倍增加。其中包括健康、工作、收入、社会地位、朋友和家人等各方面的损失。子女离开了家，老年人长期居住的房屋在搬到退休社区时被卖掉。有些老年人可能没有电话，也不使用互联网，导致与外界失去了联系。面对每一种损失，需要表现出特别的敏感性。这意味着不仅要有同情心，还要警惕可能的否认情况。有些患者可能难以承认，甚至难以接受自己的能力和前景的衰退。所以他们的回答可能过于概括或含糊不清，因此，必须通过仔细地询问获取更详细的信息来面对这种情况。这里有一个例子。

访谈者：你经常见到家人吗？
患　者：是的，经常见。
访谈者：例如，你上次见到你的儿子是在什么时候？我知道他就住在镇上。
患　者：嗯，实际上已经是在 6 个月前了。

儿童和青少年患者

对儿童和青少年的访谈是一个很大的话题，其涵盖范围极其广泛（我写过一整本书）。鉴于年幼儿童通常是由儿科心理健康专家进行评估的，因此我没有介绍在游戏治疗室或借助手指木偶进行访谈的内容。但几乎所有临床心理工作者都可能评估青少年和青春期早期的孩子，这时会涌现出一些特殊问题。我在这部分所写的大部分评论只是重新强调了我之前说过的一些内容。

首先，大多数成年人和部分年龄稍大的青少年之所以愿意进行评估，是因为他们认为这对他们有益。相比之下，绝大多数儿童和青少年很少会主动选择接受评估，因为这通常是由他人决定的，所以需要说服他们积极配合。因此，你必须比平时更重视与患者建立融洽的关系。在这种情况下，适时地进行一些轻松愉快的交流有助于与年轻患者逐步建立信任关系。

许多青少年能够清晰地表达来就诊的原因，因此你可能会想先与他们谈谈。然而，年幼的儿童——确切的年龄范围因儿童、家庭和问题性质而异——可能并不明白为何需要就诊，因此你可能需要首先与家长进行沟通。无论如何，进行至少一次联合访谈都是明智之举；这是观察孩子与至少一方父母互动的好机会，而且最好让双亲同时在场。（在联合访谈中，务必小心保护孩子，避免让他们接触潜在有害信息，如父母的私事或失业问题。）

有几个问题特别容易让儿童和青少年无法吐露真相。这些问题包括与毒品或性有关的个人问题，以及担心所付出的信任遭到背叛。为了鼓励他们坦诚，治疗师通常需要介绍更多的内容来帮助儿童和青少年了解访谈和治疗环境。我可能会这样说：

"现在我需要问你一些与性（或毒品）有关的问题。有时，这些主题会让儿童（或青少年）感到非常不舒服，以致根本无法参与讨论。如果你觉得你无法告诉我真相，只需要说说你更愿意谈论的其他事情，好吗？"

在大多数时候，患者会毫不犹豫地回答问题，但如果有人不配合，你需要清晰地做好记录，以后可以回来继续讨论。

保密性是从一开始就要处理好的事宜。我会这样说：

"我们会在这里谈论你和你遇到的所有问题。我是为了你的健康而来的，这意味着我们说的话会留在这个房间里。只在几种情况下，我会把你不想让别人知道的事情告诉别人。那就是如果我认为你有危险，或者如果我认为其他人有危险。否则，我不会向你的家人泄露任何信息。但无论如何，如果我不得不把你的事情告诉别人，我会提前告诉你。"

大多数孩子会欣然接受这些陈述，他们也应该这样做。如果你确实发现了一个你应该告知别人的问题，就要提前提醒患者，并提供选择。

"是你主动告诉你的家人，还是由我来告诉他们？"

其他问题和行为

在访谈过程中，各种情境、态度和行为都可能对最终结果产生影响。尽管特殊情况可能并不经常发生，但我们应对这些情况的方式至关重要。我的总体方法是将所有可能使我与患者之间产生隔阂的问题或行为视为需要共同解决的挑战。实际上，我会将每个情况记录下来与问题放在同一边，而将患者和我放在另一边，作为一个团队共同解决问题。

患者的要求

无论是自尊心过高或是其他问题（例如，对失去地位感到焦虑，对配偶或老板感到愤怒），有些患者觉得他们应该得到特殊待遇。这可以表现为要求更换咨询室、吸烟、在访谈中记笔记（或录音），或者安排特殊的预约时间。因为这些要求往往违背常规，临床工作者可能会有拒绝接诊的冲动。我会尝试分别评估每种情况，并且只要不太可能让这种特权要求升级，就会做出合理的调整，以提高患者的舒适度。

罗德尼在他最初的访谈中带来了一台录音机，这样他就可以将其中的片段写入他正在撰写的传记中了。临床工作者解释说他不能录音，因为这可能会让他感到不适，并且可能造成信息遗漏。于是罗德尼把录音机收了起来，访谈正常进行。

伊莱恩问是否可以在最初的访谈中做笔记。她说她担心记忆力大不如前，她担心以后忘记他们讨论过的一些重要概念。临床工作者说可以，只要不干扰讨论。在访谈结束时，她只记录了几行笔记，临床工作者对她的情绪问题有了很好的了解。

对于因财富、社会地位或者影响力和权力地位而要求特殊待遇的患者，你也可以采取类似的理性做法。虽然你可能会承认他们的特殊地位，但你也应该强调，他们从你这里得到的意见会像任何"普通"患者所得到的一样真诚和周到。

失明 / 重度视力受损患者

视力受损或全盲的患者可以像视力正常的人一样表达想法、感受和体验。他们看不到人们通常用来表达关心和请求的身体语言。对于失明的患者，你需要调整语调来表达关心，并且要特别注意你想让他们做事情时的措辞。如果你起身、在抽屉里搜寻东西或者打开一个文件夹，请说出你在干什么。这样可以帮助你提前回答患者可能会提出的关于你的行为的问题，并让患者了解你是一个考虑周全的访谈者，能够关注他们的特殊需要。

失聪/重度听力受损患者

只要你说话清晰、缓慢，并且直视患者以便他们解读唇语，那么大多数失聪或听力受损的患者能够很好地与人交流。注意避免用手或纸将嘴巴挡住，以确保他们可以看清你的口型。当然，在访谈中，你通常不会吃东西或喝东西，而这是另一个不能在访谈中吃东西的原因。此外，不要大声喊叫：大多数重度听力受损的患者都使用助听器，声音过大会使声音发生扭曲。无论失聪的患者是否有残余的听力，切记不要居高临下地对他们说话；他们虽然失聪了，但他们不是小孩子。

还要记住，许多失聪的患者对耳聋的医学模型感到不满，因为该模型暗示他们有病理性改变。这些人自豪地坚持失聪人士的文化定义，即通过共同的身体特征和共同的语言（在美国和加拿大，使用的是美国手语）形成的群体。你应该确定患者持有哪种观点；许多失聪患者都坚决否认他们患有残疾，并且可能对任何残疾的暗示感到愤怒。你可以这样询问：

"我了解许多人把听力受损视为一种文化问题。你能跟我讲讲你的观点吗？"

文化背景不同的人

物以类聚，人以群分，但无数的特征可以使人类归属于不同的群体。

尽管作为临床心理工作者，我们的受训经历和兴趣可以帮助我们接纳社会多样性，但我们必须时刻保持警觉，以了解与我们不同的生活模式。

除了年龄、性别、民族和语言等明显的特征外，我们还可以通过很多其他不同的方面来深入了解一个人的特点。患者是在农村还是城市长大的？患者是大学毕业还是高中辍学？是素主义食者还是非素食主义者？美国是一个充斥着运动迷、环保主义者、进化论者、葡萄酒爱好者、禁酒者和政治狂热者的国家。每一种特征，以及无数其他特征，都增加了生命的多样性，细心的临床工作者会发现并赞美这种多样性。

有些患者会因为你的观点而拒绝你。当我很喜欢的一位患者的家人告诉我，他们要转到一个信仰与他们更一致的临床工作者那里时，我记得当时我感到很难过。虽然只有少数人会采取如此极端的行动，但确实会有一些人不完全信任你，因为你在某种程度上与他们不同，直到你赢得了他们的信任。

为了促进跨文化沟通，也许你可以借助患者过去的经历。例如，在当前自愿服兵役的年代，大多数60岁以下的美国人几乎没有亲历过战争。患者的服役经历对临床工作者来说很重要，通过询问战争经历的细节，临床工作者可以获取关于患者对世界的态度的丰富信息，同时可以巩固融洽的治疗关系。

事实上，向患者请教有关习俗、民族、语言、仪式等方面的情况是非常值得推荐的做法。这显示了你对患者感兴趣，患者也会因为效能感和价值感增强而获益。对于移民患者，你可以了解他们是在什么时候移民的，他们经历了什么，无论是积极的还是消极的。你可能会对直接涉及性取向的问题感到有些迟疑，但若患者主动提及，你可以表示对探讨更多相关内容感兴趣。其他了解人们经历的机会也非常宝贵，以上只是我提及的一小部分。

需要翻译的患者

调查显示，美国有近1/5的居民使用非英语进行日常沟通；其中，将近一半的人并不能流利地使用英语。这种情况在加拿大也很常见（加拿大本来就是一个双语国家）。这对以英语为母语的临床工作者来说构成了挑战：要理解不会说与我们同样语言的患者，并帮助他们认识到他们进行治疗的必要性，我们必须通过第三方协助进行交流。

出于对便利性和成本的考虑，依靠陪同就诊的朋友或家庭成员是很好的方式，但这可能带来一些问题。业余的口译员会比受过训练的专业人士犯更多的翻译错误，而且在处理微妙问题时的不安可能会导致信息无法被完整地传达，甚至会被完全隐瞒。此外，患者可能会因为不愿在亲属面前透露敏感信息，或者不愿让未成年子女为超出其年龄范围的问题承担责任而犹豫。总的来说，临时口译员提供的信息质量较低，患者的满意度也不高。

具有医学/心理学背景的专业口译员更有可能满足治疗的要求。由于他们通常与患者来自相同的文化背景，可能对患者的压力有独特见解。若有选择的机会，温暖和真诚的品质比科学或医疗背景更有价值。（可以通过互联网找到你所在地区的口译服务。）即使是专业人士，也应在开始时花些时间强调对会话内容的保密性。

确保与患者进行交谈并保持眼神接触。例如，不应对口译员说："问她是否……"而是应直接询问患者，然后让口译员进行翻译。一些专家建议大家围成三角形坐，确保每位参与者都能看到其他人。也有经验丰富的临床工作者建议口译员坐在患者旁边并靠后一点的位置，这样一来，会谈的重点会更集中在患者和临床工作者之间的沟通上，并有助于避免患者和口译员之间的长时间对话。最好避免使用幽默和比喻，因为这部分内容往往不容易翻译。

如果没有专业人员可以协助访谈，你将不得不利用现有的资源。在提醒临时的口译员注意保密之后，请他们不要解释你的意思，而是尽可能地重复你所说的话，甚至包括语气。当然，使用简洁、清晰且开放式的提问比以往任何时候都重要。

一些患者可能会对口译员透露敏感信息持抵触情绪。例如，他们可能不希望同一文化背景的人知道涉及强奸或配偶虐待的情况。如果患者多少会说一些跟你一样的语言，可能会要求口译员在这种情况下离开房间。如果我觉得在我们有限的交流能力下，我至少能理解故事的重点，那么我会遵从这样的请求。但有时候也会出现相反的情况，即使患者有一定的理解能力，你可能也想请口译员协助。这是因为一些患者发现很难用非母语解释创伤和其他复杂的问题。

哭泣

新手有时会担心，如果患者哭泣，他们会难以应对。确实，哭泣可能会延缓会谈进度，但从长远来看，它们甚至可能促进有关情绪的信息流动。轻轻碰一下患者的手臂（除了握手之外，我建议患者和临床工作者之间至少有一次实际接触）让他们知道你在关心他们。给患者递一张新的纸巾也有同样的效果。几秒的沉默可能足以让患者恢复镇定。如果患者哭得太厉害，以至无法感知到你的关心，那么一定要表达出来。

"我看得出你很难过。你需要一点时间冷静一下吗？"

幽默

幽默在缓解紧张气氛方面能够发挥很大的作用，但患者有时会用幽默来掩饰担忧，这样临床工作者就不会将其担忧视为严肃的（因此可能具有威胁性的）问题。无论如何，当患者以轻松的方式处理敏感问题时，请仔细倾听：你可能会发现比表面看起来更令人担忧的问题。当然，临床工作者在讲笑话时一定要非常谨慎。特别是在初始访谈时，当你们与彼此不太了解时，不要给新患者留下一个错觉：你是一个爱开玩笑、不值得信任、不能严肃地对待敏感问题的人。

过度健谈或内容散漫

有些患者说话喜欢绕弯子。如果任由他们发挥，他们会告诉你很多信息，比你想知道的还要多。有时，特别是如果患者平常话不多，说话啰啰唆唆可能是为了回避无法接受的情绪或避免透露敏感信息；然而，在大部分时间里，这只是习惯而已。虽然说话绕弯子通常不是病理性的，但它所提供的信息量太少了。相比于提供目标信息，这样做并不划算。当你忍受漫无目的的谈话时，建立起的治疗关系也可能受到影响，所以如果患者滔滔不绝，你应该进行干预。尝试圆滑地进行干预可以从患者说的话中找到切入点。例如，在回答关于药物使用的问题时，这位患者花了几分钟讲述了表姐的饮酒习惯。

患　者：……所以我从来没有在晚上6点后见过她不喝醉的。还有一件事——
访谈者：（插话）那你自己的饮酒情况呢？

这位临床工作者不得不多次进行干预，并让谈话回到正轨，直到这位患者最终抓住重点。

即使患者没有这样的意图，过于健谈的患者也会主导访谈。（躁狂患者在这方面尤其出名。）你可以通过微笑示意来处理不相关的评论，同时继续进行提问。一个更明确的手势，比如将手指放在嘴唇上，也能让滔滔不绝的躁狂患者减少说话。有时，你可能需要设定明确的限制，也许是以直接面质的形式。

"你说得很有意思。但是我们时间有限，还有很多工作要做。让我们努力聚焦在重点上。"

"这些细节很重要，但更重要的任务是理解整体情况。"

假设患者一直强调一个主题，你试图改变话题，但没有帮助，那么你需要重新评估这个主题对患者的重要性。面质是最直接的方法，但措辞应该委婉。

"我觉得你对性的话题很在意。我说得对吗？"

"我们似乎一直在谈论你儿子的意外。关于这个问题，还有什么其他重要的事情吗？"

对于非常健谈的患者，你可能不得不只问"是–否"问题，并且坚定地阻止将讨论范围扩大。

对躯体问题的担心

一些患者即使没有器质性问题，也坚信他们的症状源于躯体疾病。尽管内科医生给他们做过检查，但他们仍然坚信问题可以通过药物或手术解决。解释说这些症状可能由情绪引起，对访谈来说意义不大：就算经历了反复的失败，患者仍可能继续寻求能够缓解症状的药物和手术。在不争论的情况下，请记住，你的目标之一是成为患者的盟友——你可以指出躯体干预的方法没有帮助（至少不够有效），谈论患者的感受可能会减轻躯体疾病导致的一部分焦虑。此外，你还要与患者的其他临床工作者合作，确保你既没有忽视躯体问题，也没有忽视情绪／行为问题。

精神病性障碍

在急诊室和住院部，你有时会遇到患有严重精神病性障碍的患者，他们可能因此而无法进行有效沟通。他们有思维或其他方面的紊乱，其想法之间的联系如此不合逻辑，以至你无法理解。你当然应该让这些患者试着解释他们的想法，但与答案所包含的历史信息相比，临床工作者更应关注答案的心理病理学意义。对于准确的和相关的病史，应依赖于知情者或之前的住院病历。当精神病性症状减轻后，你也可以再次与患者进行访谈。

当然，重要的是不要被患者的错误信念误导；此外，你还需要时刻注意避免显得被患者欺骗了，这是众多考虑因素中的一个。在与严重精神病人交谈时，你可以集中于行为和感受，而不必认同患者的怀疑或信念。

"我能理解感觉被跟踪有多么可怕。你能告诉我当时你脑海中想的是什么吗？"

你也可以向患者保证，你相信患者报告的体验是真实的，就如他所感受到的一样：

"我知道你已经尽力告诉我发生什么事情了。我想知道有没有其他可能的解释。"

有些患者虽然没有患精神病性障碍，但可能患有反社会型人格障碍或其他损害自知力的人格障碍；另一些人可能否认有严重的物质使用问题。缺乏自知力的患者可能觉得没有必要接受访谈。除非你有一些筹码，比如法院命令或家庭压力，否则你可能无法从他们那里获得太多有用的信息。在这种情况下，间接获得的信息可能是你唯一可以指望的可靠信息。

缄默

和失聪、失明和其他躯体特征一样，缄默也可以表现为不同程度，且有许多原因都能导致缄默。

神经问题 许多神经问题可以导致患者缄默。要确保患者完全清醒和警觉性良好。

抑郁障碍 重性抑郁障碍患者可能并不是完全缄默的，而是表现出了长时间的反应潜伏期。

转换 缄默的患者或许（愿意）能够发出哼声或清喉音。通过耐心、劝说和对进展的鼓励，你或许最终可以将这些声音转化为音节、词语、短语和句子。

精神病 严重精神错乱的人可能会听从不要与人谈话的威胁性幻听。如果他们用点头和摇头对你提出的"是－否"问题进行回应，可能有助于你做出这个诊断。如果给患者笔和纸，同一患者可能愿意以书面形式回答你的问题。

获益 患者的缄默完全是由于现实原因导致的吗？还是只在一定程度上与现实问题有关？最明显的动机是避免惩罚和获得经济利益（保险、工伤赔偿）。如果你听到患者能与其他患者或工作人员正常交谈，你就会知道他在你面前保持的缄默是刻意的——我不愿使用"装病"这个词，因为它具有贬义并且很难证明。为了评估缄默，可以让在场的所有朋友或亲属离开。在私下里，患者有时会透露他们永远无法与家人分享的秘密。我可能会尝试以下方式来引导患者。

"我可以从记录、以前的照料者或者朋友或亲属那里获取你的信息。但我认为你可能希望我听你亲自讲述。"

与完全缄默相比，说话少可能说明患者在恐惧、羞愧、困惑、没有理解，或者可能不愿意反驳权威人士（也就是你）。我可能会试着问：

"在这种情况下，大多数人都会说很多话，你似乎不爱说话。我想知道原因，你能告诉我吗？"

与此有关的一个难题是患者说话特别慢，这种情况常见于抑郁障碍患者。这时，你需要平衡：既要给患者足够的时间来组织答案，又不要让患者感到无助的尴尬。在这种情况下，我可能会问患者是不是更愿意让我问一些"是－否"问题。否则，这场访谈可能会花费一整个下午。

在罕见情况下，你所遇到的患者可能不仅缄默，而且面部表情僵化——也许像在困惑。在访谈之后，他可能会对访谈失去记忆。导致这种状况的可能性有两种：某种癫痫，比如颞叶癫痫发作；或者处于分离状态。这样的患者可能有过其他类似的发作，但可能无法通过访谈了解。你可以尝试问：

"你有过沉浸在自己的思想或白日梦中的时刻吗？如果有过，那么你能告诉我吗？"

我们需要彻查这样的发作，也许需要与神经科会诊。当然，你还应该向知情者求证。

性诱惑行为和其他不恰当行为

性诱惑行为在初始访谈时不太可能成为问题，相比之下，这类行为在随后的治疗过程中更成问题。然而，性诱惑的可能性始终存在，特别是当访谈者是男性而患者是女性时。（研究表明，涉及这种情况的绝大多数医护人员是男性，尽管女性临床工作者也不是绝对"免疫"的。）

如果发现有患者对你有性诱惑行为，请问自己一个常见的问题：这位患者为什么会有这样的行为？患者需要让人感觉她有吸引力吗？患者需要被爱吗？多年来，具有攻击性的性行为是否因物质或情感获益而得到了强化？答案可能被埋藏在遥远的记忆深处，不可能在 1 年内揭开，更不可能在一次访谈内揭开。有时，这涉及人格障碍的问题，这对经验丰富的访谈者也构成了挑战。

性诱惑行为可能是微妙的抛媚眼，可能是穿着暴露的服装，也可能是直接要求拥抱或亲吻。无论形式如何，性诱惑行为的含义始终相同：对访谈者和患者都构成了危险。这是因为性诱惑行为的外显信息（"抱我"）往往与患者真正的感受（"帮助我，保护我"）完全不同。如果医护人员对字面上的身体接触要求做出回应，患者最终可能会感到愤怒，并做出相应的报复行为。

预防性诱惑行为的最好方法是始终保持适当的距离。始终使用称谓和姓氏来称呼每位患者，并期望患者对你也是如此。如果你是男性，在工作中对患者进行内科检查时，要确保在检查所有年龄段的女性患者时，始终有女性助手在场。如果你是女性，在检查男性患者时也要有男性助手陪同。

其他不适当的行为可能会偶尔出现——患者要求使用电话，翻阅你书架上的书籍，坐在你的椅子上，或者吃午餐。通常，患者的主要诊断（我知道，这正是你试图弄清楚的）和异常行为的性质将决定你如何做出回应。例如，我会试图引导躁狂患者；如果需要，我甚至会轻轻地把手放在他的肩膀上。对于你已经认为可能有人格障碍的人，我可能会要求（可能有点尖锐）"请不要那样做"。在大多数情况下，你会努力使用更具指导性的方法；在采集事实真相的阶段，不是进行解释的好时机。

智力障碍

即使没有进行正式的测试，你通常也可以分辨出智力低于一般水平的患者。研究表明，开放式提问可能导致这些患者在报告中犯错，而许多人会倾向于对"是－否"问题给出肯定的回答。最好以多项选择题的方式来提问（"你听到的声音来自陌生人还是熟人？"）。即便如此，验证事实也比以往任何时候都重要，需要与熟悉患者的人进行核实。可以预料到，具有智力障碍的高功能人群在访谈时更加可靠。

智力障碍患者对事件的描述通常比对感受的描述更清晰。他们可能会按照字面意思进行理解，因此你应该给予清晰的表达，但不要像对待孩子那样讲话，并需要避免使用隐喻。最好专注于当下：这类患者可能更难以谈论过去或未来计划。当他们有情绪表现时，你可能需要对他们更宽容；在一生中，他们所目睹的是兄弟姐妹、同学和他们认识的几乎所有人都拥有更多的自主权。难怪他们会有怨恨情绪，这些感觉可能隐藏在表面之下，突然以意想不到的方式爆发。例如，一位有智力障碍的女性拒绝参加妹妹的婚礼，她痛苦地意识到，她自己可能永远也遇不到爱情。

有智力障碍的人可能会模仿别人的手势，并在不恰当的时候使用，比如在人们普遍感到悲伤的时候试图"击掌"。我认识的一个年轻人参加了他最喜欢的棒球队的比赛，虽然比赛在客场。当他的球队落后时，对手队的球迷疯狂欢呼。这令他十分愤怒，站起来对周围的人大声吼："喂！你们怎么回事？"

另一个风险是，有智力障碍的人可能会把无法验证的事情报告为事实。例如，一位患者告诉临床工作者，天使在漫长的冬夜中抚摩了他的头并祝福了他。结果，他被临床工作者判断为有精神病性症状。他坚持认为这是真实的。临床工作者经过长时间的努力，才最终发现是他的室友编造了这个故事。他最终承认："嗯，我其实没看到发生这件事，是杰里米告诉我的。"同样，不是所有的自伤行为都证明患者有自杀企图；它也可能是一种自我惩罚、一种试图控制他人的行为，或者是刻板运动障碍的表现之一。

临终

临终的患者，不论是马上面临死亡还是在不久的将来会离世，通常都会经历愤怒或沮丧情绪；有时他们可能会否认正在发生的事情。如果朋友和亲人开始回避他们，那是可悲的；如果他们的治疗师也拒绝坦率地谈论死亡和未来，那更不幸。了解临终患者的心境障碍并不难。一项针对疾病晚期患者的研究发现，确认抑郁情绪最有效的方法是问一个简单的问题："你感到抑郁吗？"

邀请临终患者表达对这个一般性体验的感受和反应至关重要。除了各种各样的（经常相互冲突的）情绪外，你还会发现各种各样的日常情绪，包括恐惧、嫉妒、爱、希望和喜悦。患者可能会有许多遗憾，有些人会感到孤独。而每个人都有一生的记忆和情感，要小心地梳理这些记忆和情感，必须像这个人永远不会去世一样。

如何应对患者的提问

患者总是问很多问题，这是一件好事。问题为我们提供了大量机会来提供保证，缓解焦虑，并可以巩固合理的解决方案。但有些问题如果不仔细思考，也会让你陷入困境。

- "你觉得我怎么样？"这个问题通常是想确认你是否喜欢或接受患者。你可以给予肯定的回答，但要试着加入一些信息或指导，这样可能会提供更具实质性的帮助。以下是两个例子。

  "我觉得你是一个非常好的人，但你的婚姻出了很大的问题。让你的丈夫来参加一些会谈将非常重要。"
  "我觉得你能够自己办理入院手续需要很大的勇气。现在让我们一起努力解决酗酒的问题。"

- "你觉得我疯了吗？"对这个问题的回答可能会很困难，也可能很容易，这取决于患者是否患有精神病性障碍。如果没有，就直接回答。

如果有，尽量避免直接面质。（当然，如果你直接告诉患者他们有精神病，他们很可能不会接受这个说法。）相反，你可以用提问来回答：

"你为什么这么问？"
"你害怕吗？"

或者你可以绕过问题给出一个答案：

"很显然，发生在你身上的事让你感到不安。"
"你有一些不寻常的经历，但我们可以帮助你。"

如果被逼得走投无路（患者追问："听我说，你觉得我有精神病吗？"），我会选择实话实说，但我同时会表示我知道这对患者来说可能很难接受。

- "对于……（患者所关心的问题），我该怎么做？"如果对这个问题可以简单地作答，那么可以回答。然而，如果这是一个请求，要求你提供更多的帮助，那么需要考虑在初始访谈时，临床工作者可能无法提供更多的帮助。在这种情况下，可以试着明确提供帮助所需的条件（更多信息、更多时间），以及可以在何时提供帮助。
- "我到底有什么问题？"（而你不知道。）首先，尽量不要感到不安。大约有20%的初始访谈无法给出明确的诊断，即使是经验丰富的临床工作者，有时也会在一开始感到困惑。如果你认为有几种可能的诊断，且不会吓到或威胁到患者，就说出来。如果你需要更多数据，也说出来。通常需要这样回答：

"很明显，你在……（患者的主诉）方面遇到了严重的问题。我们需要获取更多信息，以便一起制订最适合你的方案。"

- "你能帮我吗？"对此可以变换回应方式，比如"我希望能够帮助你，但首先我们需要更多信息"。
- "为什么人们不喜欢我？"即使是在初始访谈中，你也能清楚地找到答案：患者可能以自我为中心、专横、带有偏见、充满怨恨，或者有其他一些你觉得让人反感的态度和行为。但此时特别不宜直白地表达观点。一方面，第一印象通常是错误的；你可能在一个特别糟糕的日子里看到了他的这种行为，而且你面对的肯定是一个处于压力之下的人。另一方面，记住初始访谈的两个主要目标——获取信息和建立融洽的关系。与其直接回答这个问题，不如对他的不愉快表达同情，并为未来提供希望。

"我能想象到这种感觉有多痛苦，但我不知道这是否属实。让我们一起努力找出问题的真相。"（注意，这个回答让你和患者站在了同一边。）

- "你有没有经历过类似的事情？"大多数患者对其治疗师的个人生活很感兴趣，有时候，你可能会感到被诱惑，想要与患者分享一些关于自己的事情。在最初几次访谈之后，当你们更加了解彼此时，这种冲动可能会增加。虽然我不认为临床工作者在任何情况下都不应该透露个人信息，但我确实认为自我暴露可能会困难重重，特别是对于新手而言。在初始访谈中，如果你的生活和性格没有出现问题，你会在自我暴露中感觉更舒适。可以通过委婉地重申访谈目的来回答个人问题。同时，要注意表明你没有因为患者的提问而感到不悦。

"很多患者都会对访谈者感到好奇。这是完全正常的。但我们应该集中精力获取我们需要的信息，以帮助你解决你的问题。"

- "你不认为我是对的，是吗？"（而你确实不这样认为。）各种各样的患者都会问你这个问题——患有精神病性障碍的患者、物质使用的患者、参与非法活动的患者，甚至是与配偶争吵的患者，都会问这个问题。在初始访谈中，你想避免争论，但如果你认同了患者，就会为以后的复杂情况埋下隐患。在这种情况下，你需要做的只是认可患者正面临困扰或感到不舒服。

"我知道这对你来说是一件……（受伤，困扰，麻烦）的事情。我们稍后会更深入地讨论这个问题。"

如果患者坚持要求你表明态度，可以尝试这样说：

"我怀疑你是否真的希望我在了解所有事实之前表态。所以让我们继续收集更多信息吧。"

- 偶尔患者会问："你会愿意找一个像我这样生病的人做……（律师、医生、会计）吗？"这是为了确定他们所患障碍的严重程度。受训学员可以努力解答这个问题，试着在他们真实的感受与可能对患者有益的信息之间找到平衡。最好的方法不是直接回答，而是像政客那样——面对他们不想回答的问题时——重新定义问题："如果我有这么多事情要处理，我不知道我会怎么处理别人的问题。"
- 对于其他你不知道最佳答案的问题，我常用一种可行的回答："我现在不能回答你，但我会去找寻答案。"然后描述一下你计划采取的步骤，例如，在互联网上搜索，与同事讨论，进一步查找事实，或者采取其他合理的方法。

再次强调，工作的重点是弄清楚如何与患者合作，而不是与他们对抗。在通常情况下，这并不难；但有时需要足够的创造力、灵活性和耐心。

第十八章

诊断和治疗推荐

在完成所有访谈后,你面临的任务是评估已获得的信息。这些信息应该被合理地组织在一起,便于提出治疗推荐以及与其他专业人员进行沟通。这些任务是本书后几章关注的问题。

诊断和鉴别诊断

在过去,有些学者嘲笑诊断是"归类",声称诊断否定了每位患者的个人特征。这样的观点现在似乎已经被多数人的观点所取代,后者认为诊断是各种临床活动的基础,包括进行治疗推荐、预测病程、给亲属提供建议以及与其他临床心理工作者沟通。无论这个观点是否与你的思维方式一致,当前临床心理工作实践——医院病案室、第三方支付机构,有时甚至是患者本身——通常都要求你做出诊断。不管你的专业训练如何,都要尽可能地做出最佳诊断。

准确诊断的重要性怎么强调都不为过。在最理想的情况下,错误的诊断会延误有效的治疗;而在最坏的情况下,它可能会带来无效甚至危险的治疗。不准确的诊断也有可能给个别患者带来过于悲观或过于乐观的预后。进而患者人生的计划将会受到影响——无论是婚姻、工作、生育、购买保险,还是精神疾病可能干扰到的其他种种任务。

一旦做出错误的诊断就很难纠正。诊断信息往往会在不同的临床工作者之间传递，会在不同的医疗记录中记录；患者及其亲属也会助长这种错误，导致错误诊断作为家族神话代代相传（有时甚至会流传数十年）。可能直到很多年后，才会有一位临床工作者用新视角回顾一位慢性精神疾病患者的病史。然而，如果临床工作者从一开始就谨慎地做出了正确的诊断，往往可以避免这些问题。

做出准确的诊断通常不太困难。大多数患者都明显符合大多数专业人士同意的诊断标准，而且大多数患者并不符合其他混杂的诊断标准。但在大约20%的情况下，诊断并不那么明确。你可能根本没有足够的信息来做出任何诊断，或者患者似乎同时满足几种诊断标准。有时，你从一开始就确定的事实会消失，或者随着对患者的进一步了解而改变。

这就是为什么大多数临床工作者用鉴别诊断的术语来描述他们的印象——对某位患者应该考虑的可能的诊断清单。在鉴别诊断中，应该包括你认为有可能的每一种诊断。如果你对正确的诊断有一些怀疑，就更应该这样做。如果你的诊断清单是广泛和包容的，你最终选择正确诊断的机会就更大。

在生成鉴别诊断时，你需要考虑两个原则。因为这两个原则有时会矛盾，需要进行一些讨论。

1. 第一个原则是首先列出概率最大的诊断，往后按概率递减。有时，我们将最有可能的诊断称为**最佳诊断**，因为它能够最充分地解释所有的病史信息、体征和症状。在理想情况下，病史和精神状态检查的所有要素都能支持你的最佳诊断。但即使你认为你的最佳诊断出错的可能性很小，也应该列出其他被排除或否定的诊断。这份清单以及你列出各种可能的诊断顺序时的推理，构成了鉴别诊断。
2. 第二个原则被我称为**安全原则**。这意味着，在鉴别诊断清单中，总是有一些可能的诊断，它们的潜在后果非常严重，忽视它们是非常不安全的。无论你是否认为这些诊断真正导致了症状，它们都应该被放在鉴别诊断清单的最顶端，要首先被排除。通常，需要优先考虑的诊断是与物质相关的疾病和一般医学（躯体）疾病，这些疾病可以解释你已识别的症状。当然，它们并不总是你所做出的最佳诊断。但是，只要其中一个被证明是正确的，而你又没有首先考虑它，患者就会受到伤害。

基本上，我是通过将第二个原则与第一个原则叠加，来处理这两个原则之间的明显矛盾的。请思考下面这个例子。

在几天以前，我和学生一起与阿曼达访谈。在她 37 岁时，她认为她和伴侣被美国联邦调查局陷害了，目的是引诱"毒枭和毒枭头目"。她对自己提出的理由绝对有把握——不可能有其他解释。她说话冲动，偶尔重复一些想法和话语；她的思绪跳来跳去，让人难以理解。她承认自己"吸了一点大麻，但不是很多"。她的身体一直很健康。她一直感到"有点抑郁"，但她并没有自杀的念头。

我们为阿曼达列出了一系列可能的诊断，并按照可能性进行了降序排列，但是请注意我们把哪个诊断放在了最前面：
——酒精所致的精神病性障碍
——病因未明的躯体疾病所致的偏执性精神病
——偏执型精神分裂症（这是我们的最佳诊断）
——伴精神病性特征的心境障碍（双相 I 型障碍或重性抑郁障碍）
——妄想障碍

我们对前两种诊断都没有太大信心，但它们似乎都有一点儿可能性，所以我们遵循了安全原则，将它们放在鉴别诊断清单的前面——以便首先排除它们。在我们内心深处，我们认为她很可能患有精神分裂症。

我在《实用心理诊断——临床心理工作者的诊断原则与技巧》(*Diagnosis Made Easier: Principles and Techniques for Mental Health Clinicians*)一书中详细介绍了诊断过程的结构。

选择治疗方法

幸运的是，当前，精神障碍患者和临床工作者可以选择多种有效的生物、心理和社会治疗方法。大多数方法并不特定针对某个诊断类别，而是可以治疗跨诊断的问题。表 18.1 列出了一些可用的物理（躯体）和非物理治疗方法。对于大多数诊断，有一两种治疗方法比其他方法有效。当前的教科书会详细说明在特定诊断中最可能有效的治疗方法。

表 18.1　治疗方法一览

心理治疗
个体治疗
　认知疗法或认知行为疗法
　领悟取向治疗
　精神分析
　短程治疗
团体治疗
　以疾病为导向的（如匿名戒酒者互助会，使用锂盐进行治疗的诊所）
　全科医学诊所
　家庭治疗
　一般支持性团体
行为治疗
　简单的安慰
　系统脱敏法和交互抑制
　大量练习
　代币法
　思维停止

续表

生物治疗
药物
电休克治疗
经颅磁刺激
迷走神经刺激
光疗法
精神外科手术

社会干预
职业康复
社交技能训练
家庭教育
在急性期、稳定期或慢性治疗机构中安置
强制医疗
监护

改编自 Boarding Time: A Psychiatry Candidate's New Guide to Part II of the ABPN Examination (4th ed., p. 110) by J. Morrison and R. A. Muñoz, 2009, Washington, DC: American Psychiatric Press. Copyright 2009 by the American Psychiatric Press, Inc. Adapted by permission.

需要强调的是，制订一个组织良好的计划来应对每位患者的问题和困难非常重要。首先，这个计划将会帮助患者了解问题之所在，以及临床工作者将会如何处理。其次，它将帮助你记住这些问题。最后，制订一个你可以不时参考的治疗计划，就为你和患者提供了一套衡量进展的基准，或者帮助你确定在何时尝试不同的方法。以下是一些帮助你制订治疗计划的问题。

- 有没有可能扭转疾病进程的治疗方法？不幸的是，答案有时是否定的。比如亨廷顿病引起的痴呆就是这种情况，尽管许多患者经过治疗后能活得舒适一些，症状带来的社会影响也可以得到减轻，但目前还没有一种治疗方法能够阻止该疾病的最终结果。又比如，使用一种胆碱酯酶抑制药，如多奈哌齐，可以在一段时间内减缓阿尔茨海默病的进展。另一个例子是，反社会型人格障碍是一种慢性人格障碍，可能会影响1%的年轻男性（年轻女性要少得多），目前还没有任何治疗方法被证明比时间的自然流逝更有效。

- 诊断结果的确定性有多大？当治疗基于对经过可靠诊断的患者的临床研究时，成功的机会最大。你对任何治疗方案的信心与做出正确诊断的确定性成正比。一般来说，高风险、复杂、昂贵或时间密集的治疗应该留给对简单的治疗方法没有反应的确诊患者。

  实验性治疗的使用情况如何？这是我的原则，你可能会发现它很有用：在诊断不明确的情况下，可以使用经过验证的治疗方法；在诊断明确的情况下，可以使用实验性治疗。然而，当诊断不明确时，基本不可以使用未经验证的治疗方法。在这种情况下，你是在拿两个未知数进行赌博，结果可能是灾难性的。如果你违反了这一规则，应该向患者及其亲属充分披露此事。

  诊断对于确定治疗方法来说很重要，但绝不是唯一的决定因素。有些患者病得很重，即使在没有确诊的情况下也必须开始治疗。急性精神病是最常见的例子：即使临床工作者在双相Ⅰ型障碍与精神分裂症的诊断上有争论，也必须为了患者的安全和舒适而开始使用抗精神病药。有些问题可能永远无法做出明确的诊断，但可能值得干预。婚姻问题就是一个例子。

- 情况紧急吗？大多数住院患者的病情就是"紧急到了必须立刻开始治疗的程度"。对于门诊患者来说，他们可能不是必须立刻接受治疗。一般来说，治疗的紧急程度在以下三种条件下会增加。

  1. 症状数量增加。例如，患者多年来一直有惊恐发作的问题，最近又出现抑郁、食欲不振和睡眠问题的主诉。
  2. 症状变得更严重。假设在过去的几天里，该患者开始反复出现自杀意念。
  3. 症状导致了严重后果。在过去的一周内，该患者感到无法工作，并且已从工作了 13 年的公司辞职。

如果你的患者同时有多个共病诊断，那么上述三种情况可以帮助临床工作者决定首先治疗哪种精神障碍。

- 治疗费用有多高？令人遗憾的是，即使到了 21 世纪，我们仍然必须考虑患者的支付能力。你不会建议一个没有医疗保险且需自食其力的学生接受长期心理治疗。那些由健康维护组织（health maintenance Organization，HMO）或者得到私人或政府保险计划全额覆盖的人也许能够负担得起最新的抗抑郁药，而自费的患者可能会要求使用老一代的、普通的药物。美国平价医疗法案（Affordable Care Act）对这类问题将产生何种影响还有待观察。

  你在见到患者之前可能已经掌握了患者的保险信息。健康维护组织以及美国退役军人事务部和其他政府机构已将收费标准设置为适合患者的。如果你是一名私人从业者，你的办公室可能已经在首次预约之前向患者提供了有关费用和其他"行政事务"的信息。如果没有，在初始访谈结束时向患者介绍这些信息是一个很好的时机，这样可以避免在以后出现不愉快的意外。

  在选择治疗方法时，你必须确保治疗的预期效果超过其不良效果。这个警告尤其适用于处方药物：快速的心跳或清醒是否会导致患者"忘记"在晚上服药？其他副作用是否会导致患者受到伤害甚至死亡？与其他药物的相互作用如何？

- 你正在考虑的治疗有哪些禁忌证？这些问题可能会让你倾向于不使用某种治疗方法，但并非绝对禁止。常见的例子包括药物过敏，与其他药物的相互作用以及对已知患有心脏病的患者使用电休克疗法。你也可能不愿意给自知力较低或不太遵守约定的患者推荐密集心理治疗。事实上，患者以往对治疗依从性差的情况进一步降低了任何存在风险或复杂的治疗方法的可行性。

- 你考虑了所有可行的治疗模式吗？治疗师最愿意推荐他们自己使用的

方法。尽管这是可以理解的，但这会带来一个风险，即患者可能会因为治疗师的经验不足而无法获得有效的治疗。灵活的态度是对抗治疗常规的最佳方法。

——精通药理学的精神病学家必须时刻注意家庭治疗可能比药物更快、更安全、更有效。

——社会工作者、心理学家和其他心理治疗人员应该记住药物治疗可能有效的适应证。

大多数精神障碍可能有多种原因，这一事实应该鼓励所有临床工作者考虑为任何一位患者使用多种治疗方法。

评 估 预 后

预后一词源于古希腊，意思是"提前知道"，这当然是不可能的。但是过去几十年的科学进步极大地提高了我们预测某位患者可能的治疗结果的能力。我们首先需要确定我们试图预测的是什么，之后再来讨论这个问题。

术语"预后"的涵盖领域

术语"预后"暗示了多重含义。

- **症状**。如果有症状，这些症状会部分或完全缓解吗？
- **病程**。是慢性的还是急性发作的？如果是后者，是单次发作还是多次发作？
- **对治疗的反应**。起效有多快？是完全有效、中度有效、轻微有效还是无效？

- **恢复程度**。一旦急性发作停止（无论是通过治疗还是随时间的流逝而停止），患者以前的人格是会完全恢复，还是会有残余的缺陷？
- **疾病的时间进程**。康复需要多长时间？如果疾病是发作性的，患者在两次发作之间较好的状态能保持多久？
- **疾病对社会功能的影响**。疾病对患者的工作表现会有什么影响？对家庭生活有什么影响？对独立性有什么影响？需要经济支持吗？如果需要，需要多长时间的经济支持？这种疾病是否意味着需要监护或采取其他特殊的法律程序？它会如何影响患者的投票权、驾驶汽车的能力或签订合同的能力？
- **其他家庭成员是否有患此疾病的风险**？如果疾病具有遗传性，你所预测的一级亲属的患病风险有多高？当患者询问有关是否可以要孩子的问题时，你该如何提供建议？

影响预后的因素

有许多因素能帮助我们做出准确的预测。不幸的是，我们并不知道某个因素在特定的情况下会对结果产生多大的影响。因为每一个因素都可能很重要，所以我只是尝试列出它们，没有按照特定的顺序进行排列。

- **主要诊断**。具有重大影响的诊断（如心境障碍、痴呆和精神分裂症）通常比那些影响范围较小的诊断（进食、排泄、睡眠和性功能障碍）更能预测预后。如果没有主要诊断，或者无法确定主要诊断，人格障碍可能对预后来说特别重要。如果你的患者有多个诊断，当讨论预后的各个方面时，你必须考虑所有诊断。
- **是否有治疗原发疾病的方法**。如果存在有效的治疗方法，能否使用这些方法？地理位置可以是一个重要因素：患者的居住地与能够提供有效治疗的机构是否足够近？另一个因素是患者的财务状况，一个被讨论得尤其多的例子是氯氮平，这是一种对精神分裂症有效的药物，在20世纪90年代初问世，当时每位患者每年的用药成本大概为1万美元（在当时是一笔巨额支出）。许多患者都负担不起，直到厂商被迫降低实验室监测的成本。

- **疾病的持续时间和进程**。过去的行为可以预测未来的行为。如果患者先前发作过（如心境障碍），你可以比较有把握预测他在未来也会有发作。除非先前的误诊得到纠正，否则多年来一直生病的患者几乎没有完全康复的机会。

- **先前的治疗反应**。作为预测因素，对先前的治疗反应在很大程度上取决于先前的治疗本身是否恰当。如果你的患者过去只用抗精神病药治疗躁狂，那么一旦开始使用心境稳定剂进行治疗，你就可以提升预后的准确性。

- **治疗依从性**。即使治疗非常有效，如果患者拒绝接受治疗，它也毫无价值。在评估治疗依从性时，务必考虑主要的心理诊断、人格障碍以及治疗史。

- **可获得的社会支持**。患者的预后与他们有怎样的社会支持资源直接相关。在寻求帮助时，可以考虑以下资源：原生家庭、配偶/伴侣、子女、朋友、支持性团体、社会机构和内科医生。除了提供安慰外，这些人还可以帮助患者继续接受治疗，并避免物质使用等问题的有害影响。

- **病前人格**。预后与患者在患病前的功能表现有直接关系。一旦患者从急性精神障碍发作中康复，他们往往能恢复到患病前的功能水平。那些社交功能和工作表现良好并为家庭提供充足支持的人或许会恢复到之前状态。在其他条件相同的情况下，通常也可以对先前功能水平较低的人做出类似的预测。

- **最近的功能水平**。如果患者在过去1年里在工作或学校中表现良好，那么一旦当前的疾病发作得到缓解，患者很可能会恢复到良好状态。

当然，前提是没有突发恶化性或慢性虚弱性疾病。功能大体评定量表（Global Assessment of Functioning）为评估特定患者的病情进展提供了便利。你可以在我的书《实用 DSM-5——临床诊断指南》(*DSM-5 Made Easy: The Clinician's Guide to Diagnosis*) 中找到它，或者上网搜索。

- **其他因素**。在诊断分类中，个体因素通常会影响特定患者的预后。例如，有以下几个特征的精神分裂症患者的预后相对较好：起病相对较晚（30 岁或更晚）、已婚、女性、高中以上学历、从发病到治疗之间的持续时间较短，以及先前对治疗有良好反应。

推荐进一步的检查

可能需要进一步的研究来确定或排除特定诊断。有关次信息的来源包括以下几方面：

- 回顾之前的住院记录或者其他记录；
- 实验室检验结果，包括影像学结果；
- 正式的神经心理测试；
- 与亲属的访谈。

进一步的访谈和对现有记录的进一步研究通常不需要花费任何成本。它们常常能够提供新的或确凿的信息，从而迅速增加临床工作者对患者的了解。由于做测试既花费时间，又花费金钱，因此应该根据每位患者的实际情况做出合理的选择。如果将测试作为入院常规检查的一部分，而不是根据所感知到的需求做出的决策，那么通常是不划算的。

在考虑使用实验室检查或心理测试时，应该衡量以下因素。

- **检测的成本**。成本的范围非常广，从免费到数千美元不等。
- **检测的风险**。纸笔心理测试基本上没有风险，而一些侵入性检查可能会危及健康，甚至是生命。
- **检测的价值**。这些结果将起到多少帮助确诊的作用？若一项成本高昂的实验室检查有很高的概率能确定棘手的诊断，那么它也是物有所值；而对诊断没有价值的尿常规检查就太不值得了。
- **疾病的流行率**。对罕见疾病进行常规检测并不划算。然而，这并不意味着你应该避免为根据病史或体格检查发现可能存在的罕见疾病做确诊性检查。
- **问题的复杂性**。如果患者的病情相对简单明了，你就完全可以省略实验室检查。
- **检测是否有助于治疗**？能够知道哪里出了问题是不错的，但知道如何治疗更好。

转　　介

你可能会基于患者的主诉直接推荐心理治疗方法。你也应该时刻留意其他可能的治疗方法以及在必要时考虑转介，帮助患者管理呈现的主诉，或者解决与主要问题相关的社会、心理和生物问题。

许多机构和个人可以帮助你应对可能遇到的任何问题。这是幸运的，因为没有哪位临床工作者能通过训练和自己的经验解决一切问题。非常重要的是，你需要清楚自己能力的局限性，并将每位患者遇到的、更适合由他人治疗的那些困难，转介给外部专家以寻求帮助。

需要向外寻求帮助的程度由以下因素决定。

- **问题的类型**。在培训中忽略了行为治疗技术的临床工作者，在遇到强迫症或恐怖症患者时，可能需要得到他人的一些协助。
- **问题的严重程度**。轻度抑郁可能会对认知疗法有反应；而在治疗重性抑郁障碍时，可能需要寻求精通精神药理学的临床工作者的服务。
- **支持网络的力量和范围**。一个显而易见的例子是，一位无家可归的患者将比与亲属同住的患者需要更多的社会服务。
- **患者的动机和合作性**。很显然，患者拒绝住院限制了他可以使用的服务范围。
- **临床工作者的受训情况、经验和可用时间**。我强烈建议学生尽可能熟悉并掌握各种类型的治疗方法。

尽管本章提到的许多资源历来是由社会工作者负责提供或安排的，但所有临床心理工作者都应该了解他们所在地区提供的服务类型。此外，私人执业的临床工作者通常会发现他们必须自己安排转介。当然，你只能使用你所知道的服务；因此，我列出了这个清单。

其他治疗师

没有人能无所不知，明智的临床工作者了解自己的局限性。如果你从事团体治疗，而患者需要服用奥氮平，那么你当然会将患者转介给一位医生，以便进行药物治疗。如果药物治疗是你的优势，而你不提供认知行为疗法的治疗，那么当有需要时，将患者转介给认知行为治疗师是很重要的。

住院

尽管外行人通常认为住院是最后的手段，但在某些情况下，收治入院是最明智的选择，比如：

- 当患者有伤害自己的风险时；
- 当患者有伤害他人的风险时；
- 当患者无法自我照料时；
- 当患者只有住院才能获得需要的治疗时；
- 当患者需要从环境中脱离时；
- 当患者出于医疗或法律目的而需要接受密集评估时。

当涉及保护患者的生命时，临床工作者往往是保守的。至少就存在自杀意念而言，这很可能是被认为需要入院治疗的最常见原因，大多数临床工作者会同意，宁可让患者过度住院，也不能放任风险不管。

庇护所

对于那些不需要住院，但由于各种原因而不能在家生活的患者来说，庇护所是重要资源。专门的庇护所被用来保护受虐待的儿童、被虐待的妇女、离家出走的青少年以及无家可归的个人和家庭。

法律援助

有时，需要得到法律帮助的问题可能是精神障碍的起因，也可能是精神障碍的结果；有时，法律问题可能与精神障碍无关。如果患者没有足够的资源，并且需要各种各样的服务，如起草遗嘱或参与刑事指控辩论，可能需要被转介给法律援助专业人员。如果问题涉及虐待老年人或虐待儿童，应分别将受害者转介给成年人保护服务机构或儿童保护服务机构。这些机构的联系信息通常可以通过在线搜索找到，或在大多数城市的官方联系方式名单中找到。

支持性团体

许多支持性团体都参照了匿名戒酒者互助会著名的"十二步法"模式。团体组织的名称通常指明了他们的服务内容。列出所有的支持性团体是不切实际的（因为有很多），但以下是几个具有代表性的团体：

- 戒酒者成年子女互助会（Adult Children of Alcoholics）
- 儿童期被虐待的成人互助团体（Adults Molested as Children United）
- 匿名戒酒者协会（Al-Anon，针对家庭）
- 青少年戒酒互助组织（Alateen）
- 匿名戒酒者互助会（Alcoholics Anonymous，AA）
- 匿名施虐者互助会（Batterers Anonymous）
- 匿名戒赌者互助会（Gamblers Anonymous）
- 匿名戒毒者互助会（Narcotics Anonymous，NA）
- 匿名暴食者互助会（Overeaters Anonymous）
- 匿名父母互助会（Parents Anonymous，针对受虐待儿童的父母）
- 单亲父母互助会（Parents Without Partners）
- 康复组织（Recovery Inc.，针对情绪问题）

其他资源

- **急性物质使用治疗**。戒毒服务通常可以通过当地的心理健康和精神卫生中心的转介获得。
- **医学评估**。各级医院可以评估强奸、创伤、人类免疫缺陷病毒感染状况和任何类型的疾病。
- **职业服务**。这些服务包括残疾评估、职业培训和失业补偿，可以通过当地就业部门进行了解。

第十九章

与患者分享你的发现

临床的发现和所推荐的治疗在与他人分享之后会变得更有用。最重要的是与患者进行分享，但我们常与患者的亲属进行分享。

与患者商谈

无论你是否看到患者表现出紧张情绪，他都会对你的检查结果感到忐忑不安。这就是为什么你应该尽快计划讨论检查结果。大部分临床工作者在每次初始访谈结束时，都是这么做的。确实复杂的临床问题可能需要更多次访谈，或需要更多时间以便核查资料；但即便如此，患者也希望听到一些临时的报告，哪怕只有简短几句。

你所说的话能否被听懂在某种程度上取决于患者的理解能力，而患者的理解能力又可能受到疾病本身的严重影响。但大多数患者都能理解并喜欢真相，而真相也是你始终应该努力传达的。在我的职业生涯早期，我不太愿意告诉患者诊断结果是精神分裂症，因为这一诊断通常预示着不良的预后。但与患者进行了几次交流后，我发现患者往往能像接受其他诊断一样接受这个诊断，于是我不再担心了——只要我确信自己的诊断是正确的。

如果你在与患者交流诊断结果时遵循一些简单的规则，那么患者将更有可能理解并接受你所传达的信息。

概述问题　通过概述问题，你可以确保你真正理解患者来寻求帮助的原因。如果你的理解并没有像你想象的那么全面和完全，那么患者还有机会进一步为你提供信息和解释。

给出诊断　用符合患者受教育程度和文化水平的词语陈述你的最佳诊断。如果你不确定诊断，请明确说明，然后制订处理这种不确定的计划（进行更多检查？进行治疗试验？）。

简洁明了　记住患者真正需要了解什么，然后告诉他们。现在不是在给研究生讲诊断学课程。

不要使用术语　信息应以通俗易懂的语言传达。如果你使用大量晦涩难懂的词语，患者有可能像在破译密码一样对某些内容理解得不清楚。

持续寻求反馈　当你通过询问确保患者理解了你对问题以及治疗推荐的解释时，你就能增加患者的依从性并提高患者的满意度。

"你觉得这个解释怎么样？"
"到目前为止，你还有什么问题吗？"

强调积极方面　现在，临床心理工作者掌握了许多治疗方法，即使是精神分裂症和双相I型障碍，也可以得到有效的治疗。

展示同情心　在提供信息时，留意患者情绪的变化。承认患者的感受，给予同情并就如何改善患者的情况给出建议。记住，每个人都需要怀抱希望。

讨论治疗

你所制订的治疗计划应该是临床工作者和患者之间共同合作的结果。

尽管这种治疗计划的制订在一开始需要付出更多努力，但从长远来看，医患双方都会受益。与患者分享计划是初始访谈的重要组成部分。

患者希望从临床工作者那里获得什么？我倾向于用另一个问题来回答这个重要的问题：如果我是患者，我究竟想要什么？我会希望有一个诊断和一份切合实际的治疗计划。我还希望听到关于治疗过程的清晰解释，知晓其中可能埋藏了哪些缺陷，有哪些备选治疗方案，以及临床工作者对治疗成功率的真实评估。

进一步具体的检查和治疗将帮助我对未来充满希望。因为这会让我重新掌控生活，我会更加积极，而不太可能对治疗计划持消极态度。（我要再强调一次：患者如果接受治疗计划，就更可能配合治疗计划。）我还希望临床工作者理解我；如果我提出问题，那么他们不会将这些问题视为对其权威的挑战，而是将这些问题当作让我积极参与治疗过程的机会。我的治疗依从性会得到增强：我可能会记住预约时间，努力完成临床工作者安排的练习，不会漏服药物。我的病情会得到及时的改善，我也会避免治疗失败或提前放弃治疗。如果出现差错和治疗没有奏效，我也不太可能将责任归咎于临床工作者，除非我从一开始就没有同意和签署该治疗计划。

在协商治疗的方式上，患者和临床工作者要共同制订计划。这并不意味着患者能事事如愿以偿，而是意味着临床工作者会听取患者的意见。你可以鼓励患者"想要"或选择你认为最好的计划，但如果患者的选择与你所建议的不同，你就必须倾听患者的想法并适当地做出反应。例如，有时我觉得，十几岁青少年拒绝服用抗抑郁药就是错误的选择。"我想靠自己"是典型的回答。但我总是尽可能优雅地接受患者的决定——往往在接下来的几次预约中，患者会主动表示："事情并不如我希望的那样顺利，也许我应该试试你建议的药。"

在你与患者共同制订治疗计划时，以下是需要考虑的几个要点。

- **讨论各种选项**。人的天性是在有选择时感到更有掌控感；因此，你应该列出一份完整的可能的治疗选项清单。在清单中，一个很少被提及的选项是不接受治疗。而我通常会从这个选项开始，因为这让我能以清晰的方式思考并讨论假如不接受治疗（或治疗不充分）的结果。这个选项作为一个有用的基准，可以用来衡量其他选项的潜在缺点和优点。

- **讨论缺点**。任何治疗方法都有缺点：药物有副作用，心理治疗需要时间，团体治疗需要其他人的参与，行为矫正需要患者付出努力并忍受焦虑。所有这些治疗方法都颇为昂贵。治疗的消极的一面令人不适，但患者需要了解这些信息，以便做出理性的选择。有些地区的法律规定，临床工作者必须告知患者其他替代方案，包括药物治疗、电休克疗法和其他躯体治疗。
- **给出你倾向于选择的治疗方法**。在大多数情况下，你可能会直接表达你的观点。但对于那些觉得必须反抗权威或强烈希望采用特定治疗形式的患者，你可能希望更巧妙地施加影响。例如，你可以为需要药物治疗的患者找到关于药物治疗的好消息。

"你不必等太久就能控制自己的症状。"

你也可以为不需要药物治疗的患者（也许是人格障碍患者）找到好消息。

"你不必放弃对自己身体的控制。"

这两种说法都站得住脚，而且都可以帮助临床心理工作者达成目标，即鼓励患者接受对他们有帮助的东西。
- **确保患者理解各种选择**。大多数患者能理解，但在压力下，人们可能难以把注意力完全集中在临床工作者告知他们的事情上。如果你怀疑患者没听懂你关于治疗的说明，请要求患者重述你所说的话——"看看我是否已经表达得足够清楚了"。为患者提供一份简短的书面总结是帮助患者理解你的另一种方法。
- **避免做出承诺，只说你将会竭尽全力地提供帮助**。你无法预见未来，而患者也或多或少地心知肚明。不过患者（及其亲属）对未来忧心忡忡，以至他们此时将我们并不具备的力量赋予我们这些临床心理工作者。如果临床工作者为患者描绘的未来比数据统计和其他患者的经历更乐观，可能会让自己立即陷入严重的麻烦。当你为患者建立希望时，应该基于现实情况和未来的合理计划。它应该重点强调患者在治疗的各个方面与临床工作者进行合作的重要性——包括就任何难以理解的结论或说明向你提出质疑。

激活患者动机

若没有实施治疗计划，即使是世界上最好的治疗计划也将毫无效果。然而，这往往是心理干预面对的结局。尽管临床工作者尽了最大努力，患者仍可能忘记服药，忽视行为练习，或者继续酗酒或吸毒。

为什么有那么多患者似乎不愿意做出改变？这种情况通常可以归因为患者不抱有希望，或者患者基于自己在精神卫生系统中长期的负面经验。又或者人格障碍或物质使用障碍可能与治疗计划相冲突，且对患者有奖赏作用。虽然患者对精神障碍有了更多的了解，可能会揭示问题的根源，但这并不一定给患者带来控制感。研究表明，仅仅依靠教育，并不足以推动改变发生。（也许教育这种方法已经被尝试过，但可能因为采用了说教的方式而效果不佳。）

动机性访谈是一种以来访者为中心的治疗方法，最初用于治疗物质使用障碍患者。动机式访谈试图说服人们采取他们在医疗健康护理或其他方面所必需的新行为。它强调合作而不是对抗；在教育方面，它用唤出（evocation）来代替灌输，这意味着挖掘患者已经拥有的支持改变的资源。

动机性访谈有助于让人们摆脱矛盾心态，找到自己内在的动机。在多项对照研究中，动机性访谈已经被反复证明是有用的——就连对绝大多数患有精神分裂症的患者也是如此。

动机性访谈的基本原则是，让人们做积极的事情比阻止他们做消极的事情更容易，就像用蜂蜜比用醋能捉到更多的苍蝇。患者不必承诺做出全面改变，只需承诺改变一些具体的行为。虽然有关动机性访谈的手册非常多，但可以概括为以下四个基本步骤。

1. **共情**。在不批评的情况下，帮助患者表达感受和观点。请注意，你不必同意患者的观点，只需鼓励他们表达。动机性访谈的实践者称这一步为"表达共情"。
2. **帮助患者认识到当前行为如何阻碍了长期愿望的实现**。对这种差距的感知是患者寻求行为改变的动机。这被称为"建立差距"。
3. **避免与阻抗争辩**。相反，将阻抗视为进一步探索患者感受的机会。在动机性访谈中，阻抗意味着临床工作者需要采取不同的方法。这一步被称为"柔对阻抗"。
4. **通过展示你相信患者能够成功来建立希望**。给患者信心，改变是可能的。这一步被称为"支持自我效能感"。

以下是我与一位由轻度智力障碍的年轻女性进行的对话，她与一位室友同住，并在当地一家杂货店负责摆放货架商品的工作。作为一位长程的来访者，米丝蒂再次在经济上陷入了困境。楷体字中的评论强调了动机性访谈的四个步骤。

访谈者：我知道你收到了银行的来信。

米丝蒂：是的，他们说我又欠费了。而且贾尼丝（患者所居住的海景公寓——为患者提供独立的生活设施——的常驻经理）说我可能会失去我的账户。

访谈者：那太糟糕了。

米丝蒂：是啊，我感到很沮丧。

访谈者：我能理解。任何人都会这样。是什么导致你透支了？

共情的典型表达方式——第一步。

米丝蒂：我想我花得太多了。

访谈者：花在哪里了？

米丝蒂：你知道的——有线电视、瓶装水、房租、电话费，就这些。

访谈者：那似乎不是很多。

米丝蒂：确实不多。我会按时付款。

访谈者：我知道，你很有责任心。我为你感到骄傲。

通过对米丝蒂之前取得的成功进行赞扬，临床工作者重申了他们过去的关系，并表示对她的能力充满信心。不应该等到患者采取了新的行动才实施第四步——支持。

米丝蒂：而且我买了一些毛绒玩具。我收集这类东西。

米丝蒂和临床工作者进一步列出收入和支出清单；临床工作者得知自最近的节假日以来，米丝蒂的工作时间减少了，所以她的工资收入减少了。

访谈者：所以你现在挣的钱少了。

米丝蒂：是的。

访谈者：你觉得你能做什么？

米丝蒂：我可以向我妈妈要钱。

访谈者：她会帮忙吗？上次这样做时发生了什么？

米丝蒂：她说不行，我必须节省一点。

访谈者：那会怎么样？

米丝蒂：嗯，我得付房租。

访谈者：当然。清单上的其他项目呢？

他们讨论了账单上的其他项目，并一致认为电话费支出是必需的。临床工作者对米丝蒂的瓶装水支出感到好奇。

米丝蒂：那是纯净水。

访谈者：海景公寓的其他人也使用瓶装水吗？

米丝蒂：没有，只有我和阿琳（她的室友，阿琳的财务状况甚至比米丝蒂还紧张）。

访谈者：如果你不用纯净水，会发生什么？

米丝蒂：我们就得喝自来水。

访谈者：就和其他人一样。

米丝蒂：是的。

临床工作者将随后的长时间沉默解释为明显的阻抗，并决定以迂回的方式进行处理（第三步）。

访谈者：我想你可能不太愿意改变，对吗？

米丝蒂：对。

访谈者：瓶装水很好，而且你已经习惯了。

米丝蒂：对。我们也用它做饭。

访谈者：你也习惯了看有线电视。

米丝蒂：嗯，当然。我们俩都非常喜欢烹饪节目。

访谈者：你很幸运，你们都喜欢烹饪和烹饪节目。
米丝蒂：我们喜欢美食。
访谈者：你想两个都保留。
米丝蒂：是的，我们需要这些。

临床工作者接着发现，米丝蒂和阿琳订阅了有线电视公司提供的所有高级服务，包括全套体育节目、家庭影院频道和娱乐时间频道。在米丝蒂想要的和她能负担得起之间，存在隐含的差距（第二步），或许这一差距应该更清楚地表达出来。

访谈者：你知道，我过去也收看家庭影院频道和娱乐时间频道，但我取消了其中之一。我觉得我不是都需要。
米丝蒂：嗯。
访谈者：你觉得呢？
米丝蒂：我觉得住在独栋住宅里的人有钱。他们可以选择他们想要的。
访谈者：我明白了，你感觉自己没多少选择，是吗？
米丝蒂：是！

米丝蒂已经表明了她的观点——这个观点也许是一个令人惊讶的深刻见解，描述并解释了她对被迫做出选择的阻抗。临床工作者认识到，米丝蒂已经意识到了她所能负担的和她想要的之间的差距，但她需要时间想出对策，于是临床工作者退后一步，表示下次他们可以再多花一些时间来解决这个问题。这种支持让米丝蒂感到在被倾听，并对未来有了一些希望。这周的晚些时候，她打电话来，说她和阿琳决定暂时使用自来水。

尽管动机性访谈本身是较新的方法，但临床医生与患者已经协商好几个世纪了；精神病学家阿道夫·迈耶（Adolf Meyer）早在80多年前就提倡采用类似的技术。如果临床工作者能够避免家长式作风，并在治疗前让患者积极参与，通常会发现患者的满意度更高了。此外，与临床工作者建立了融洽关系的患者更有可能对治疗感到满意，并认为治疗是有益的，即使采用电休克疗法也是如此。其他研究表明，当临床工作者表达共情，愿意解释和分享信息，并按照患者的方式与之沟通时，患者接受并坚持治疗的可能性更大。

显然，在面对痴呆晚期、有明显的精神病性障碍、有急性自杀举动或危及生命的神经性厌食等问题的患者时，动机性访谈帮不上什么忙。但正如米丝蒂的案例所证明的那样，即使对于智力障碍患者，动机性访谈也可以起作用。

与亲属讨论

家庭成员关系密切的家庭会希望知道可以为患者做些什么。许多亲属在与临床心理工作者打交道方面已经有相当多的经验了；但对某些亲属来说，这种讨论并不总令他们满意。他们的满意度通常与以下几点因素成正比：

- 他们与你接触的次数；
- 他们感觉自己投入的程度；
- 你表现出来的对患者的关心程度；
- 患者对你和治疗计划的看法。

如果你在患者在场的情况下与其亲属见面，可以避免违反保密原则。当然，除了患者提供的信息外，如果你需要收集更多信息，那么家庭会谈可能需要在患者不在场的情况下进行。如果你确实需要与患者及其亲属分别进行会谈，一定要告诉患者——患者有很多机会与临床工作者进行保密的会谈。此外，无论会谈在哪里，以何种方式进行，你都必须小心谨慎，不要透露任何涉及患者保密内容的细节。

如果这是你与患者亲属的第一次会面，你可以先从了解他们对此种障碍知晓多少开始。这将有助于你判断他们的预设，因此你不用把与他们之前获知的信息直接相悖的消息告知他们，这会让他们感到困惑。例如，如果之前的临床工作者给出的诊断是精神分裂症，而你认为患者的诊断应该是双相 I 型障碍，那么你可以强调你和之前的临床工作者都认同的精神病性症状是一个关键。你还可以说出你在诊断方面的疑虑，以及如果亲属能提供有帮助的信息，就更好了；有一个很好的例子，即患者是在抑郁之前开始酗酒的，还是在此之后开始酗酒的。会谈早期也是一个很好的机会，可以向患者的亲属传达患者告诉你的所有积极信息，例如患者担忧自己的疾病可能会影响到家人。

一旦你获得了所需的所有信息，你就可以向患者及其亲属简要地介绍治疗计划——包括它的优点和缺点，以避免未来出现问题时的相互指责。强调亲属和朋友可以提供的帮助，例如，亲属或许比患者本人更容易观察患者在行为或情绪状态上发生的变化。副作用的出现就是这样一个问题，目前正经历双相 I 型障碍抑郁发作的患者应该"警惕躁狂发作"。

即使你无法提供太多有效的治疗，例如对于进展迅速的痴呆患者，你也可以与他们讨论可能对家庭有帮助的应对资源。几乎任何一位为了应对亲属的精神疾病而付出努力的家庭，都可以在一定程度上从社会支持中受益；临床工作者要了解他们需要什么，以及他们一直在使用哪些资源。他们甚至可能会提到你之前不掌握的资源。

最后，一定要告诉患者的亲属如何与你取得联系，并强调你希望三方——患者、亲属和你——能够一起合作，共同解决问题。

如果治疗计划被拒绝，该怎么办？

面对精神疾病的压力，家庭中的一些人——通常是患者，有时是其亲属——会反对治疗计划，这种情况并不少见。如果是亲属或朋友反对，但你和患者就如何治疗已经达成了一致，那么可按计划进行；但要与亲属沟通，表示你已经考虑到了不同的观点。

"我很高兴你能告诉我你不想让弟弟住院。但是我和他都认为这是最安全的做法，因此我认为我们应该坚持。我希望你来探视他。你比任何人都了解他，所以我需要你提供信息来帮助我判断治疗取得的进展。"

如果患者有些犹豫不决，就采取一系列可能打破僵局的措施。

1. 试着找出这个计划在哪些地方不被接受，然后打消患者的疑虑。例如，如果患者确信治疗的副作用是短期的，或许就能容忍这些副作用了。
2. 找出你们达成了一致意见的地方。如果需要进行某些治疗，就继续进行下一步。
3. 了解患者愿意接受哪种治疗措施。如果你觉得治疗方法不会造成伤害，但也无效（比如，仅对中重度抑郁患者进行心理治疗），你可以建议患者在一段时间内进行尝试。在这段时间结束后，患者可能会同意按照你最初的建议继续治疗。
4. 你可以进行临床试验，但前提是你需要仔细监测结果；如果患者感到不满意，就停止或改变治疗。
5. 主动安排第二种治疗推荐。如果患者受信任的朋友或亲属影响而拒绝你的建议，那么这种做法可能就特别有用。但要保持开放的心态：你的顾问可能会推荐一些超出你想象的方法。
6. 最后，患者或其亲属可能会拒绝你认为必要的治疗。我的原则是：对于非自愿治疗的患者，就算治疗违背了亲属或患者的意愿，但只要理由充分，我就可以坚持我的治疗方案。但如果患者及其亲属都拒绝了我的建议，我通常会觉得无法有效地为这位患者提供服务。在这种情况下，我会尝试将患者转介给另一位临床工作者。

第二十章

与他人交流结果

在某些地方，某些时候，临床心理工作者可能会做出评估，并只跟患者本人交代完整的治疗方案，而不用跟任何其他人交流。如果有这种情况发生，那么这种罕见的情况很可能发生在独立的私人临床工作者的咨询室里。但是，由于保险公司、健康维护组织和政府机构越来越多的要求，无论你在哪里工作，无论患者是谁，你都必须将结果告知他人。

书 面 报 告

即便是专业的临床工作者，收集的数据也会有些杂乱无章，因此有必要在撰写报告之前对你的结果进行整理。书面报告和口头报告，材料的组织形式大致相同。书面报告通常更完整，因此我将首先详细地讨论书面报告的书写。附录C提供了完整访谈和书面报告的范例。

身份信息

身份信息为读者提供了一个框架，你要在此框架上根据所收集的病史来构建患者的心理肖像。在报告的前两行，你要描述基本的人口统计学数据，包括患者的姓名、年龄、性别、婚姻状况、精神信仰，以及任何其他相关的内容。在服役的情况中，身份信息还需要包括患者的军衔；而在退役军人医院中，你可能会注意到患者是否患有因服役所致的残疾。

无论如何，你都应该注意到，患者是新就诊的患者还是既往就诊的患者。

主诉

如第二章所述，主诉内容是患者来寻求治疗的原因。在报告中，你通常要直接记录原话，但有时需要对此进行转述或概括——尤其是主诉模糊、冗长或涉及诸多方面的情况时。偶尔，临床工作者会引用两个主诉：一个来自患者；另一个来自其亲属（通过适当方式已被确认）、朋友或其他知情者。对于那些不合作的患者，或者是意识太模糊（或太年幼）的患者来说，有两个信息源的报告特别有用；因为当你要求这类患者提供信息时，他们通常无法给予恰当的回应。

知情者

简要写明知情者的名字，并估计每个人提供信息的可靠性。除了患者，还包括亲属、朋友、其他医护人员和过去的就诊记录——列出有助于你完善患者病史的任何人或任何来源。

现病史

现病史是整个报告中最重要的部分。当你撰写这段病史时，请记住几条规则。

- 应按时序叙述病史。就像所有好故事一样，它应该有开始、发展和结尾。在大多数情况下，病史始于疾病的第一次发作。有些临床工作者会这样起头：

> 特纳先生在32岁时经历了人生中的第一次抑郁发作。

请注意，在这句简单的记录中，可以提醒读者注意到：（1）临床关注的主要领域（心境障碍——抑郁障碍）；（2）起病年龄；（3）特纳先生的问题并非新问题；（4）在成年后的十多年生活中，患者的健康状况良好，直到第一次抑郁发作。一旦你开始叙述，就应该在大体上按时间顺序进行叙述，以患者选择此时接受治疗的原因结尾。

对于那些因为同一种疾病而多次被医院收治的患者，你可以选择间隔记录——可以简略地记录一下，避免没有必要的重复记录。

> 自32岁以来，特纳先生先后五次因重性抑郁而入住本医疗中心，每一次都成功地用电休克疗法进行了治疗。他最近一次出院是在2年前，之后他一直独立生活，并从事商业插画的工作。2周前，他注意到自己嗜睡，并且对工作失去了兴趣，这些通常是抑郁发作的征兆。

- 支持最佳诊断。这意味着你所展示的材料能够反映你认为最符合诊断标准（在北美是DSM）的诊断。比如，患者同时有抑郁障碍和精神病性症状。你认为最有可能的诊断是伴精神病性特征的忧郁症（在DSM术语中是重性抑郁发作，伴精神病性特征和忧郁特征）。因此，现病史应该强调患者除了在重性抑郁发作之外从未有过精神病性症状。当然，我并不是说你应该试图隐藏模棱两可的或相互矛盾的诊断证据。但是，在与信息一致的情况下，报告应该形成一个整体框架，其中，现病史、精神状态检查和诊断应保持一致且能够相互支持。

- 如果故事很复杂，就试着理清头绪，其中一种方法是把那些不支持你的最佳诊断的细节留到以后再说。这些不太相关的信息也许可以放在个人史或社会史中。你也可以在现病史中分别用单独的段落呈现不同的主题（尽管可能有交叉）。在描述了患者的抑郁发作（这是导致他住院的真正原因）之后，你可以继续做如下记录。

  > 除了抑郁障碍，特纳先生还有异装癖的倾向，始于6岁左右……

- 简化资料。如果你刚刚经历了1小时的访谈，并且阅读了一份像美国联邦预算一样厚的既往就诊治疗记录，那么你了解到的东西可能比书面报告的大多数读者需要知道的多得多。为了简化材料，你可以用一两行文字总结以前的治疗；列举过往住院情况（有些情况是因为躁狂发作，有些情况是因为抑郁发作）；列出典型发作的症状。这可以使读者避免多次重复阅读基本相同的信息。

  > 当时（第一次抑郁发作时），他首先注意到自己嗜睡，并且失去了对商业插画工作的兴趣。在接下来的几周里，他食欲减退得越来越严重，体重减轻了5千克，并且失眠，导致他每天早上醒来得很早，起床后就开始来回踱步。这种症状模式在随后的发作中不断重复。

  正如普拉特和麦克马思（Platt & McMath，1979）所指出的，"现病史记录应该是对这些原始数据的详细说明，而不是长篇大论的医疗传奇"。

- 记录显著的阴性情况。在调查临床关注的各领域时，你可以通过提问来确定或者排除某些诊断。其中一些排除答案可以帮助你在鉴别诊断清单中选择最有可能的诊断。这种答案被称为显著（或相关）的阴性情况，应该将它们与显著的阳性情况一起记录在病史中。

> 虽然利堡先生说他在失业后的 1 周里感到非常抑郁，但他否认出现了失眠、食欲不振和对性缺乏兴趣等情况。

- 用通俗易懂的语言报告你的发现。你的读者可能不熟悉心理健康领域中令人困惑的术语。避免使用专业期刊中常用的缩写。短句和主动动词能够展示你清晰的治疗思路。
- 患者是一个人，而不是一种"病"。许多临床工作者认为，直接用"躁狂"或"精神分裂"来称呼患者不可取。要把患者称呼为"躁狂患者"或"精神分裂症患者"。这样的措辞有助于读者感受到患者身上的人性光辉。

个人和社会史

从童年到成年的成长经历

当你呈现信息时，尽可能按照时间顺序来。从患者出生和儿童早期开始，并按顺序描述教育经历、服役经历（如果有）、性经历、婚姻状况、工作经历、法律相关问题史和精神信仰等内容。你可以使用段落样式或大纲样式；如果进行口头介绍，前者会更方便；如果手写信息或用计算机录入信息，后者会更方便。

在这一部分，应力求合理并完整地勾勒患者的背景信息。即便如此，在通常情况下，你应该省略在现病史中已经涵盖的数据。患者在讲述自己的生活故事时，会不可避免地提及一些逸闻趣事和琐碎细节，请省略。然而，你应该记录显著相关的阴性情况，例如可能患有分离障碍的患者没有在童年被性虐待的经历，或者可能患有反社会型人格障碍的患者在学校的出勤率挺高。此外，还要记录显著的阳性情况，如以前的药物或酒精使用障碍史，这些情况可能不再影响患者的当前生活而被你在现病史中省略了。

家族史

虽然家族史是个人史的一部分，但在传统上，家族史要另起一段单独呈现。这样做也许是为了强调家族对个人发展的生物和环境方面的影响。请将你所获得的家族成员的躯体疾病和精神障碍的数据都记录下来。在报告后者时，不仅要报告诊断，还要报告你所获得的任何信息，这些信息将支持（或反驳）该诊断。下面是一个例子。

> 虽然加韦思夫人的父亲被诊断为患有精神分裂症，但他曾两次接受住院治疗并已经出院，显然已经康复，并能够继续做表演型服务员。

稍后，你可能会做如下总结，她父亲的病史听起来更像是一种心境障碍。

如果患者是被收养的，或其家族史完全是阴性的，就简单地这样做记录，然后继续报告其他内容。

既往史

你需要记录患者经历的所有手术、重大疾病、当前和最近接受的药物治疗，以及与心理原因无关的住院治疗。列出患者的过敏史，尤其是药物过敏史。如果没有，就记录"未见异常"；如果药物治疗可能对于患者来说是一个问题，那么这些信息可能都会很重要。你还需要记录患者的物质使用情况，如烟草、大麻或酒精等的使用。

系统回顾

记录患者过去或现在的躯体问题的任何阳性体征。如果躯体化（躯体症状）障碍是鉴别诊断中的一个考虑因素，请列出你在该障碍的专项系统回顾中发现的阳性症状（详见附录 B）。

精神状态检查

对于许多患者来说，大部分精神状态检查结果都是正常的，因此可以简要地做记录。如果只是为了表明你已经考虑了所有领域，那么所报告的各部分顺序并不重要，重要的是你提到了每个部分。在描述患者的精神状态时，请记住需要哪些细节来支持或反驳鉴别诊断中的诊断。不仅要包括阳性信息，还要包括明显的阴性信息，这些信息决定了不同诊断的优先级。

描述患者的一般外貌和衣着，对比实际年龄和通过外表猜测的年龄。一定要提到情感的各个方面。如果情感类型不显著，就用"中等程度"来描述，但也要说明情绪的易变性和相称性。当你试图描述异常时，不要使用诸如"怪异"或"奇特"之类的笼统术语，这些术语不够准确，并且没有包含对患者行为或外貌的描述。相反，请费心选择真正具有描述性的词和短语：与其说"患者的衣服很奇怪"，不如说"患者穿着一条用旧面粉袋缝制的紧身裙和紧身衣"。

记住，书面的精神状态记录是法律依据，律师可以调用，患者本人也可以获取。因此，要确保你的语气和措辞经得起推敲。避免使用开玩笑的、抱怨的语气或其他应该保密的评论。如果你需要表达一个可能被认为含有贬义的观点，请通过承认这是你的推断来限定你的陈述。

- 他看起来喝醉了……
- 她的举止看起来很轻浮……

在思维流方面，一定要记录任何思维联想异常，以及说话的速度和节奏。记录原话，既可以展示患者的语言风格，也可以为判断以后的变化提供基线。

思维内容通常已在询问现病史时问过。你还应该记录现病史中未能涵盖的其他可能的思维内容。虽然许多患者没有心理病理性的思维内容，但所有人（除了完全缄默的患者）都会说一些内容。不管说了什么，你都应该简明扼要地记录一下。

> 该患者的思维内容主要涉及他过去的不忠行为和他妻子即将离开他的事实。他没有表现出任何妄想、幻觉、强迫思维或恐惧。

当患者有语言障碍时，请说明具体的情况，同时也要举例说明这是什么意思。

> 虽然特里特夫人能够理解简单的指令，说话也很流利，但她表现出了命名性失语症：她无法说出圆珠笔的笔夹和笔尖，她把我的手表称为"显示时间的东西"。

在报告认知能力时，仅仅提到患者认知"正常"或"未见异常"是不够的。你应该记下你做了什么测试，得到了什么结果，以及你如何解读这些结果。回答错误的程度如何？环境因素是否会减少患者所犯的错误？例如，如果患者在5分钟后无法回忆起名字、颜色和街道地址，这能被解释为抑郁障碍导致的注意力减退吗？抽象能力是否受损？如果答案是肯定的，那么你使用的是什么测试，以及患者的反应是什么？在做连续减7的运算时，请注意犯错的数量和计算的速度，并观察患者有没有用手指来辅助计算。

在报告自知力和判断力时，你通常必须解释它们的严重程度（优秀、良好、一般或差），并且一定要给出理由。

拉斐尔小姐的自知力似乎很差,尽管她有明显的躁狂症状,但她否认自己曾经患病。然而,她的判断力相当不错:她同意留在医院"接受检查"。她甚至说她可能会继续服用锂盐。

记 录 诊 断

北美一直使用美国精神病学协会编写的历代版本的《精神障碍诊断与统计手册》作为精神障碍的诊断标准。世界上其他大部分地区都在使用历代版本的国际疾病分类(International Classification of Diseases,ICD)作为精神障碍的诊断标准,它同样以研究和专家的意见为基础。DSM 由专家委员会设计,以实证研究为基础,规定对每位患者都要评估以下几个维度。

- 第一类包括主要的临床综合征,大多数精神障碍患者至少会患有其中一种疾病。这些综合征包括抑郁障碍、精神病性障碍、焦虑障碍、物质使用障碍和需要临床心理工作者诊断和治疗的其他独立诊断,以及智力障碍和人格障碍。如果患者不只符合一种诊断,就要全部列出,但要首先列出导致当前评估的主要原因。
- 任何有助于你了解患者的躯体疾病诊断的陈述——例如,哮喘、糖尿病、肥胖症和颞叶癫痫——都有助于你了解该患者的所有疾病。
- 接下来是在过去 1 年中可能导致或影响患者的精神状况或可能对治疗产生实质性影响的心理社会应激源。本书第五章的表 5.1 列出了可能需要注意的应激源类型。写下导致疾病的确切应激源,而不是应激源的类别。
- 功能大体评定量表(是 DSM-IV-TR 之前版本的 DSM 的一部分,尽管 DSM-5 省略了它,但我仍然推荐它)对患者的整体功能进行评定。可以得出两个分数:一个是当前的分数,另一个是过去 1 年的最高水平的分数。该量表的分数从 100（最高）到 1（最低）不等。你可以在我的书《实用 DSM-5——临床诊断指南》中找到功能大体评定量表，或者在互联网上进行搜索。

概 念 化

在个案概念化中，你试图综合对患者的过去的所有了解，以便为未来指明方向。之所以要形成个案概念化，有几个原因。

- 聚焦于你对患者的思考。
- 总结诊断背后的逻辑。
- 确定未来对信息和治疗的需求。
- 简要地介绍患者的情况。

有许多种概念化图可以使用；其中一些太复杂，以至你刚刚获取的所有材料都有可能再次出现在图中。这里提出的方法兼顾了简洁性和完整性。

在概念化的各个部分中，最重要的两个部分是鉴别诊断和影响因素。这两部分体现了你在整合所收集的信息时需进行的原创性思考。

以下是一个逐步展示个案概念化的例子。

简要回顾

在获得了最基本的身份资料之后，根据患者现病史和精神状态检查中的事实，陈述患者当前疾病的症状和病程。根据需要从报告的各个部分提取。

朱诺女士是一位 27 岁的已婚女性，曾两次因精神分裂症接受住院治疗。过去 3 周以来，她一直待在自己的房间里，禁食，并为"世界末日"做准备。她说世界末日是她造成的。她丈夫担心她体重减轻的问题，于是带她去了医院。

鉴别诊断

鉴别诊断清单对于每一种可能的诊断都要给出支持和反驳它的主要论据。这里列出了所有可能的诊断，包括人格障碍。

- **神经认知障碍所致的精神病性障碍（妄想）**。8 年前有脑外伤史。
- **物质滥用**。在两次精神病性发作期间酗酒；一旦精神病性障碍得到缓解，她就没再继续饮酒。
- **抑郁**。朱诺女士感到悲伤、绝望，并为她结婚前犯下的一些不明罪孽感到内疚。她食欲不振，严重失眠，体重减轻了 5 千克。
- **精神分裂症**。她现在存在妄想；在之前的发作中，她相信她是为了拯救犹太人而来到世界上的。

最佳诊断

说明诊断的支持性证据和选择此诊断的原因，以及权威解释（最新版 DSM 或 ICD）。请注意，最佳诊断可能不会出现在诊断等级中最靠前的位置。最明显的例子是，如果有可能，必须首先排除神经认知障碍，但它通常不是最可能的诊断。

朱诺女士可能正处于双相 I 型障碍的抑郁发作阶段（DSM-5）。她以前的精神病性发作完全消失了：她的丈夫报告，她在两次发作之间，即使没有持续服药，也还不错。她所有的精神病性症状都与她当时的情绪一致。8年前，她发生过脑外伤，没有后遗症，也没有其他器质性病变的迹象。她滥用酒精似乎只是对她的精神病性发作的反应；回想起来，这可能是伴精神病性特征的躁狂发作。

诱发因素

在这里，你将描述各种确定因素如何导致了患者的主要问题的发展。这可能涉及生物的、动力的、心理的、社会的因素。根据你发现的材料内容，这一部分可长可短。

在朱诺女士的家族史中，可以看出其疾病的生物学基础：她的母亲患有复发性抑郁。2个月前，她父亲的去世可能是一个心理诱因。前几次发作所产生的医疗费用可能是导致她目前抑郁障碍加重的原因之一。

进一步需要了解的信息

简要介绍为了确诊而需要进行的访谈、测试和记录。

要求朱诺女士提供以前的入院记录，以确定她当时的症状是否可能是躁狂。考虑磁共振成像检查，以排除陈旧性脑外伤的后遗症。

治疗计划

概述你的治疗计划。对于朱诺女士，可能要做如下治疗。

- 生物方面：
  ——锂盐每天 900 毫克，用于预防躁狂复发；
  ——氟西汀每天 20 毫克，用于治疗抑郁；
  ——根据需要使用奥氮平来控制精神病性症状。
- 心理方面：
  ——心理治疗，聚焦于内疚和哀伤的感受。
- 社会方面：
  ——帮助制订财务计划；
  ——（？）转介到匿名戒酒者互助会；
  ——对患者的亲属进行关于双相Ⅰ型障碍的心理教育。

预后

患者的结局可能是什么？

  我期待朱诺女士完全康复。预防性使用心境稳定剂可以预防后续的发作。

口 头 陈 述

  访谈材料的口头陈述通常遵循与书面报告相同的格式。在通常情况下，口头陈述很简短；事实上，任何口头报告若超过 6 分钟都可能让人感到无聊并难以集中注意力。但是，你应该向听众展示患者完整、全面的画像，以证明你对患者理解得很全面。
  你也可以展示自己在组织材料上的清晰条理。在正式演讲时，可以把你的发现写在一张小卡片上。这将加快你的叙述速度；并能在必要时，帮助你回忆相关内容，减少来回翻阅患者病历的麻烦。

在做口头陈述时，请准备好你的诊断和鉴别诊断。你应该清楚地记住选择最佳诊断的原因，有些导师会要求你用数据和逻辑来捍卫你的诊断。

第二十一章

解决访谈中的问题

在一定程度上，每次访谈都有不足之处，每一个临床工作者都会犯错。专家访谈的艺术在于弥补访谈的不足，尽可能减少临床工作者犯错带来的影响。在本章中，我们会讨论访谈新手经常面临的一些问题——或者说一旦他们开始意识到，就应该面对的一些问题。

诚然，初始评估可能会在很多方面出错，但其结果受到影响的途径相当有限。一种影响途径是，有问题的访谈经常牺牲与患者融洽的关系；如果存在一个大多数临床工作者都能取得成功的领域，那就是与患者建立良好的工作关系。尽管如此，访谈中的失误偶尔也会导致患者退出治疗。

会导致访谈失败的另一个影响途径是没有聚焦于目标信息。也就是说，临床工作者有时候会获得我们自认为准确和完整的信息，而事实并非如此。初始访谈正是我们有意识地尝试了解新患者的有关事实的时机。无论我们自认为了解了多少，在初始信息收集阶段之后，我们往往会形成一个初始印象，无论这个收集信息的阶段是经过一次 1 小时的会谈还是好几次会谈来完成的。一旦形成了诊断印象，我们就会发现第一印象难以修改，即使之后的信息非常令人信服。

识别问题访谈

好消息是：一旦你发现了问题，大多数访谈的情况都可以被重新评估。

坏消息是：我们很难知道问题出在哪里。以下是一些提示信号。

访谈中

即使你正在与患者谈话，你也应该对提示访谈出现问题的行为保持警觉。

- 患者变得沉默、好争吵或挑剔。大多数与患者的互动在一开始都很顺利；然而，随着访谈的深入，偶尔会发生一些事情，让患者对这个过程感到不满。患者态度上的变化就是证据。起初合作且健谈的患者开始与你看似无可争议的陈述进行争辩。另一些患者起初滔滔不绝，但后来不再主动发表评论了，或者仅用单音节或"嗯、哼"来回答开放式提问。
- 虽然患者在房间里东张西望的行为可能受到了幻觉的驱使，但更有可能的是，患者对你们之间的谈话失去了兴趣，想干点别的事。我甚至认识一些患者，他们突然跑出咨询室，即使此时访谈并未结束。任何注意力不集中的信号都很重要：如果没有患者的积极参与，你获得的信息就不可能是可靠的，更谈不上准确了。
- 对于在本质上基本相同的问题，你得到了相互矛盾的答案。
- 你发现自己需要弄明白鉴别诊断中某个重要的部分，但想不出应该如何提问。
- 患者不断要求你重复提问。
- 你想起身离开房间。

访谈后

一旦患者离开了，其他证据可能会告诉你，有些事情不太对劲。

- 你发现自己遗漏了某方面重要的信息。
- 患者拒绝了下次预约。
- 你刚刚收集的信息与旧记录或间接来源的数据相矛盾。
- 你的信息只涉及鉴别诊断中的一个项目。
- 你学到了很多关于棒球的知识，但对患者的病史知之甚少。
- 你对患者的感受了解得还不够。
- 在每次访谈中，你都没有提出某些至关重要的问题：性、物质使用以及自杀意念。

如何确定问题？

以下诊断步骤可以帮助你确定访谈的哪里出了问题。即使你没有遇到上面提到的任何问题，有时候，我还是建议你勇敢地迈出第一步。毕竟，最隐蔽的错误就是那些没有引起你警觉的错误。

录音或录像

当然，只有在患者明确同意的情况下，你才能对访谈内容进行录音，不过这一般不会构成阻碍。你可以向患者解释说你正在努力学习进一步了解访谈过程，而访谈录音可以让你更好地了解患者的需求。无论是在你的经验水平上，还是在我的经验水平上，承认我们想要了解得更多都不会让我感到尴尬。根据我的经验，只有少数患者会拒绝你进行录音的请求。

在你与患者之间的桌子上的不显眼的位置，放上一台小型录音设备会是不错的选择。如果房间相对安静（走廊里没有喧哗声或没有供暖设备运转的噪声），那么应该能很容易录下你俩交谈的声音。如果环境噪声太大，你可以用Y形连接器，连接一对夹式麦克风，这样就可以清晰地把你和患者说话的声音都录下来了。

如果你能安装摄像头，并可以同时录下患者和你本人的画面，那么录制视频会更好。（为了保证声音清晰，你还需要安装麦克风，但不要安装在摄像机上。）这样，你不仅能看到患者的表现，也能看到你的面部表情和其他身体语言。你有没有皱眉、眯眼、看起来无精打采或者翻白眼？你是埋头做记录，还是与患者保持眼神交流？附录 E 中的工具可以为你的自我评估提供一些额外的结构。

现场访谈指导

你自己的录音或视频固然有很大的帮助，不过如果有外界的帮助，效果更显著。许多年来，现场访谈指导一直是验证一代又一代精神科医生是否具备获得专业委员会认证资格的一种标准方式。通过让同事给你提供 1 小时或者更长时间的指导，你同样可以获益良多，而不用像候选人答辩那样经历专业认证时"生死攸关"的创伤时刻。当然，你也可以在访谈一位新患者的时候找一个高级顾问坐在你旁边指导你，但是这需要协调三个人的日程；更不用说，在你进行评估时，让其他人在场会给患者带来麻烦。一般来说，更高效的方式是使用我们刚刚提到的访谈录音材料作为与专家进行讨论的基础。（确保患者同意让其他临床工作者接触其病历信息。）

找到一位合适的高级顾问本身也存在一些问题。一个好的选择是找到一个你足够了解的人——但又不能太熟悉。你需要一个愿意告诉你确切问题之所在，同时又不太担心冒犯到你的临床工作者。（在选择顾问时，坦诚是非常重要的品质，所以尽量寻找一位你知道会对你坦诚的顾问。）向有丰富访谈经验的人请教——也许是你的培训项目中的老师，即使你已经毕业了。你真的需要一个愿意花时间听完（或看完）整个访谈并能够花 30 分钟左右就你的风格给予你反馈的人。他甚至可以是一位来自不同学科的临床工作者；你需要的是他的经验和观点，而不是某种特定的理论立场。这样的人对你来说很有价值，尤其是当你在访谈中遇到困难的时候。

访谈者可能遇到的阻碍（以及该如何应对）

上述方法除了会迫使你面对言语中大量的口头禅（相信我，这很痛苦）之外，还可以揭示我们在访谈中遇到的各种困难。以下是一些可能会出现的问题，其中的页码将引导你找到本书的哪些章节讨论了你应练习的行为。

- **访谈范围太局限**。人们很容易把注意力集中在一两个核心问题上——严重的心境障碍和精神病性障碍——而忽略了那些看起来更次要的，但事实上非常重要的问题。由药物使用而引起的婚姻/家庭问题和人格问题就是两个例子，这些问题几乎会使任何主要诊断变复杂。让患者自由表达是一种扩大访谈的覆盖范围的方式。见第 258 页。
- **对线索追踪得不足**。如果你不去探索访谈过程中遗漏的线索，你就有可能犯错。比如，患者说："在爸爸离开家的那些年，我宛如脱缰野马。"你可以很好地追踪患者所说的"脱缰"是什么意思，从而获得大量与行为障碍和儿童期学习困难有关的信息。但你也要记得问他爸爸为什么不在家。不管你了解到了什么——离婚、入狱、住精神病医院或与保姆私奔——都可能对诊断很重要。见第 069 页。
- **对开放式提问使用得不够**。在确定需要进一步探索的领域时，你使用的提问方式可能对于你获得的信息的数量和质量至关重要。如果你听说患者"小时候被虐待"，你可能会问一大堆问题，比如，谁在什么时候、在什么情况下殴打患者；但你始终没了解过患者是否也遭受过性虐待。正如高级顾问可能会告诉你的那样，一个更好的方法是先问一些开放式提问，比如，"请和我多说一些那件事的信息"。这样，你就可以避免过早地停止对一个重要领域的调查。作为奖励，开放式提问更有可能揭示这些经历的情绪结果。访谈者常犯的错误是过度专注于收集某些信息，而完全忽视了给患者足够的空间来自由地表露他们最关心的问题。在访谈早期，在没有足够的（或根本没有）时间让患者自由表达时，我们更容易忽视这一点。见第 069 页和第 082 页。

- **不恰当地进行探索**。然而，一旦你知道患者最关心的是什么，你就需要关注这些领域的具体信息。如果你选择了不恰当的探索性问题（问题太长、太模糊或使用否定的措辞），你就可能陷入琐事的泥潭，或者迷失在修辞的死胡同里。"为什么……"的问题会引发你的猜测，同时可能让你一无所获。相反，应该把重点放在提问的精确性、简洁性和准确性上。见第 072 页。

- **对访谈的控制不足**。喋喋不休或充满敌意的患者会影响融洽的关系的建立，并会减少你获得的信息量。当然，通常不会有这个问题，大多数患者都会配合。但回放访谈录音可以让你立刻意识到，一些性格或行为怪异的患者会如何与你争夺主导权。如果你输掉了这场"战斗"，你就可能发现自己离目标相去甚远——也许，你对患者女婿的无礼之举或配偶的酗酒情况了解得很多，却对患者自己的症状和人格知之甚少。见第 147 页。

- **没有建立融洽的关系**。在听完录音时，你应该对你和患者关系建立得如何有了相当不错的把握。你会了解到你听起来是否热情；你是否对故事中的重要内容表示感兴趣；当你听到问题时，你是否表达了关切。如果你有任何疑问，可以向高级顾问请教，他们的客观性可以帮助你了解如此敏感的问题。见第 033 页和第 152 页。

- **忽视患者**。好吧，也许"忽视"这个词太夸张了。但初始访谈可能因为临床工作者一心只想获得所需的信息，对患者的需求关注得太少，而以失败告终。结果是：随着时间的推移，患者变得越来越焦躁不安，最终在访谈结束之前就离开了房间。这样一来，最终的结果可能是再也没有机会与这位（或任何其他）临床工作者访谈了。患者越来越担忧的迹象包括抖腿、扭手指、减少眼神交流，或者在回答之前犹豫不决。你需要及时地问一句："在我看来，你好像感觉不舒服；你觉得谈话应该如何进行？"这样既可以挽救这次访谈，也可能挽救你和患者的关系。见第 255 页。

- **没有真正的访谈计划**。在我早期的职业生涯中，一位未能通过专业资格考试的临床工作者找到我寻求帮助。和他进行的访谈练习告诉我，这位临床心理工作者虽然接受了培训，但从未学习过如何获得必要的数据来支持诊断。这位临床工作者需要使用附录 D 中所示的半结构化访谈；他至少要等到他足够熟悉日常工作，才可以脱离这一辅助工具。（我必须指出，即使在今天，我有时也会用半结构化访谈的部分内容来提醒自己询问诊断的细节或社会史的细节。）见第 419 页。

- **自己说话太多**。如果录音显示你说话的时间很长——也许问了一些复杂的问题，然后不得不解释你的意思——你就无法从访谈中尽可能多地获得信息。非言语的鼓励会有帮助，仔细地组织你的问题也是如此。见第 047 页和第 072 页。

- **消极的反移情**。有时，你只是不喜欢特定的患者（或某类患者）。你可以通过访谈录音或录像觉察到你是如何通过言语和肢体语言抵触患者的（也许高级顾问比你更能觉察）。个人偏好会影响每一个访谈者，即使访谈者已经从业很长时间了。然而，大多数有经验的临床工作者会把他们的个人情感放在一边，以获得所需的诊断信息；之后，如果有必要，他们可以转介这样的患者，令他们能够继续接受治疗。如果你与同事通过角色扮演练习与此类患者进行访谈，可能会帮助你克服一些情感。就算只是能认识到自己的态度，也可以在很大程度上帮助你掩饰自己的情绪；尽管这些情绪可能是完全正常的和可以理解的，但在心理评估的背景下，它们也是不可接受的。见第 035 页。

- **误解的问题**。也许是患者没注意听，导致了误解；但有没有可能是你使用的临床术语造成了混淆呢？或者，有没有可能是因为你和患者来自不同的文化背景，或者说话的口音不同。文化差异的影响几乎是每位临床工作者都会时不时遇到的问题，通常可以通过坦率地讨论你们之间的差异以及努力消除你们之间的隔阂来解决。即使你们中的一个人能说对方的语言，翻译有时也是有帮助的。见第 039 页和第 289 页。

- **时间不够了**。我差点要写成"没有管理好时间"了，但导致时间耗尽的原因可能并非如此。有时故事太复杂了；有时患者来晚了；有时所分配的时间太短，无法完全涵盖复杂的精神病史采集的所有主要领域。然后，你必须安排额外的评估时间；在没有足够完整的数据的情况下，继续提任何治疗建议都没有意义。见第 009 页。

- **做出偏好的诊断**。这里有一个经常被提及的典型例子：临床工作者根据患者的内科医生提供的信息，确定患者的诊断为重性抑郁障碍，并开始抗抑郁治疗——同时，药物治疗恰好是这位临床工作者的专业领域。后来，当高级顾问提示该患者可能患有躯体化（躯体症状）障碍时，治疗方案也并未改变。诊断应该由患者的实际症状而不是你的期望来决定。见第 111 页和第 303 页。

- **匆忙下结论**。在很多方面都会出现这个问题，但我们还是需要特别提到一个方面：家族史诊断。对于被诊断出精神分裂症的亲属，你提出或未提出的问题——在什么年龄发病？症状是什么？症状持续了多久？这位亲属是否康复过？——都可能使你对患者的思考误入歧途。如果你只是简单地接受以前的临床工作者对新患者的诊断，那么情况会更加糟糕。访谈录音可能会揭示，你并没有独立地验证从患者及其亲属或过去的医疗记录中获得的结论。见第 111 页。

- **忽视鉴别诊断**。你的鉴别诊断并没有涵盖所有可能性，无论可能性有多大。于是，如果你没有考虑到内分泌紊乱的可能性，那么按常规治疗抑郁障碍就会有风险。见第 303 页。

- **对诊断标准不熟悉**。要确定诊断，你首先需要熟悉诊断标准。在精神障碍诊断中，这意味着你对各种精神病、焦虑障碍、心境障碍、物质使用障碍和其他可能的主要精神状况的基本特征有深刻的了解。这样，你就不会忘记问要做出明确、准确的诊断就必须问及的问题了。见第 363 页。

- **忽视个人和社会史**。如果普通内科医生和外科医生不了解患者的个人背景，可能只是犯了一个小错误；如果一位临床心理工作者犯了这样的错误，就有可能带来灾难。当然，在询问躁狂或焦虑障碍的症状时，我们很容易忘记一些不起眼的问题，比如童年时的人际关系或在学校取得的成就。然而，这些材料都可能对诊断和治疗产生影响，并且它们始终是了解患者作为一个完整的人的一部分。见第 100 页。

- **忽视警告信号**。各种各样的迹象和症状都可能给你诊断提示，包括一些相当令你惊讶的东西：在儿童期遭受虐待的蛛丝马迹、躁狂的父母，或者因持有毒品而被捕。当然，这些信号有时会成为"障眼法"，因为它们并不能提供对诊断有重要意义的材料，但你肯定不愿意成为一个忽视决定性信息的临床工作者。见第 203 页。

- **忘记询问感受**。虽然这种情况当然不应该发生，但有时确实会发生。为了获得病史的事实，你忘记了询问患者对特定情况的感受，甚至忘记了询问患者当前的情绪状态。如果患者不喜欢谈论感受，或者根本就不太了解自己的感受，就更有可能出现这种情况。见第 079 页。

- **容忍含糊不清**。一个说话含糊不清的患者会令人沮丧，过去长期的经验让我深有体会。面对言语含糊不清的患者，你很容易放松警惕，让患者牵着你走。如果你对一些患者的反应是这样的，那么你已经掌握的信息可能不足以做出预想的诊断。这时，使用封闭式提问和反复要求患者进行更精确的陈述会有帮助。见第 149 页和 269 页。

- **忽视间接来源**。大约有 10% 的时候，我了解到的关于患者的一些信息会让我产生怀疑，"我对此形成的印象是正确的吗？"但时间的紧迫性常常诱使我们接受看似是事实的东西，而忽视间接来源的信息，或从旁验证诊断。坦率地说，这正是伴侣和家庭治疗师的优势所在：他们总是从不止一个来源处获得信息——这种自我纠正的过程让其他临床工作者羡慕不已。见第245页。

你遇到的许多困难只是受限于你评估的患者的数量。通过前面描述的众多方法，你应该能够了解问题的根源，并使用本书中的材料找出适当的补救措施。

附录 A

初始访谈总结

信息	过程
开场介绍	
自我介绍 　介绍你在治疗中的角色 　大概需要的访谈时间，访谈目标	初始目标 　向患者介绍他们作为受访者的角色 　让患者感到舒适
主诉	
询问患者前来寻求治疗的原因	用开放式提问和指导性提问引出主诉
自由表达	
给患者几分钟的时间讲述前来寻求治疗的 　原因 注意听临床感兴趣的领域 　问题思维（认知问题） 　物质滥用 　精神病性障碍 　心境障碍（抑郁和躁狂） 　焦虑、回避行为和唤起 　躯体主诉 　社交和人格问题 在进行下一步之前，总结当前的问题	访谈的早期是非指导性的 建立合作联盟 　调整行为举止来适应患者的需求 　监测你的感受 　清楚地表达积极情感 　使用患者容易理解的语言 　不要批评患者或他人 保持合适的距离 　不要谈论自己 　称呼患者的头衔或姓氏 用沉默鼓励患者持续表达 　保持眼神接触 　恰当地点头或微笑 　言语鼓励 　　用"是的"或"嗯"回应 　　重复患者的言语

续表

信息	过程
	询问更多信息
	如果患者没有回应，就再次询问
	简单地总结
	在必要时消除患者的疑虑
	必须真实可信
	使用身体语言
	纠正对于躯体症状和心理症状的任何误解
	现病史
描述症状	建立真实病史的必要性
类型	为了来访者和咨询师的自身利益
发作	承诺访谈的保密原则："如果有些事情是你不能讲的，那也不要说谎，可以讨论其他事情"
严重程度	
频率	
持续时间	一般原则
环境	重述患者说的话，确保你正确地理解了
应激源	不要用否定的语气来提问
自主神经症状	避免模棱两可的提问
睡眠	鼓励精准地回答问题
饮食和体重	提问要简明扼要
昼夜节律变化	留意新的线索
先前的发作	使用患者能理解的语言
时间	探索细节
症状？	使用直接提问
痊愈？	避免使用"为什么……"的提问
先前的治疗	限制面质次数：一两次，在会谈后期"帮助我理解"
类型	
依从性	混合使用开放式和封闭式提问
是否达到理想效果	使用开放式提问提高信息的准确性
副作用	封闭式提问增加信息量
住院	引出最佳感受：
障碍的结果	不被打断的交谈
婚姻和性	开放式提问："你可以和我多说一些信
社交	息吗？"

续表

信息	过程
法律	直接询问感受——"告诉我与抑郁有关的感受"
工作（残疾人救助？）	
兴趣	获得其他感受：
不舒服	表达关心或同情——"我也感到很愤怒"
症状带来的感受和行为	情感反映——"你一定感到有些失控"
阴性和阳性症状	注意声音和身体语言的情绪线索——"你现在看起来有些悲伤"
患者如何处理这些感受？	
防御机制	解释——"听起来像你小时候的感受"
见诸行动	类比——"你妈妈去世的时候你有这种感觉吗？"
否认	
贬低	减少过度情绪化：
置换	轻声地说话
解离	使用封闭式提问
幻想	重新定向，改变话题
理智化	重新解释你需要的信息
投射	询问患者是否理解你想要了解的内容
退行	只有在万不得已的情况才中断访谈
分裂	
反向形成	
躯体化	
探索临床感兴趣的领域	
个人和社会史	
童年和成长经历	对访谈负责
患者的出生地是哪里？	用点头和微笑鼓励简短的回答
兄弟姐妹几人，排行老几？	当你需要了解不同的内容时直接说明，但是……
由父母共同抚养？	
父母相处得如何？	首先给予共情
小时候有被父母需要的感觉吗？	打断的时候使用手势
如果是领养的	停止记录
在什么情况下被领养？	如果上述策略没有效果
在家族外被领养？	直接说："我们得继续了"
儿童期健康？	使用更多的封闭式提问
教育	使用多项选择题
最高学历	过渡到新话题
学业问题？	使用患者自己的话

续表

信息	过程
活动水平？ 拒绝上学？ 在学校的行为问题 休学或被开除？ 童年社交情况？ 开始约会的年龄？ 性征的发育 爱好、兴趣 **成年生活** 生活状况 　与谁共同生活？ 　生活地点？ 　经济状况？ 　曾经无家可归？ 　社会支持网络 家庭纽带 获得救助？ 婚史 　结婚次数 　每次结婚的年龄 　配偶的问题？ 　孩子的数量、年龄和性别 　领养孩子？ 工作史 　当前从事的职业 　从事过的工作数量 　换工作的原因 　被解雇？原因？ 服役史 　兵种和服役年限 　最高军衔 　纪律问题？ 　战斗经历？ 法律问题？ 　民事问题	承认要进行突然的过渡："现在让我们换一个话题" 留意歪曲之处 记录明显的阴性症状 **处理阻抗** 不要让自己变得愤怒 从讨论事实转向讨论感受 拒绝这种行为，接受这个人 使用言语和非言语的鼓励 关注患者的兴趣 表达同情 让患者安心：这种感受是正常的 强调需要收集完整的信息 说出你怀疑患有哪些情绪 如果患者沉默，首先获取非言语回应 关注患者的情感负担较小的行为模式 如果使用面质：不评判，不威胁 最后的手段：推迟提问 **更冒险的提问技术** 为不利信息找借口："所有这些压力可能导致你想喝酒" 夸大并没有发生的消极结果："没有人死掉，不是吗？" 诱导患者吹嘘："有没有你本可能会因之被捕但实际并未被捕的活动？"

续表

信息	过程
暴力行为史	
被拘留史	
信仰？是否与童年时不一样？	
现在的信仰	
休闲活动	
参加的俱乐部和组织	
爱好、兴趣	
性取向和偏好	"可以告诉我你的性功能如何吗？"
了解与性有关的：详细信息	
第一次性经历	
性质	
年龄	
患者的反应	
当前性取向	
当前性经历：详细信息	
愉悦感	
存在什么问题	
节育方法	
婚外情？	
性欲倒错？	
性传染疾病？	
性虐待？	小心地引入关于虐待的问题："你曾经被提出过性要求吗？"
儿童期性骚扰	
强奸	避免使用"虐待"和"骚扰"之类的术语
配偶虐待	
物质滥用	假设所有的成年人都会喝一点酒
物质滥用类型	询问过去和当前的物质使用情况
使用时长	
剂量	
结果	
医学问题	
失控	
个人和人际关系	
工作	
法律	
经济	

续表

信息	过程
滥用处方药？	
自杀企图	你可以逐步询问："之前有过任何绝望的想法吗？有过任何伤害自己的想法吗？"
方法	
结果	
与药物或酒精相关？	
心理结果的严重性	
躯体结果的严重性	
人格特质	根据以下方式评估人格：
长期行为模式的证据	患者的自评报告
	知情者
	与他人的互动史
	访谈者的直接观察
家族史	
精神障碍家族史	是否有任何有血缘关系的亲属——父母、兄弟姐妹、祖父母／外祖父母、子女、叔伯姑舅姨、堂表兄弟姐妹、侄子侄女／外甥外甥女——患有任何精神疾病，包括抑郁、躁狂、精神病性障碍、严重的神经质、物质滥用、自杀或自杀企图以及犯罪等？或者需要精神病住院监护？
描述父母、兄弟姐妹以及其他亲属与患者的关系	
童年时，家庭中的其他成年人和儿童	
既往史	
重大疾病	对所有临床心理工作者都很重要
手术	
非精神科药物	
剂量	
服用频率	
副作用	
过敏	
环境	
药物	
非精神科住院	
儿童期的躯体虐待或性虐待？	
感染人类免疫缺陷病毒／艾滋病的风险因素	
躯体损伤	

续表

信息	过程
系统回顾	
进食障碍	与心理诊断有关的领域的阳性症状
脑外伤	
抽搐	
意识丧失	
经前期综合征	
躯体障碍回顾	见第十三章
精神状态检查	
外貌 　外表年龄 　种族 　体格、仪态 　营养 　衣着：干净？整洁？样式？ 　卫生 　发型 　装饰、首饰？ 觉醒性：正常？困倦？木僵？昏迷？ 一般行为 　活动水平 　震颤？ 　习惯性动作或刻板动作 　面部表情 　眼神接触 　声音 对检查者的态度 情绪 　类型 　易变性 　相称性 　强度 思维流 　词语联想 　语速和节律	在询问病史时观察到的情况

续表

信息	过程
思维内容 　妄想 　幻觉 　焦虑 　恐惧 　强迫 　自杀和暴力行为	在询问病史时观察到的情况
定向力：人物？地点？时间？	"现在，我想问一些常规问题……"
语言：理解力、流畅性、命名、重复、阅读、书写	
记忆：瞬时记忆？近期记忆？远期记忆？	"你的记忆力如何？介意我测试一下吗？"
注意力 　连续减7的运算 　倒数	
文化信息 　时事 　说出5位美国总统的名字	
抽象思维 　谚语 　找相同点和不同点	
自知力	
判断力	
	结束 　对发现进行总结 　安排下次预约 　"你还有任何问题要问吗？"

附录 B

几种常见的精神障碍

在本附录中,我简要地介绍了几种相对常见的精神障碍的典型症状和病程,这些障碍已经得到了很充分的研究。重要的是排除物质使用和其他躯体疾病作为病因的可能性,并确定患者是否在工作、学习或社交时遭受痛苦或功能损害。

请记住,下面的每一段都是对各种障碍的描述,并非诊断标准。如果你需要标准的诊断信息,请参阅合适的材料或者上网查询。

心境障碍

抑郁是一种心境的改变,患者感到情绪异常低落,有时甚至是忧郁。患者体验到了强烈的痛苦,感到情绪失控,通常伴有自杀意念。抑郁可以表现为多种形式,每一种形式都有特定的命名——有时会有几种名字。这些抑郁形式通常是重叠的,所以一个患者实际上可能属于不止一个类型。在这里,我们强调的是各种抑郁的重要特征。

重性抑郁障碍

- 重性抑郁障碍涉及不连续的抑郁发作。在此期间，患者通常会描述自己感到抑郁，尽管他们有时只是感觉易激惹，或者对过去喜欢的活动失去了乐趣或兴趣。无论是哪种情况，患者的功能水平与以前相比，都有一定变化。
- 他们也会伴随出现以下症状，包括食欲旺盛或食欲不振，体重增加或减少，睡眠减少或嗜睡；精神运动加速或迟缓；容易疲乏或精力减退；感觉自己没有价值或有负罪感；注意力不集中；想到死亡，有想死的愿望或自杀意念。
- 这些症状可能是轻度的，也可能只造成了轻微的不便，但如果持续很长时间，依然会让患者感到痛苦或功能受损。重性抑郁障碍伴有精神病性症状和严重的功能损害。
- 抑郁障碍的主要排除因素是躯体疾病或物质使用。

大概有 25% 的抑郁障碍患者也有躁狂或轻躁狂发作，在这种情况下，诊断可能是双相Ⅰ型或双相Ⅱ型障碍（见后面的"双相障碍"部分）。如果没有情绪起伏的病史，重性抑郁发作将被诊断为单相抑郁（重性抑郁障碍，无论是单次发作还是反复发作）。

这里还有另一个问题，诊断手册没有做太多澄清。这是一个事实，许多抑郁障碍患者共病其他严重障碍，这些障碍在治疗时应优于抑郁障碍，但事实上并没有。这里有一个例子：一位患有躯体化障碍（见后面的"躯体化障碍"部分）的患者同时很抑郁，曾一度被诊断为继发性抑郁。了解这种类型的抑郁障碍是一件好事，因为从长远来看，这类抑郁往往对药物和电休克治疗等物理方法反应不佳。另一个例子是物质使用后立刻出现的抑郁。

忧郁症

忧郁症（melancholia）通常被称为伴忧郁特征的重性抑郁发作，传统上被称作忧郁症的抑郁形式有时候被称为内源性抑郁，因为我们无法识别应激源。这类患者可能有多次抑郁发作，然后完全康复；他们也可能有亲属患有抑郁障碍。

- 生病时，患者很少从日常生活中获得乐趣，即使与他们喜欢陪伴的人在一起也振作不起来。他们通常会早醒——远远早于平时起床的时间——这也是他们一天中感受最糟糕的时刻。通常，他们食欲不振，体重大幅下降。他们可能表现出精神运动迟缓或加速。
- 他们的感受甚至比配偶或亲属去世时还要糟糕。他们可能难以意识到自己生病的事实：即使他们已经从之前的发作中完全康复，他们也可能极力否认康复这一结果。
- 由于患者有严重的负罪感，所以有严重的自杀风险；如果没有得到有效治疗，15%的患者最终会死于自杀。

非典型抑郁

患有非典型抑郁（atypical depression）的患者有重性抑郁发作——但症状完全相反。他们的症状与典型的重性抑郁障碍的症状表现截然相反。

- 患者会睡得太多（嗜睡），而不是失眠。
- 患者不是食欲不振，而是比平时吃得多，而且体重可能增加。
- 如果患者的情绪在白天发生变化，那也是在早上感觉更好，在晚上感觉更差。
- 不管是否抑郁，这些人往往对批评特别敏感。

持续性抑郁障碍（恶劣心境）

- 与重性抑郁发作相比，恶劣心境没有那么严重，但持续时间更长（至少 2 年）。一些恶劣心境的患者看起来几乎是终生抑郁的。
- 患者的症状与重性抑郁障碍及忧郁症的"基本"症状相同，但症状更少、更不严重（患者既没有精神病性症状，也没有自杀意念/行为）。尽管患者仍然可以工作以及照顾自己和家人，但患者并没有享受生活的感受。他们很少需要住院，除非出现重性抑郁发作。
- 通常需要排除由于其他躯体疾病或物质所致的情况。

双相障碍

- 双相 I 型障碍的躁狂发作通常是突然开始的，有明显异常且持续的欣快或易激惹的情绪，伴随着活动增多和比平时更健谈。
- 躁狂患者很容易分心，睡眠的需求减少，还会卷入宏大的计划和规划。
- 随着病情的加重，患者会失去自知力；判断力也会下降。他们之后会后悔自己说过一些话或做过一些事情，比如花很多超过支付能力的钱、性滥交，或者做出其他有问题的决定。
- 患者可能会感到自己异常强大或有力量。一些人被迷惑，自认为有特殊的力量。
- 许多人过度饮酒，也许患者正试图用药物减少自己的行为。

大多数躁狂患者也有重性抑郁发作，这种抑郁发作与躁狂发作交替出现，这种模式被称为双相 I 型障碍。一些双相障碍患者并没有完全的躁狂发作；他们的症状比"极端"的躁狂症状轻一点，不伴发精神病性症状或不需要住院。这种不太严重的情况被称为双相 II 型障碍。在不治疗的情况下，只有少数患者能够从这两种类型的障碍中自然缓解。

精神病性障碍

精神分裂症

尽管精神分裂症（schizophrenia）通常被认为是一种单独类别的疾病，但实际上，这一类别可能包括几种不同的疾病。一些患者在真正的精神分裂症症状发作之前看起来完全正常，但许多人在儿童期就像内向的独行者一样。有些人符合分裂型人格障碍的诊断。

- 精神分裂症通常有前驱期，在此期间，一个人可能对哲学、精神世界或巫术感兴趣；焦虑或茫然困惑可能是主要的情感。孤立感可能会加剧，亲属或朋友可能会注意到各种奇怪的行为，尽管这些行为不完全是精神病性的。
- 随着对内心感受和经历的关注增加，患者在工作或学校的功能会下降。可能只有在这个阶段，亲属才会注意到患者的变化。虽然患者通常定向力完整，但一般会失去自知力，判断力也会严重受损。患者可能会无法控制冲动，在出现明显的激越症状时，可能会对自己或他人变得暴力。
- 阳性症状通常始于生命的早期——十七八岁或二十一二岁，并在数月的时间里逐渐变得严重。幻觉（通常是幻听）开始出现，持续时间逐渐延长。患者通常会出现妄想（尤其是被害妄想）。可能会出现阴性症状（如情感淡漠或情感反应迟钝、情感反应肤浅或不具有实质性内容）。讲话时思维松散。只有少数患者会出现紧张型症状等行为紊乱。

需要符合五种症状中的两种或两种以上（其中至少一种必须是妄想、幻觉或思维／言语紊乱）才能做出诊断。
- 精神分裂症是一种慢性疾病。首先，患者必须患病至少6个月才符合精神分裂症的诊断标准。然后，尽管抗精神病药的治疗可以减少或消除精神病性症状，但很少有患者能恢复到病前的功能水平。

精神分裂症患者以前会被诊断具体亚型：偏执型、紧张型、青春型、未分化型或残留型。DSM-5废除了这些分型，部分原因是它们在个体中的表现并不是恒定的。然而，有时仍然值得注意的是，症状几乎只有被害妄想和幻听的一类患者——我们过去称之为偏执型精神分裂症——通常会一直很健康，直到30多岁甚至更大年龄才开始出现症状。

特别提醒：目前，对精神分裂症的诊断症状描述非常详细，所以要谨慎地做出诊断，不要过度诊断。在几年前，患有重性抑郁、躁狂、人格障碍或神经认知障碍的患者常被误诊为精神分裂症。即使在今天，这种情况仍时有发生。应该对多年来一直被诊断为精神分裂症的患者进行定期的重新评估。尤其要注意只在患者经历抑郁或躁狂发作时才会出现精神病性症状的情况——这样的患者不应该被诊断为精神分裂症。

分裂情感性障碍

分裂情感性障碍（schizoaffective disorder）这个令人困惑的诊断是由雅各布·卡萨宁（Jacob Kasanin）于1933年提出的，他是一位优秀的医生，他用这个词描述了9名既有精神病性症状又有心境症状的患者。因为这个描述适用于很多人（精神分裂症患者经常不时地感到抑郁），这个词就流行起来了。在之后的80多年里，这个名称变得越来越受欢迎。现在，一些医生使用这一诊断时并不严格；另一些医生更是随意地使用这一诊断——几年前，一位精神病学家写了一篇著名的文章，他给他的大多数患者做出了这个诊断！然而，从历史上看，这个概念很重要，因为它帮助我们理解了并不是所有的精神病性障碍都是精神分裂症。

- 分裂情感性障碍患者同时具有精神分裂症的五种主要精神病性特征（如上所述，妄想、幻觉、思维/言语紊乱、行为紊乱和阴性症状）中的两个，并且在大部分发作期间还伴随重性抑郁发作或躁狂发作（或混合特征的心境发作）。
- 在至少 2 周的时间里，患者必须有妄想或幻觉，但没有明显的心境症状。你可以标注亚型——双相型或抑郁型。

近年来，众多回顾性研究都未能证实分裂情感性障碍是一种独立且明确的诊断。（事实上，按照今天的标准，卡萨宁的原始患者中很少有符合诊断条件的。）分裂情感性障碍的评分者间信度和诊断稳定性似乎都很低。

精神分裂症样障碍

精神分裂症样障碍（schizophreniform disorder）的标准本身没有问题，这个命名实际上是一个口袋——临床医生将没有把握做出明确诊断的疾病归为精神分裂症样障碍。

- 精神分裂症样障碍的定义与精神分裂症完全一样，只是其总持续时间必须少于 6 个月。这一时间框架反映了多项研究结果，即出现精神病性症状较短时间的患者可能会完全康复。
- 一旦 6 个月过去，必须对患者进行重新诊断。如果症状持续存在，很可能符合精神分裂症的诊断。如果病情得到缓解，你可能会将诊断更改为不同的诊断，例如，伴精神病性特征的心境障碍，或者由躯体疾病或物质所致的精神病性障碍。

如果我们确实使用了精神分裂症样障碍的诊断，我们会根据几个因素来考虑预后。如果出现以下任何两个特征，相对来说，患者更有可能康复（可能不会进展到慢性病程）：（1）在患者的功能或行为出现可观察到的变化后的4周内，开始出现实际的精神病性症状；（2）大多数精神病性症状出现时，患者似乎感到困惑；（3）病前的工作和社会功能良好；（4）情感不受影响。

妄想障碍

- 妄想障碍患者的妄想内容并不离奇（也就是说，妄想并不是不可能的，比如被外星人绑架）。然而，妄想是他们唯一的典型症状，所以他们不符合其他精神病性障碍的诊断，如精神分裂症（除非与妄想的主题有关，可能会出现幻触或幻嗅）。
- 这种疾病一旦发作，就往往是慢性的。
- 保持良好的情绪和沟通能力；如果有工作，那么这些人仍然能够工作。然而，他们在社会领域确实遇到了麻烦，他们的家人经常鼓励他们接受治疗。

根据妄想障碍本身的性质，下面介绍妄想障碍的几种类型。

- **钟情妄想**。坚信自己受到某人（通常是名人或社会地位较高的人）的爱恋。这些患者有时会因为跟随或以其他方式骚扰公众人物而人尽皆知。
- **夸大妄想**。这些人认为他们有一些特殊的才能或智慧。一些人声称自己发明了一些非常有价值的东西，因此可能会纠缠政府机构（专利局、警察）以实现他们的计划。
- **被害妄想**。坚信患者（或一个亲近的人）被故意欺骗、下毒、跟踪、诽谤或以其他方式遭到迫害。

- **嫉妒妄想**。在大多数情况下，这些人认为配偶不忠；患者可能会跟随配偶或与所谓的情敌对峙。
- **疑病妄想**。这些患者经常寻求医疗帮助，确信他们有难闻的体味、寄生虫，皮肤或皮肤里面有昆虫在爬行，或者身体的某个部分畸形。
- **混合型**。上述两类或两类以上主题的妄想在比例上大致相等。
- **未特定型**。

物质 / 药物或其他躯体疾病所致的精神病性障碍

物质 / 药物所致的精神病性障碍（substance/medication-induced psychotic disorder）是由物质（包括处方药）引起的所有精神病性障碍。主要症状（幻觉或妄想）可发生在戒断或急性中毒期间，根据物质的不同而有所差异。通常病程短或是自限性的。

这类障碍的经典例子是酒精性幻听和有时伴随慢性苯丙胺使用的妄想状态。精神病性症状可能与偏执型精神分裂症难以区分。大麻、可卡因、吸入剂、阿片类药物、苯环利定和其他致幻剂以及镇静剂 / 催眠药也与这些情况有关。如果患者有急性谵妄，请注意不要做出这种诊断。

在医疗状况中，情况大致相同。各种各样的躯体疾病会引发一系列复杂的精神病性症状，包括各种妄想和幻觉，同时也包括运动异常（如紧张性症状）和阴性症状。

顺便说一句，类似的分类（和论点）也适用于心境障碍和焦虑障碍。

物质相关障碍

虽然术语在不断变化，但问题本身依然如故：酒精和药物滥用。21世纪出现的可能导致依赖的物质越来越多，DSM-5 现在称之为物质使用障碍。

对这种依赖的识别基于一些行为的出现：对药物的耐受性（继续使用药物的效果变差，或者必须增加剂量才能达到同样的效果）；减少剂量时的戒断症状；超剂量范围使用；尝试控制使用时失败；花费大量时间获取或使用药物；因药物使用而减少重要活动；未能履行工作/学校或家庭的重要义务（如反复缺席、忽视孩子或家庭，或者工作表现不佳）；尽管知道药物可能造成躯体或心理问题，但仍在继续使用；即使在身体上存在危险（如驾车时）仍会使用物质；尽管知道物质使用已经引起了社会或关系问题（打架、争吵），或者导致社会或关系问题的恶化，但仍继续使用。最后，还有一个非行为标准，即此人渴求或强烈地想要使用物质。

神经认知障碍

神经认知障碍是与暂时性或永久性脑功能损害相关的行为或心理异常。病因可能是大脑结构、化学或生理的异常，但确切的病因并不总是为人所知的。损害可能发生在四个主要方面之一：智力功能、判断力、记忆力和定向力。一些患者也有相关的冲动控制或情绪异常。传统上，神经认知障碍被广泛地归类为谵妄或痴呆；痴呆已被 DSM-5 归类为重度神经认知障碍。

谵妄

谵妄通常急性起病，多由脑外因素引发。其症状强度往往波动不定，且病程通常较短，一旦潜在病因得到缓解，谵妄便会随之消失。

- 患者无法集中注意力或维持注意力，往往很容易分心，思维迟缓；在解决问题和推理方面遇到了困难。
- 思维改变，如定向力、言语、执行功能、记忆、学习或知觉（幻觉）方面的问题。幻觉可能会使患者感到困惑，以至无法分辨自己是在做梦还是清醒着。他们可能会将幻觉视为现实，从而感到焦虑或恐惧；有时他们会试图逃避。
- 引起谵妄的原因包括内分泌紊乱、感染、脑瘤、酒精戒断、药物毒性、维生素缺乏、发烧、癫痫发作、肝病或肾病、毒物和外科手术的影响。单次发作可能由多种原因导致。
- 症状发展迅速，在夜间往往会恶化——夜间有加重趋势（日落现象）。后来对症状的回忆可能是零散的或完全没有。

痴呆

患有 DSM-5 重度神经认知障碍（或痴呆；为了简洁起见，我通常仍这样称呼它）的患者表现出了思维和记忆力的丧失，这一点严重到了足以干扰工作和社交生活。痴呆可以是一过性的；但更多的时候，它会持续并进行性发展，频繁到导致患者出现判断力受损和抽象思维能力下降的程度。重度痴呆患者可能认不出家人，他们甚至可能在自己居住的小区里迷路。判断力和冲动控制的失败可能会导致社交礼仪的丧失，比如讲粗俗的笑话或不注意个人卫生。语言能力损害通常直到疾病晚期才出现。痴呆的主要特征包括以下方面。

- 临床医生、知情者和／或患者都担心患者的认知能力较之前的表现水平有所下降。
- 标准神经认知测试（或同等的临床评估）显示，患者的表现比正常水平低 2 个标准差以上（重度神经认知障碍），或者比标准差低 1～2 标准差（DSM-5 现在称之为轻度神经认知障碍）。

- 这些症状可能限制（对于重度神经认知障碍）也可能不限制（对于轻度神经认知障碍，患者可以努力弥补）患者的自主性。

- 这种症状不能更好地用另一种严重的精神障碍来解释，而且这些症状并不只在谵妄时出现。

痴呆的起病通常是隐匿的，而在谵妄中常见的感觉异常（幻觉或错觉）通常是不存在的，特别是在早期。通常可以确定其器质性原因，包括中枢神经系统的原发病，如阿尔茨海默病、亨廷顿病、多发性硬化和帕金森病；传染病，如神经梅毒和人类免疫缺陷病毒／艾滋病；维生素缺乏；肿瘤；外伤；以及各种肝、肺、内分泌和心血管系统疾病。一些病因（硬脑膜下血肿、正常压力脑积水和甲状腺功能减退）可以得到有效的治疗，导致患者从痴呆症状中完全康复。痴呆主要见于老年患者，病程通常为慢性恶化。

早期版本的 DSM 将痴呆命名为遗忘性障碍，患者相当突然地失去了近期记忆，有时到了无法回忆起几分钟前发生的事情的程度。远期记忆通常较少涉及。许多患者会自发地或对提示做出反应，进而虚构信息（"我昨晚在酒吧里不是见过你吗？"）。尽管慢性病程更常见，但也可能恢复。

焦虑障碍

特别提醒：许多精神疾病患者都有焦虑症状，这是他们全部主诉的一部分。重要的是不要让焦虑症状（可能是许多患者的主诉）掩盖了对于做出诊断和推荐治疗更重要的其他诊断。在这方面，要特别警惕抑郁综合征和物质相关障碍的存在。

广泛性焦虑障碍

- 患有广泛性焦虑障碍的患者不合理地担心多种生活环境，如金钱、家庭、健康以及学校或工作中的问题。
- 因此，他们有焦虑症状，如感到不安或急躁、容易疲劳、注意力不集中、易激惹、肌肉过度紧张，以及睡眠紊乱。
- 因为他们在大多数时候都有这种感受，所以他们会拖延进入或回避可能引发这种感受的情境。

广泛性焦虑障碍通常开始于成年期早期；女性比男性多，比例大约为 2∶1，通常首诊于内科或全科。一些专家认为，广泛性焦虑障碍可能影响到 5% 的人；其他人认为，广泛性焦虑障碍经常被误诊为另一种焦虑障碍或其他障碍。

惊恐发作和惊恐障碍

- 患者感到离散的焦虑或恐惧，这些感受突然发作，并在几分钟内达到高潮。（在发作之前，个体可能是平静的，也可能是焦虑的。）
- 在发作期间，患者感受到了几种典型的症状，例如：胸痛、潮热或寒战、窒息感、感觉不真实或与自我分离了、眩晕、濒死感、害怕精神失常、心跳加速或心悸、恶心、麻刺感／麻木（通常是手指）、大量出汗、呼吸急促，以及震颤。
- 当意料之外的惊恐发作反复发生，而患者害怕再次发作或试图采取预防措施时，我们就说患者患有惊恐障碍。

大约 2% 的成年人患有惊恐障碍；遗传因素起重要作用，女性比男性更常见。虽然惊恐发作可见于任何年龄，但通常好发于年轻人。它经常与场所恐怖症有关。

请注意，惊恐症状可能会出现在其他障碍中——不仅包括大多数焦虑障碍，还包括物质中毒、创伤后应激障碍和强迫症等。

场所恐怖症

场所恐怖症最初的意思是"对市场的恐惧（fear of the market place）"，但现在它包括对身处任何地方或情境的恐惧，在这些地方或情境下，患者可能很难逃离或寻求帮助。

- 因此，患者可能避免离开家去市场、商店、开放场所、剧院、乘坐公共交通工具，甚至是站在队伍或人群中。
- 在6个月或更长的时间里，患者会因此回避令他恐惧的情境，需要人陪伴，或在面对这些情境时感到不适。

场所恐怖症影响的人相对较少（可能每200个成年人中有1个），在女性中更常见。它通常在惊恐发作或创伤性事件发生后出现，始于生命早期。大多数场所恐怖症患者也会出现惊恐发作；然而，对这两种疾病的诊断是可以分别进行的。

强 迫 症

强迫症是得到充分研究的一种障碍，始于青少年期或成年期早期，通常会持续终生。

- 患者会有强迫思维或强迫行为（或两者都有），它们会不由自主地进入意识，伴随焦虑或恐惧。
- 患者在这些痛苦的想法或行为上投入了大量时间和精力，这些做法看起来是异己的（自我异质的）、愚蠢的或非理性的。

通常，自知力完整的患者认为这些想法是患者自己思维的产物，但有时自知力可能缺失。主要的强迫行为包括洗手、清洁和强迫性检查，以确保某些行为（如关掉炉子）确实已经完成。患者感觉自己被驱使着完成这些行为，目的是减轻焦虑。抑郁症状常见。在一些患者中，强迫症会持续终生。

创伤后应激障碍

创伤后应激障碍是一种现代诊断，包括曾经所谓的士兵的炮弹休克或战斗疲劳。对于经历过强奸、战斗或者任何其他重大的自然灾难（地震）或人为灾难（飞机坠毁），涉及实际或威胁的死亡或受伤的人来说，这是一个常见的后果。（如果这种经历发生在亲密的朋友或亲属身上，那么这种体验可能是间接的或感同身受的。）

在至少1个月内，患者：

- 再体验了创伤事件（在梦里或醒着的时候有闯入性想法）；
- 回避与事件有关的线索；
- 有持续的负性情绪（"没有未来"、自责）和认知变化（如遗忘）；
- 警觉性持续增高（高度警惕，惊跳反射增强）。

症状可能持续几周或几年，这些症状通常会随着时间的推移而波动。严重程度通常与创伤事件的强度成正比。创伤后应激障碍更可能发生在儿童、老年人和那些被社会孤立的人身上。

神经性厌食

- 患有神经性厌食的患者会觉得自己体重超标，但实际上并非如此。即使患者消瘦，他们也认为自己超重，害怕变胖。
- 严格限制食物摄入量，有时甚至达到营养不良的程度，并且在女性中可能导致正常月经的停止。

患者可能会滥用利尿剂和泻药，有些人会催吐以保持低体重。症状严重时，它可能导致死亡。这种疾病在年轻女性中相对常见（高达 0.5%），男性患病率仅为女性的 1/10 左右。

躯体化障碍

躯体化障碍可能影响到约 1% 的成年女性（在男性中较为罕见），其特点表现为多种躯体症状主诉。应怀疑以下人群患有此病：病史复杂或模糊不清者；对治疗效果反应不佳者；情绪化、要求多或具有诱惑性者；有家族性人格障碍史者；儿时曾遭受性虐待者；物质滥用者；具有不寻常特征的抑郁症患者。这些患者中的许多人试图自杀。即使是临床心理工作者，也经常忽视这种诊断。

这种障碍的确切命名和诊断标准在过去的五六十年里发生了明显变化。在 20 世纪中叶，为了明确界定当时被称为布里凯综合征（Briquet's syndrome）的疾病，并将它与历史悠久的癔症（hysteria）诊断区分开，一系列标准被制定出来。癔症的诊断基本上仅依赖于一个标准：患者的症状显然不是由任何器质性疾病状态引起的。从 DSM-III 开始，一直延续到

DSM-III-R、DSM-IV 和 DSM-IV-TR，躯体化障碍的诊断标准阐明了一系列躯体症状，其中要求一定数量的症状及其分布特点方可确诊。这份症状清单冗长，使用起来有些笨拙，而且会被临床工作者普遍忽视，这些疑虑促使了所需最少症状数量的稳步减少。

然而，DSM-5 现在已经到了这种程度，就算患者基本上只有一种躯体症状，他们也可以被诊断为最近更新的躯体症状障碍。它必须持续至少 6 个月，而且必须有证据表明患者过度而持续地担忧健康；即使只有一个症状，也能诊断。我非常担心这一让步削弱了我们对于一群患者的理解，这些患者在医学史上一直遭受误诊和错误治疗。以下是 DSM-5 中的躯体症状障碍的特征。

- 在 6 个月或更长的时间内，至少有一种躯体症状造成了痛苦或对日常生活造成了干扰。
- 因此，患者对健康问题感到持续高度焦虑。
- 如果患者的主要问题是主诉的疼痛，则可以添加以疼痛为主的主诉。（DSM-IV 认为这是一个单独的诊断，并将它称为疼痛障碍。）

作为对比，我在下面附加了布里凯综合征的初始标准。它允许我们对既有躯体症状又有精神/情绪症状的患者进行诊断，并有助于区分那些可能不太容易接受药物治疗的抑郁障碍患者，和那些可能从药物或电休克治疗中受益的患者。此外，在附录 D 结构化访谈（第 434 页）的"躯体主诉"部分，我使用了 DSM-IV 中躯体化障碍——这是我在本书中主要选用的障碍名称——的诊断标准。多年来，精神健康诊断一直缺乏一致性，因此只能"你付费，你接受诊断"。

布里凯综合征

- 始于 30 岁，患者患有慢性或复发性疾病，突然发作，病因不清楚或复杂。

- 患者必须在以下 9 个或 10 个类别中报告至少 25 种在医学上无法解释的症状（若报告 20~24 种症状，则可能诊断为"疑似"布里凯综合征）：

1. 头痛；大部分时间体弱多病
2. 失明、瘫痪、麻木、失声、癫痫发作或惊厥、意识丧失、失忆、耳聋、幻觉、尿潴留、行走困难或其他原因不明的"神经"症状
3. 疲劳、喉咙有异物感、晕厥、视物模糊、虚弱无力或排尿困难
4. 呼吸困难、心悸、焦虑发作、胸痛或头晕
5. 厌食、体重减轻、体重明显波动、恶心、腹胀、食物不耐受、腹泻或便秘
6. 腹痛或呕吐
7. 痛经、月经不调、闭经或经血过多
8. 性欲减退、性冷淡、性交痛或其他性功能障碍；怀孕期间至少每月呕吐一次，或因妊娠剧吐住院治疗
9. 背痛、关节痛或四肢痛，性器官、口腔或直肠的灼痛，其他身体疼痛
10. 神经紧张、恐惧或抑郁情绪；因感觉不适而需要停止工作或无法完成日常工作；容易哭泣，感觉生活无望，频繁思考死亡，有死亡愿望，自杀意念，自杀企图

人 格 障 碍

DSM-5 列出了 10 种人格障碍，这些障碍已经被充分认识，足以获得正式诊断。其中的 6 种已经得到足够充分的研究，可靠性较高。下面介绍了不同人格障碍的特点。在每一种人格障碍中，相关态度和行为是在成年

期早期出现的（有时也会早得多），并见于各种情境。

分裂型人格障碍

有奇幻思维、牵连观念、错觉或其他异常感知觉以及不寻常的举止或穿着怪异，这些有时会让分裂型人格障碍患者看起来很奇怪。患者可能不信任别人的意图、自我孤立、焦虑，或者对正常的社交关系感到不舒服。有些患者已婚，但他们通常会怀疑别人的忠诚，几乎没有亲密朋友。患者的思维可能充满怀疑和迷信，使患者的情感表达受限，言语含糊、离题或过于抽象。

许多患有分裂型人格的患者首次就诊时可能是因为感到抑郁。在压力情况下，患者可能有精神病性症状；有些最终发展成了精神分裂症，其亲属罹患精神分裂症的概率比一般人高。

该障碍在人群中的患病率为3%。

反社会型人格障碍

尽管反社会型人格障碍患者通常看起来很有魅力，但从青少年期（通常在15岁之前开始）起，患者就无法遵守社会规则。人际关系特征是利用他人，而不是保持亲密关系。这类人可能假意声称自己有负罪感，但缺乏同理心和懊悔之心。

患者的自我认同感来自对他人的掌控力，或者来自个人的快乐或物质利益；结果是冷漠无情以及做出不负责任的行为，几乎影响到生活的方方面面。患者可能会有吸毒、打架、撒谎和任何可以想象到的欺诈（通常是犯罪）行为：盗窃、暴力、操纵他人和虐待儿童/配偶。患者的许多异常行为都是冲动的，往往没有真正的需要，也没有考虑到自己承担的风险以及可能导致的后果。尽管患者可能会主诉多种躯体问题，偶尔也会试图自杀，但患者与他人互动的操纵性本质使得我们很难确定他们的主诉是否真实。

有两点值得注意：尽管反社会型人格障碍患者的童年通常以屡教不改、未成年人违法犯罪和逃学等问题为标志；但在所有具有这种背景的儿童中，只有不到一半的人最终发展为完全的成年期综合征。因此，这种人格障碍至少在个体 18 岁以后才能给出诊断。如果反社会行为只发生在物质使用的背景下，就不能做出该诊断。

边缘型人格障碍

患有边缘型人格障碍的患者经常出现情绪危机（抑郁、焦虑或恐惧），行为或人际关系的危机。感到空虚和无聊时，患者会强烈地依附于他人。这有时并不会得到满足：患者不可避免地担心自己会被他们所依赖的人忽视或虐待（或害怕被遗弃），因此变得非常愤怒或怀有敌意。患者可能会冲动地试图伤害或残害自己。其他鲁莽的行为可能导致一种冒险的模式，或者太频繁、太极端地从一个生活目标转向另一个生活目标。

尽管这些患者对潜在的侮辱非常敏感，但他们可能对他人的感受和需求视而不见。事实上，患者很可能强调别人的错误。有时候，患者会理想化地看待一个人；而在另一些时候，他们又会极端贬低这个人，导致社交依附和社交退缩的交替出现。

边缘型人格障碍患者往往极度自我批评，有时在极端压力下甚至会达到分离的程度。然而，任何分离性或精神病性发作都消退得非常快，因此很少与内源性精神病相混淆。强烈而快速的情绪波动、冷漠和不稳定的人际关系使这些人很难在社交、工作或学校中发挥他们的全部潜力。

这种人格障碍在女性人群中更常见（男女比例 1∶3），有超过 2% 的人和 10% ~ 20% 的精神障碍患者被发现患有这种人格障碍。

特别提醒：在我看来，当患者有其他需要更紧急治疗的障碍时，临床医生往往更倾向于做出边缘型人格障碍的诊断。在 21 世纪，这或许仍然是我们最经常过度诊断的疾病。

强迫型人格障碍

强迫型人格障碍患者一生都有刻板和完美主义倾向。永远都不会有最完美的时候，正如伏尔泰所言："完美是优秀的敌人。"专注于细节、秩序、遵守规则，以及坚持按自己的方式做事，会影响患者在工作或社交场合的表现。患者试图在大多数人认为这种努力纯属徒劳之后很久仍然尝试克服失败。往往高得不合理的标准（严谨）导致目标难以实现或任务难以完成。工作胜过人际关系——患者专注于工作，而不是休闲或社交活动。固执的僵化也会损害人际关系，因为别人很难理解他们的感受和想法。

患有强迫型人格障碍的患者可能在情感表达方面有困难，患者通常看起来非常抑郁。尽管这些情绪可能会起伏不定，但有时会变得非常严重，迫使患者接受治疗。男性患病率是女性的2倍，普通人群患病率大约为1%。

自恋型人格障碍

患有自恋型人格障碍的人有一种自大（幻想或行为）的普遍模式，渴望得到赞美，并努力吸引他人的注意。患者坚信自己比平时更特别，甚至比其他人更优秀，患者是以自我为中心的人，经常夸大自己的成就。

尽管患者有时有一种居高临下的傲慢态度，但这种人格障碍患者的自尊心其实很脆弱，往往觉得自己没有价值。即使在个人取得了巨大成功的时候（许多人都很有才华），患者也可能觉得自己被欺骗了或不值得获得成功。尽管患者的动机是获得认可，但他们仍然对别人的看法过于敏感，可能会觉得有必要获得赞扬。

当受到批评时，患者可能会用冷漠的外表来掩盖他们的痛苦。尽管患者对自己的感受很敏感，但他们几乎不能理解他人的感受和需求，可能会假装同情，就像他们可能会用撒谎掩盖自己的错误一样。

患有自恋型人格障碍的人经常幻想自己可以取得巨大的成功，羡慕那些已经取得成功的人。关系的形成可能建立在谁能帮助他们实现目标，谁会激励其自我的基础上。患者的工作表现可能会受到影响（由于人际关系问题），也可能会得到提升（由于患者追求成功的驱动力）。这种人格障碍在男性中比在女性中常见，它在总人口中的比例不到1%。（请注意，儿童和青少年以自我为中心的自恋特征并不一定意味着他们最终会被诊断为自恋型人格障碍。）

回避型人格障碍

患有回避型人格障碍的人会觉得自己能力不足或缺乏个人魅力，并且有社交抑制。患者认为自己低人一等，往往对批评和拒绝非常敏感。

对于被反对或对其他灾祸的焦虑和担忧让这些人变得谦逊，急于取悦他人，但这可能会带来明显的社会孤立。患者可能会将中立的评论误解为批评；患者通常会拒绝开始一段关系，除非他们确定自己会被接受。患者在社交场合犹豫不决，因为害怕说错话，而且会回避涉及个人风险或社会需求的目标（甚至是职业）。除了近亲，患者往往没有什么亲密的朋友。患者可能会不遗余力地墨守成规。在访谈中，就像在社交场合中一样，患者可能会感到紧张和焦虑，可能会将善意的言论误解为批评。当患者真的参加活动时，他们往往没有表现出太多的兴趣或愉悦。虽然在这类人中，很多人有工作，能正常结婚；但如果失去了支持系统，患者可能会变得抑郁或焦虑。

回避型人格障碍的发生率可能不到总人口的1%，有时与造成毁容的疾病或状况有关；它在男性和女性中的发生率差不多。这种人格障碍在临床上并不常见，这些患者往往只在另一种障碍出现时才来进行评估。（回避性特征在儿童中很常见，但这并不一定意味着他们之后会发展成为人格障碍。）

附 录 C

访谈案例、报告书写和概念化

与患者进行访谈

患者看起来20多岁，穿着一条斜纹棉布裤，一件白色衬衫，扣子一直扣到最上面，外面套着病号服。他笔直地坐在椅子上，很少与访谈者进行眼神交流。他的鼻子和嘴唇肿胀，右眼下有一道很大的伤口。他面无表情；在整个访谈过程中，他一次也没有笑过。他的话偶尔会略含糊。访谈者的声音温暖而平和。

访谈者：（和患者握手）早上好。我是××博士。
患　者：你好。
访谈者：非常感谢你今天来帮助我们进行这次访谈演示。
患　者：没关系。
访谈者：我可能会不时地做笔记，只是对问题做一点提示。现在，你能告诉我是什么问题让你来到这里的吗？
患　者：嗯——绝望、失望；无处可去，只能去天堂。
访谈者：只能去天堂，这是否意味着你想到了死亡？
患　者：想到？是想死！

访谈者：想死。关于这个情况，你能和我多说一些吗？

当然，"和我多说一些"是一种经典的、开放式要求，要求患者进一步阐述刚才所说的内容。

患　者：嗯，我在想，选择伤害别人，还是伤害自己。我不喜欢伤害任何人，所以我宁愿伤害自己。

访谈者：我明白了。

患　者：我不想活了。如果你得了，比如癌症，你就可以死；但如果你的脑子一团糟，是死不了的。所以你必须接受它。

访谈者：是的。

患　者：那不是终点，那是……"哦，好吧！"

访谈者：那么你真的尝试过自杀吗？

患　者：哦，是的！有一个声音说"快，现在是时候了"。我把衣服都脱了；我想，"你不需要穿衣服了"。我跑到高速公路上，所有的车辆都停下来了，所以我跑到马路中间，然后——我记得的最后一件事是看到远处有一辆卡车比其他车都快。我就什么都不知道了。

访谈者：所以你直接撞上了卡车。

通过到目前为止的几次回应，访谈者在很大程度上希望鼓励患者更多地表达。自由表达的原则在很大程度上得以保留。

患　者：一辆货车开得很快。我记得在救护车里，有人拍打我，叫我醒醒。

访谈者：你真的被卡车撞了？

患　者：他们是这么说的，是的，从外表上看。

访谈者：是的，看起来你被撞了。然后你记得自己在救护车里。

请注意最后一句话中的"是的"，这完全不是这位访谈者平时的风格，他可能会不自觉地试图通过使用与患者类似的话来建立联系。在整个访谈过程中，这位访谈者用的是患者能听懂的词语；医学术语可能会造成混淆，或阻碍融洽关系的建立。

患　者：有那么一瞬间，当他们拍打我的时候。
访谈者：嗯，你现在觉得怎么样？我的意思是，你试图自杀——而你此刻在这里，还活着。
患　者：似乎是这样。嗯，在医院时，我以为我死了。我在这个白色的房间里。就像通往天堂前的等候区。我就在等候区，它只像某个房间。
访谈者：嗯。
患　者：现在，我想，我可能还在等候区。
访谈者：我明白了。
患　者：你们会帮我去那儿吗？
访谈者：嗯，我怀疑这里没有人会帮忙。

直接回答总比逃避好。然而，一个更好的回答应该是经典的"我做不到那样，但我可以做到这样"——例如，"我们会尽已所能帮助你过上想要的生活"。

患　者：哦。
访谈者：你还想死吗？
患　者：（点头）
访谈者：你说你一直觉得绝望。有多长时间了？

请注意，访谈者经常抓住患者自己的话，让谈话转向另一个方向。

患　　者：有几年了。
访谈者：嗯，最近是不是更糟糕了？
患　　者：哦，是的。我偶尔会绝望。不是每天都这样。从去年夏天开始。
访谈者：从去年夏天开始。那到现在有几个月了？
患　　者：7个月。

显然是试图粗略地评估患者对时间的定向力和计算能力。

访谈者：嗯。还有其他感觉吗？就像，觉得自己没有价值？
患　　者：哦，是的。
访谈者：你知道原因吗？
患　　者：嗯，可能与我尝试找工作有关。
访谈者：嗯。
患　　者：但找不到。

到目前为止，访谈者已经确定了三个临床感兴趣的领域来进行询问：精神病性症状（幻听）、心境障碍和社交困难。可能还会有更多。

访谈者：你在一整天都感觉差不多吗？还是对你来说一天中的某个时间比另一个时间好过一些。
患　　者：晚上最好，就在我睡觉的时候。
访谈者：所以晚上睡觉的时候，你会好受一些。你的睡眠好吗？
患　　者：在这里（医院）还好。
访谈者：在正常情况下……你的睡眠有什么问题？

一位不太细心的访谈者可能会转移到其他话题上,而不是把患者的注意力集中在住院前的睡眠问题上。不过,我想知道用"正常"这个词是什么意思,最好指定一个时间范围,比如"在你被收治之前"。

患　者:我每小时都会醒来,睡觉会磨牙。
访谈者:嗯。当你醒来时,你会想事情吗?
患　者:会。
访谈者:什么样的事情?
患　者:"我该怎么办?"
访谈者:嗯……那你早上睡得很好吗?
患　者:直到最近才这样。
访谈者:嗯……是不是真的很早就醒了,还没到起床的时间,然后就完全睡不着了?

最好采用开放式提问:"你遇到了什么样的麻烦?"

患　者:是的。我在想,"为什么我醒得这么早?"
访谈者:你睡觉时感觉得到休息了吗?
患　者:是的。
访谈者:你确实感觉得到了休息。
患　者:但是我不睡觉的时候也感觉休息得很好。很奇怪,看来好像我不需要睡觉。
访谈者:胃口怎么样?
患　者:很好。
访谈者:那之前呢?
患　者:不好。
访谈者:体重有变化吗?

患　者：有。我瘦了5千克。现在不知道，我可能长胖了。

访谈者：嗯。你用了多长时间瘦了5千克？

在整个访谈过程中，你会注意到访谈者使用了大量的口头鼓励——"嗯"及其变体——作为一种清晰但侵入性最小的方式，表明患者的信息正在被接收，访谈应该继续，而不是以任何方式引导患者表达。书面记录无法呈现使用点头、微笑、眨眼和其他完全不打扰患者的非言语方法。为了提高可读性，我删掉了一部分访谈者实际使用的非指导性口头鼓励。

患　者：大约1周。

访谈者：所以体重减轻得很快。吃得少了，还是对食物不感兴趣？

患　者：不感兴趣。

访谈者：你对其他事情感兴趣吗？

患　者：不。嗯，我有一个女朋友，她有一个孩子。我对那孩子感兴趣。

访谈者：你对你女朋友的孩子感兴趣。

患　者：他是一个好男孩。我帮了他。

访谈者：在你试图自杀的时候，你对那个孩子还很有兴趣吗？

患　者：是的，但是她不想让我在他身边。

访谈者：她不想让你这么做？阅读或看电视之类的事情怎么样——你对那些感兴趣吗？

患　者：不。

访谈者：你能专心做事吗？

患　者：能，电视，如果我看电视。差不多就是这样。（停顿）但不会看很长时间。

如果访谈者太匆忙地进入下一个话题，访谈者对这个患者集中注意力的能力的总体印象会有所不同。

访谈者：就一小会儿？大概多久？

患　者：30分钟。

访谈者：所以你无法专注于长时间的节目。

患　者：什么都不想的时候可以。

访谈者：当你喜欢的人在身边时，你会发现自己忘记了不好的感觉吗？

患　者：会。

访谈者：那会有帮助吗？会持续多长时间？

患　者：直到我意识到发生了什么。

访谈者：所以那时，可能只有几分钟，这些想法就会分散注意力？

反对，阁下——请带证人！更好的选择是问"那通常会让你分心多久？"

患　者：是的。

访谈者：好的。你有负罪感吗？

患　者：是的。

访谈者：对什么样的事情有负罪感？

患　者：我把自己放在这个位置上。我本可以通过我做出的某些决定来避免它。但是现在为时已晚。

访谈者：嗯。你觉得你该死吗？

患　者：是的。

访谈者：你觉得你应该受到惩罚吗？

患　者：是的。

访谈者：嗯……

患　者：我知道很多人都这样做，但我更清楚。

访谈者：你知道得更清楚。很多人都这样做……做什么？

访谈者又一次提到了患者之前的话，这次是精心策划的。这是一种口头鼓励的方法，可以引导谈话，而不会显得过度控制。

患　者：类似事情。

访谈者：嗯……让你有负罪感的事情。你能告诉我那些事情是什么吗？

患　者：比如花钱买毒品、住酒店，而不是把钱花在房租或食物上。

访谈者：嗯……

患　者：支付日常生活费用。

访谈者：好……你使用哪种毒品？

患　者：海洛因和可卡因。

访谈者：这种情况已经持续很长时间了吗？

患　者：几年了。

访谈者：你吸食海洛因有多严重？

患　者：我想是一天500毫克。

访谈者：那你要花多少钱？

患　者：20美元，可卡因也要20美元。

访谈者：可卡因也要20美元。就习惯而言，你认为这件事有多严重？

患　者：现在吗？

访谈者：是的。

患　者：很严重。

这位访谈者要么不确定吸食500毫克有多严重，要么想给患者一个展示专业知识的机会。无论如何，要求患者解释是确保你获得了正确信息的好方法。这也有助于促进融洽的关系。

访谈者：所以你现在有一种非常强烈的渴求。
患　者：没有那么强烈；如果我有很多钱，有地儿去买，我可能会去。
访谈者：你会再次去吸毒。
患　者：因为它们让我有安全感。
访谈者：在你吸毒之前，你当时的心情怎么样？

有两个重要问题需要考虑，访谈者在努力了解这两个问题的先后顺序。这样做的重要原因是：必须区分原发性心境障碍和继发于药物使用的心境障碍，针对它们有不同的治疗选择。

患　者：这取决于我在哪里，但是……总有一些东西是缺失的。
访谈者：总是缺少一些东西，甚至在你吸毒之前。
患　者：是的。而回到学校，我再也融入不了学校环境了，真的。我的意思是，我有朋友，但我会感到不适。

临床感兴趣的另一个领域是：人格障碍的可能性。

访谈者：嗯……
患　者：不舒服。
访谈者：你感到不舒服，即使是和朋友在一起时。你能再详细说一下吗？关于那种不舒服的感觉。

即使访谈进行到这一步，访谈者也会邀请患者进一步阐述这些感觉。开放式提问是获取情绪信息的绝佳方式。

患　者：比如，你不想说错话或被取笑。不想做任何会被取笑的事。所以真的，你只要保持安静，保持沉默，然后什么都不会发生。也不会有更多的朋友。

访谈者：所以你总是非常害怕犯错，害怕显得格格不入。至少有一部分原因是你觉得自己格格不入。在你成年后，还是如此吗？

通常，我建议访谈者不要说太多话。毕竟，访谈者说得越多，患者说话的时间就越少。然而，偶尔的总结性陈述，比如上面的这种，可以确保访谈者已经理解了，并有助于与患者进行联系。

患　者：（点头）

访谈者：那你小时候呢？

患　者：那是我唯一一次不害怕，在我父母离婚之前。我记得我们搬到这儿的第一天，我父母说："外面有一个和你同龄的孩子——去和他玩。"我跑出去，推着他的三轮车。我们成了最好的朋友。

访谈者：那时候你多大？

患　者：5岁。

访谈者：在你父母离婚之前，这份友谊一直都保持得很好吗？

患　者：（点头）

访谈者：你父母离婚时，你几岁？

患　者：父母在我7岁的时候离了婚——6岁，7岁。

访谈者：那你是和妈妈住在一起，还是和爸爸住在一起？

患　者：和妈妈，住在加利福尼亚，所以我缺席了一些课程。我的其他兄弟和我爸爸住在一起，因为他们要去学校。

访谈者：那是不是在你7岁左右的时候，你开始感到格格不入？

患　者：我想是的。我的意思是，从一开始，我就觉得在某些情况下很尴尬。我逐渐好转，然后一切又变得一团糟。然后转学，然后又开始不适应。然后上了一所中学，失去了一切，再也回不去了。

访谈者：你失去了一切——这是什么意思？

患　者：这意味着我所有的朋友都和我住在不同的地区，我必须交新朋友，但我一直没有交到新朋友。

访谈者：所以你没再真正回到过去适应的时候。

患　者：是的，我就一直保持这样了。

访谈者：你在青少年期会感到抑郁吗？

患　者：嗯。

访谈者：与现在的抑郁感受一样吗？

患　者：不一样，我那时想过自杀，但我绝不会这么做。

访谈者：你第一次试图自杀是在什么时候？

患　者：2年前。

访谈者：嗯。是在你开始吸毒之后吗？

这位访谈者花了很大力气来确定症状的顺序——先发生了什么，然后发生了什么？这些信息在确定诊断和决定什么样的治疗有帮助方面是重要的。

患　者：（点头）

访谈者：那你对自己做了什么？

患　者：我试着注射过量的海洛因。

访谈者：你试图过量注射海洛因。

患　者：是的，我吃了一些处方药。

访谈者：那很明显，这没有用。

患　者：对。

访谈者：然后你住院了吗？

患　者：是的，我是 3 天后醒来的。

访谈者：这是很长的一段时间。

患　者：那是最近一次。

访谈者：从那时到这次，你有没有尝试过自杀？

你有没有注意到访谈者的很多问题都以"那……"这个字开头？我们都有口头禅，它们可能在某种程度上是令人讨厌的或有帮助的。我建议你分析一下自己的，看看哪些应该改掉。然而，在这种情况下，重复的连接词实际上可能有助于将访谈串联起来，并推进访谈。

患　者：有过，我吃了一堆非处方安眠药。那只会让我的心狂跳不止，于是我去了急诊（室）。

访谈者：嗯。

患　者：然后当我到达那里的时候，我觉得自己快晕过去了。他们用炭洗胃，那是……（长时间停顿）

访谈者：现在，你说你听到了一些声音。你能跟我说一下吗？

患　者：我的脑中在想一件事，然后这个声音听起来就像在我的大脑里说："没关系，只管去做。"

访谈者：那是指……

患　者：不管我在想什么。

访谈者：不管你在想什么。所以这个声音有点鼓励你去做一些事。

患　者：（点头）

访谈者：这个声音说过什么不同的内容吗？

患　者：它告诉我不要做事情。

访谈者：比如说？

患　者：就像"现在，这是一个坏主意，不要做"。

访谈者：嗯。
患　者：我一直都这样。
访谈者：你一直都能听到这样的声音。最早是从什么时候开始的？
患　者：在我小时候有过很多次，这个声音让我远离麻烦！
访谈者：我明白了。你认为这个声音来自真实的人或物吗？可能是自己内心的想法吗？

注意这里的强迫选择。开放式提问在这里可能会更有效——例如，"或者有其他的解释吗？"

患　者：我以前认为这来自我的内心，直到最近，当它变得非常强烈时，我几乎可以看到它。就在那时，我开始认为这是另一回事。
访谈者：嗯。
患　者：我哥哥死了。我发誓这与此有关。
访谈者：我不明白。
患　者：我哥哥被谋杀了。这和我没死有关。
访谈者：所以你是这么想的——
患　者：在我试图吸食过量海洛因的时候，在我出院的同一天，我的祖父去世了。
访谈者：哇哦！

缩略表达了"对一个人来说，这真是一个沉重负担"。这样的回应会让患者感到访谈者在理解和关心他，这是建立融洽关系的重要例子。

患　者：就像，必须做一个交换。他替我死了。我已经很安全了。
访谈者：所以你认为在某种程度上，是因为祖父去世了，所以你才能活着？

患　者：（点头）

访谈者：这样的责任相当沉重。这让你有什么感觉？

患　者：嗯，他病得很重。而且他就是这样的人，所以我并不惊讶。

访谈者：他的死因是什么？

患　者：年纪大了。

访谈者：你说你哥哥死了——他被谋杀了。

这个访谈者做得很好，他记得问与患者的哥哥被谋杀有关的情况！访谈开始时提到的记笔记可能对此有一定帮助。

患　者：他被刺了。凶手只被判了 2 年监禁。

访谈者：刺死他的人因此只被判了 2 年监禁。当时是什么情况？

患　者：我哥哥刚从监狱出来，他不知道该去哪里，他和流浪汉一起睡在公园里。他们在做饭，他借了一辆自行车，去买啤酒，一个家伙掀翻了自行车——他说"从我的自行车上下来"，然后拿着一把刀跟在他后面。

访谈者：我明白了。你哥哥坐过牢，什么原因？

患　者：因为入室盗窃。

访谈者：他活着时有没有遇到过很多麻烦？

患　者：没有很多，只是酗酒。

访谈者：哦，他喝酒。这就是他入室盗窃的原因吗——他当时喝醉了？

患　者：是的。

访谈者：你家里还有其他人有药物或酒精使用问题吗？

患　者：有，我哥哥。

访谈者：另一个哥哥？

患　　者：是的，然后是我的舅舅和姨妈。

访谈者：所以你有几位舅舅和姨妈，是爸爸一方的亲属①，还是——

患　　者：妈妈一方的亲属，还有我的继父。

访谈者：你妈妈有酗酒或吸毒吗？

患　　者：有。

访谈者：跟我说说。

患　　者：她喝酒，吸食大麻。

访谈者：她现在是否还健在？

患　　者：（点头）

访谈者：她还在喝酒吗？

患　　者：没有。

访谈者：她想通了。那是怎么回事？

患　　者：她戒了。

访谈者：这让你觉得你还有希望吗？

患　　者：我以前戒过。我当时戒了7个月。

访谈者：真的吗？太棒了！是什么时候？

这种赞美几乎没有必要，但在上下文中，这似乎是发自内心的，也许这确实有助于巩固患者对访谈者可能形成的任何感觉。

患　　者：去年。

访谈者：然后你又复吸了。

患　　者：我只是觉得自己像一坨狗屎。

访谈者：你的意思是，即使你戒干净了，人清醒了，你也感到非常

---

① 因为在英文中，叔叔和舅舅都是 uncle，婶婶和姨妈都是 aunt，所以访谈者做了进一步确认。——译者注

抑郁。

患　　者：嗯。无望。而且我有钱。

访谈者：那时候你在工作吗？

患　　者：没有，但是我的银行卡里有 6000 美元。

访谈者：真的！哇哦。这并没有让你感觉更好。

患　　者：没有。

访谈者：即使你没有吸毒，没有喝酒，你仍然感到非常沮丧。

患　　者：（点头）

访谈者：那你想过自杀吗？

患　　者：（点头）

访谈者：你认为你当时的感受和现在一样糟糕吗？

患　　者：（点头）是的。

访谈者：嗯，关于你的亲属。我听说了你哥哥和妈妈的事。你爸爸呢——他酗酒还是吸毒？

患　　者：我的继父。

访谈者：你的生父呢？

患　　者：他以前有工作，但他现在没有了。但在我的成长阶段，他是个酒鬼。

访谈者：我明白了。他做过什么工作？

患　　者：他曾是销售经理。

访谈者：你现在和他有什么联系吗？

患　　者：现在，一言难尽。有段时间没联系了。

访谈者：嗯。你妈妈呢——你见过她吗？

患　　者：（点头）

访谈者：你和她相处得怎么样？

患　　者：在大部分情况下相当好。

访谈者：你知道你的哥哥去世了，你的祖父也去世了，我相信当那些事情发生时，你感到很难过。你能把你现在的感受和他们去世时的感受进行比较吗？

患　　者：我哥哥去世时，我为他感到松了一口气。他很幸运，他不用再经历那些苦难了。我祖父也一样，因为他很痛苦。所以我的抑郁（与此相比）——我希望能和他们在一起。

访谈者：所以你现在的感觉和他们离世时带给你的感觉完全不同。是这样吗？

一个重要的总结声明——试着描述现在的抑郁障碍的类型和程度，与人们在亲人去世时的感受进行比较。当访谈者考虑鉴别诊断时，这种信息有助于区分心境障碍的类型。

患　　者：是的。

访谈者：你现在希望自己已经死了吗？

患　　者：是的。

访谈者：你说你希望这里有人能帮你去死。你觉得这是现实的希望吗？

患　　者：我不明白为什么不现实，他们可以帮助癌症患者安乐死。我的大脑得了癌症。

访谈者：你的大脑得了癌症——这是什么意思？

患　　者：癌症思维。

访谈者：癌症思维。好吧，假设通过药物或其他治疗，你的大脑可以克服这些像癌症一样的想法呢？

患　　者：好吧，那就另当别论了。

访谈者：那会有所不同。

患　　者：有点像海洛因。海洛因的作用只是关闭了癌症思维。但这并不能让你感觉更好。我不想和任何人出去。我就喜欢坐在房间里看电视，把癌症思维关了。这就是我这么做的原因。

访谈者：在你看来，你使用海洛因是为了关闭你那些非常糟糕的消极想法吗？

患　者：没错。

访谈者：你提到你听到了这些声音。你有过大多数人没有的其他体验吗？

很好地利用了过渡——学会用患者自己的话，并把它作为通向其他心理现象的桥梁。

患　者：呃，没有。

访谈者：例如，你看到过某些画面吗？

患　者：看到过。

访谈者：告诉我。

患　者：我看到我被吊起来。

访谈者：你是说像被绳子吊着？

患　者：我看到我开着车撞墙的景象。我看到我从火车站台上跳下来，直接撞上火车。

访谈者：那些画面是你能真正看到的吗？就像你现在看到我的样子。还是说更像是在你脑内的屏幕上播放的东西？

患　者：不是，我看到了。

访谈者：你真的可以看到。像看见我一样清晰？

患　者：是的。

访谈者：你是否有过这样的感觉或想法，即人们正以这样或那样的方式密谋反对你，试图伤害你？

患　者：没有。

访谈者：监视你？

患　　者：是的，监视我。

访谈者：跟我说说。

患　　者：警察会做这些事情。试着阻止我。

访谈者：嗯。所以你认为那可能是警察在试图阻止你伤害自己。

患　　者：是的。到处都是摄像头。

访谈者：这个病房有摄像头，没错。外面呢？你觉得外面到处都有摄像头吗？

患　　者：差不多。你去商场，那会有。红绿灯上也有摄像头。

访谈者：除了吸毒或酗酒外，你家里还有人患过其他精神疾病吗？

哎呀，这是一个很好的问题，可以问摄像头是只针对他自己的，还是针对每个人的。当然如果是后者，就不需要对此投入太多关注。

患　　者：（摇头）

访谈者：抑郁症。

患　　者：是的，我的继父。

访谈者：你的继父。

患　　者：他嗑药，然后戒了，而且已经戒六七年了。前几天，他不得不回家待着，因为他很抑郁。

访谈者：除了你的继父，还有谁？

患　　者：没有了。

访谈者：家里有精神分裂症患者吗？……有某种精神错乱或疯狂？……还有谁想自杀吗？

访谈者在问出每一个问题后都会停顿，让患者有时间思考他的答案。

患　　者：（对以上每个问题都摇摇头说"不"。）

访谈者：让我想想，你有两个哥哥。还有其他兄弟姐妹吗？

患　者：没有了。

访谈者：你是最年幼的。你现在多大年纪？

患　者：31岁。

访谈者：嗯。你提到了你成长过程中的经历。你读到了什么学历？

患　者：一路……高中毕业。上过大学。

访谈者：你做过什么工作？

患　者：我铺过地毯，在洗车店工作过，送过比萨饼。我在仓库工作过。

访谈者：你喜欢工作吗？

患　者：是的。

访谈者：你对此有很好的感觉。

患　者：是的。

访谈者：你做过最长的工作是什么？

患　者：5年。

访谈者：那很好。那是什么工作？

又是一句恭维的话。一个好规则是：除非你是真心的，否则不要说任何赞美的话。听起来，这位访谈者也是发自真心的。

患　者：送比萨饼。

访谈者：一旦你离开这里，你认为你会尝试找另一份工作吗？

患　者：我一直在努力，但他们没有给我回电话。所以我才会没救了。

访谈者：是的。你哥哥曾坐过牢。你有过类似的烦恼吗？

访谈者利用前面的信息作为通向敏感话题的桥梁。

患　者：从来没有。

访谈者：你还提到了你的女朋友。你结过婚吗？

患　者：没有。

访谈者：你有很多女朋友吗？

患　者：是的。

访谈者：你和女人的关系通常都很令人满意吗？

患　者：是的。

访谈者：在性方面还满意吗？

患　者：还好。

访谈者：当你非常抑郁的时候呢？真的抑郁的时候，对性的兴趣有不同吗？

请注意，这位访谈者很长一段时间以来都在拖延问关于抑郁时性欲的问题——直到它更自然地进入了谈话，直到患者尽可能习惯了访谈过程。

患　者：没有。

访谈者：你只是没有，还是不感兴趣？你的身体健康怎么样？

患　者：很好。

访谈者：你因为什么问题而做过手术吗？

患　者：我的后背疼。

但是他做过手术吗？在这种情况下，假设他没有做过似乎是合理的，但访谈的一个目标是追求准确性。

访谈者：除了被卡车撞了之外，你有没有失去过意识？

患　者：（摇头）

访谈者：除了在精神科住院，你还因其他问题住过院吗？

患　者：就在我小时候。我从大约2.5米高的地方摔下来过，撞到了头。

访谈者：哇哦！

患　者：我在玩捉迷藏，结果头撞到了地上。手腕都摔断了。脑震荡了。

访谈者：那你失去意识的时间有多长？

患　者：一瞬间。但是我一整天都头晕。

访谈者：我明白了。你当时恢复得很快吗？

患　者：是的。那天我在医院住了一晚上。

访谈者：现在，我知道你经历过一段很难忍受的抑郁。你接受过抗抑郁治疗吗？

患　者：只是药物治疗。

访谈者：你吃过什么药？

患　者：草酸艾司西酞普兰、安非他酮和丙戊酸钠。

访谈者：吃药后有什么不同吗？

患　者：呃……呃……

访谈者：你吃药多长时间了？

患　者：草酸艾司西酞普兰吃了4个月，安非他酮和丙戊酸钠吃了1个月。

访谈者：那你为什么不再服用了？

患　者：草酸艾司西酞普兰让我感到很累，胃也不舒服。安非他酮和丙戊酸钠也是一样。

访谈者：你知道你服用的每个药物的剂量吗？

患　者：不知道。

访谈者：一天几片？

患　者：草酸艾司西酞普兰4片，安非他酮1～2片。

访谈者：那丙戊酸钠呢？

患　者：我想是2片。

为了确定以前治疗的充分性，访谈者像猎犬追踪老鼠一样追踪这些信息。

访谈者：你做过心理治疗吗？……团体治疗？……认知行为疗法？
患　者：（依次回答）没有。
访谈者：没有。现在，一些患有抑郁症的人有时也有完全相反的感觉——他们会欣喜若狂或过于快乐，就像站在世界之巅一样。你遇到过这种情况吗？
患　者：是的。
访谈者：你能给我讲讲吗？
患　者：就像前几天一样，我因为没系安全带被开了罚单。我花了20美元上了一堂课，他们就把那张罚单作废了——那本来是一张200美元的罚单。
访谈者：这让你感觉很好。
患　者：是的。即使我钱包里什么都没有，（没有）吃的，一无所有。
访谈者：我明白了。这种感觉持续了多久？
患　者：嗯！5分钟。
访谈者：你有过一次能持续好几天的不愉快感觉吗？
患　者：没有。
访谈者：现在，你有没有其他重要的体验，到目前为止还没有谈到过？

这是一次试探性询问，旨在提供一个机会来讨论患者可能想到的任何其他事情。这一次结果是阴性的，但在每次初始访谈中，至少抛一次诱饵是个好主意。

患　者：没有。

访谈者：你有过这样的经历吗？有些想法对你来说毫无意义或很愚蠢，但你会一遍又一遍地想。

患　者：没有。

访谈者：你有任何恐惧或恐怖症吗？

患　者：有……

访谈者：比如……

患　者：害怕当众讲话，害怕溺水，害怕被烧死，害怕失败，害怕被嘲笑。

访谈者：这些恐惧会改变你的生活方式吗？

患　者：是的，我会回避。

访谈者：那么你会回避哪些事情呢？

患　者：我不去结识新朋友。我回避任何可能伤害我的事情。

访谈者：如果你不得不在公共场合说话，你能做到吗？这只是让你不舒服，还是你根本就做不了？

患　者：嗯，上学时，在大学里，我们从来不需要这么做。但我早就可以做到了。

访谈者：所以你能做，但你并不喜欢。

患　者：我本来就不擅长。

访谈者：你有过惊恐发作吗？你会觉得有可怕的事情要发生在你身上，你的心跳会很快吗？

患　者：我一直都有。

访谈者：你现在还会那样吗？

患　者：很严重。我讨厌这样。

访谈者：什么事情引发了惊恐发作？

患　者：任何事。我可能是在打篮球；接着我就知道要来了，我感觉要发作了。我的睾丸变得冰凉，感觉很奇怪。我知道那是什么，我只能试着放手。头晕，感觉我要吐了。

访谈者：这些经历多久发生一次？

患　者：看情况。有时候，一天能有四五次。有时候一个月都不会发生。

访谈者：你和医生谈过这件事吗？

患　者：他说我有焦虑症。给我开了阿普唑仑。

访谈者：这有帮助吗？

患　者：有。

访谈者：当然，阿普唑仑也有问题。人们可能会习惯性地服用它，可能就想服用它。

这种回应近乎干预：访谈者正在冒险就某些药物的危险发表意见（尽管是试探性的）。然而，对于一个有过大量药物滥用经历的患者来说，这可能没有害处，他已经有过几次自杀企图了。

患　者：但这让我很累。他们会给我一颗药丸，我会把它分成四份。

访谈者：你有很多担忧的事情吗？

事实上，这里需要评论或沟通——这表明访谈者理解患者不滥用阿普唑仑的重要性。（就此而言，问一个问题来确保患者没有滥用阿普唑仑并没有错。）无论如何，访谈者可能会说"我想我明白了阿普唑仑的使用问题，让我们回到其他事情上"——然后询问患者的担忧。

患　者：是的，我很担忧。

访谈者：你担忧什么？

患　者：任何事……接下来会发生什么……我从这里要去的地方……我怎么能控制这一切……我担心任何不受我控制的事情。

访谈者：（对上面提到的每一个问题都用"嗯"来表示。）你有没有向类似匿名戒酒者互助会或匿名戒毒者互助会这样的组织寻求过药物使用方面的帮助？

患　者：有。

访谈者：那是什么样的帮助呢？

患　者：匿名戒酒者互助会——我就是在那里戒过7个月的酒瘾。我不再去了，因为那里有很多新人。他们都在谈论他们嗑了多少药，我就说"我不想听"。

访谈者：这对你来说是一个打击吗？

患　者：是的，这让我想吸毒。

访谈者：但是后来你又开始吸毒了。

患　者：是的。

访谈者：我对你今天早些时候说的话很好奇。你没在工作，但你银行卡里有6000美元。我在想这怎么可能。

患　者：我出了车祸。赔偿金是6000美元。

访谈者：我明白了。那你花得很快吗？

患　者：几个月就花完了。

访谈者：用来嗑药？

患　者：买毒品和住旅馆，因为我没有地方住。

访谈者：嗯，很好。我想我能理解你的遭遇了。现在，如果可以，我想换个方向，问你几个小问题。今天几号？

这种转变是一种明确的告知，表明访谈者已经获得了所需的信息，并希望继续推进访谈。

患　者：（正确陈述了年月日）

访谈者：我们现在在哪里？

患　者：（回答正确）

访谈者：让我想想，我告诉过你我的名字吗？

患　者：××医生。

所有关于记忆的访谈测试都只是获得大概的了解，而像这样的测试——只是问医生的名字——相当粗糙。但是，在访谈的前40分钟左右，患者的思维明显清晰，访谈者认为没有必要更详细地探讨记忆问题是合理的。

访谈者：很好。你能告诉我，现在的美国总统是谁吗？

患　者：（经过更多提示，按正确顺序说出了几位前任总统的名字。）

访谈者：我知道有人要求你做过一些事情，比如从100开始减去7，你介意现在做一下数学运算吗？

患　者：93。

访谈者：好的，继续减7，直到减到60以下。

患　者：好的，93，86，79，72，67……我已经搞砸了。

访谈者：（在患者挣扎了很长时间后）嗯，实际上你做得很好。

患　者：是吗？

访谈者：你比大多数人算得多。

患　者：我都答对了？

患者表现出一种令人触动的急切，渴望在他做得不错的方面获得别人的安慰。这表明了他的依赖程度。当确实值得安慰时，给予安慰是没问题的；但当情况与事实明显相悖时则不然。

访谈者：这是最后一个问题了。我今天想问你的问题到此结束。非常感谢你的宝贵时间。

在形成和保持良好关系的同时，访谈者获得了大量与该患者的诊断和治疗相关的材料。在 45 分钟内，获得了临床感兴趣的八个领域中各个领域的信息。此外，我们已经了解了这位患者的个人和社会背景（尽管还不够）。

然而，所有的访谈都有缺陷，这次也不例外。我随口就能列出五六点，要么阐述得不够充分，要么根本未曾提及。你能找出多少？

报告书写

身份信息 马尔科·卡林，30 岁，单身欧裔男性，多次在精神科接受住院治疗。

主诉 绝望，失望，除了天堂无处可去。

信息提供者 患者本人。

现病史 卡林先生在试图自杀后被送进医院，当时他在川流不息的马路上奔跑，一辆卡车撞到了他。他患有重性抑郁障碍，其特征是感到绝望和无价值感，持续了大约 7 个月，他的抑郁障碍病史更长，可以追溯到许多年前。入院前，他患有失眠症（睡眠维持困难和早醒）以及食欲不振，1 周内体重减轻了 5 千克。然而，自入院以来，他的睡眠和食欲都有所改善。在这 7 个月的重性抑郁发作期间，他对电视节目和他女朋友的孩子保持着兴趣，尽管他的性欲已经明显减退了。他的注意力有所减弱，他喜欢的人只能暂时分散他的注意力。他承认有负罪感，并认为他应该受到惩罚和死亡。他现在的感觉似乎比哥哥和祖父死亡时的感觉更糟；对后者来说，死亡是一种解脱。除了对幸运事件的简短回应，他否认有高兴的时候。

过去对抑郁障碍的治疗包括草酸艾司西酞普兰（4 个月，每天 2 片）、安非他酮（1个月，每天1片或2片）和丙戊酸钠（1个月，每天4片）。他从未接受过认知行为治疗、团体治疗或其他心理治疗。

卡林先生对于吸毒有负罪感，这种情况至少持续了2年。他每天花20美元买海洛因，20美元买可卡因，他觉得自己有严重的吸毒问题。他现在渴求毒品，觉得自己会复吸。海洛因消除了他无法接受的想法。他说，即使没有吸毒或酗酒，他也感到非常沮丧。

另一个令人担忧的领域是幻听。他主诉多年来（"我一直都有"）都能听到一个声音说"就这么做吧"和"现在这是个坏主意，不要做"。他说这个声音在他小时候经常帮助他。他过去认为这是内心的声音，但最近它变得如此强烈，以至他"几乎可以看到它"。

个人和社会史　即使是小时候，卡林先生也觉得自己适应不良。他觉得别扭，反复换学校，还要交新朋友；十几岁时，他感到沮丧，尽管没有想过自杀。他的父母在他7岁左右离婚，之后他和母亲住在加利福尼亚州。他的两个哥哥和父亲住在一起。他认为他与父母的关系相当好。他高中毕业，曾有过短暂的大学生活。他做过各种各样的工作，包括安装地毯、洗车，以及（5年来）送比萨饼。然而，他最近失业了，并且没有找到另一份工作。他没结过婚，但有过女朋友。在不抑郁的时候，他在性生活方面没有任何困难。

他的家族史包括许多滥用药物的亲属，包括他的生父——早年有酗酒史的销售经理。一个哥哥坐过牢。卡林先生的身体健康状况总体良好。8岁时，摔倒撞到了头，因脑震荡住院一夜。他主诉后背痛，但没有做过手术；除了治疗精神疾病，他不服用任何处方药。

精神状态检查　卡林先生仍然希望自己已经死了，希望医院里有人能帮助他去死，以解除他"难以消除的想法"。他认为这是一个合理的预期。他清晰地看到过自己上吊，驾车撞墙，或者从火车站台上跳下去的幻觉。尽管他否认有被害的想法，但他承认有时感觉警察可能在监视他——证据是到处都有摄像头。对人物、地点和时间的定向力正常，有良好的知识储备（知道历任总统），他的远期记忆和记忆／回忆没有受损。他的专注力相当好；他做了连续减 7 的计算，没怎么出错。

虽然他没有主诉这些问题，但他承认有些恐惧（溺水、失败、被火烧死、公开演讲以及被嘲笑）。因此，他说，他回避可能伤害他的人和情境，但他承认，如果他被要求对着观众讲话，他可能会去做。他否认有强迫的想法，但承认有惊恐发作。

印象

诊断暂缓。

1. 心境障碍
   继发于脑外伤的抑郁
   伴抑郁特征的物质相关的心境障碍
   重性抑郁障碍，复发性，可能伴恶劣心境
   双相 I 型障碍
   双相 II 型障碍
2. 物质滥用
   可卡因使用障碍，中度
   海洛因使用障碍，中度
3. 可能的焦虑障碍
   社交焦虑障碍
   广泛性焦虑障碍
   惊恐发作
   场所恐怖症

4. 可能的精神病性障碍

   物质／药物所致的精神病性障碍

   重性抑郁障碍，重度，伴精神病性特征

   精神分裂症
5. 可能的未特定的人格障碍，有回避型和分裂型特征

   躯体诊断：最近被卡车撞

   心理社会问题：目前失业和无家可归

   功能大体评定量表：

   ——15分（目前）

   ——70分（去年最高）

概　念　化

总结

这位30岁的单身欧裔男性在高速公路上被一辆行驶中的卡车撞倒，试图自杀，随后被送往医院。他从大约7岁开始就患有不同程度的抑郁障碍；近年来，可卡因和海洛因的使用使他的抑郁障碍变得更加复杂。他已经接受了几种药物治疗，但大多无效。他最近一直失业，目前无家可归。

鉴别诊断

抑郁障碍　众多标准和反复自杀企图史支持重性抑郁障碍的诊断。卡林先生说，抑郁障碍在他吸毒之前就已经存在，甚至在他不吸毒的时候仍然存在。长期存在的抑郁症状表明，他同时存在恶劣心境。

精神病性障碍　卡林先生没有达到 DSM-5 中精神分裂症的诊断标准 A，他的幻听也不太令人信服。他的症状似乎与伴精神病性特征的重性抑郁的情绪状态不够相称。最近的药物使用量似乎不足以导致精神病性症状。尽管如此，仍应仔细观察他是否会出现进一步的精神病性症状。

物质滥用　虽然从这次访谈中还不清楚他使用药物的程度，但这几乎无关紧要。很明显，可卡因和海洛因的使用干扰了他的生活，并可能导致他目前的抑郁障碍。

焦虑障碍　患者承认有几种不同的焦虑障碍症状。没有足够的信息支持任何确定的诊断；事实上，他对问题的回答表明，他可能对访谈过程的依从性很高。

人格障碍　这位患者可能过度顺从访谈问题和长期吸毒史，这支持了某种人格诊断。鉴于上述主要诊断的可能性，暂不做人格障碍诊断。

最佳诊断

目前最需要解决的诊断是重性抑郁障碍，以及可卡因和海洛因滥用。

维持因素

家族史（父亲、哥哥）与卡林先生的药物滥用密切相关。患者年轻时父母离婚可能会导致心境障碍。物质使用和抑郁可能会相互加剧。

需要更多信息

除了先前的医疗记录和其他临床工作者的印象之外，与患者父母的访谈可能有助于找到有关其抑郁障碍和药物使用的线索，并解决与可能的焦虑障碍和精神病性障碍有关的问题。随后的访谈应该会透露更多尚未涉及的细节，包括他目前的社会支持、信仰和服役史。

治疗计划

- 进一步尝试使用抗抑郁药进行治疗。
- 针对抑郁情绪的心理治疗（可能采用认知行为疗法）。
- 关于物质滥用的"十二步法"项目。
- 住房和就业援助。

预后

如果重性抑郁障碍的诊断是准确的，并且患者对药物和认知行为疗法有反应，那么治疗或许提供了一个成功管理其物质使用问题的机会。另一方面，如果其物质使用问题得不到控制，对抑郁障碍的治疗可能会非常困难。人格障碍的可能性使预后变得复杂。

附 录 D

半结构化访谈

几十年来,临床工作者习惯使用结构化和半结构化访谈来收集健康信息。这些工具在得出精确的首要诊断和次要诊断方面比传统的自由谈话更有效。例如,一项研究发现,使用 DSM 定式临床检查(Structured Clinical Interview for DSM,SCID)的诊断准确性是访谈采集的信息的 5 倍多。此外,结构化工具可以排除不必要的临床诊断;一项针对无家可归患者的研究发现,与传统的临床方法相比,结构化访谈发现的反社会型人格障碍病例更少。

本书附录 D 不是为了代替与成年人进行的临床访谈,而是为了帮助读者了解最完整的诊断所包含的必要的访谈内容。虽然这些问题将为诊断提供材料,但它们不会自己打分。例如,你必须评估抑郁障碍患者是否患有重性抑郁障碍、双相障碍抑郁发作或恶劣心境;如果是前两种之一,是否有明确的标注(如伴焦虑痛苦、伴忧郁特征或伴季节性模式)。在很多情况下,你需要引出细节,在由访谈者实施的结构化访谈中,半结构化访谈工具可以替你完成那些工作。这份指南适用于已经有精神障碍相关基础的精神卫生专业人员。

筛查提问(**宋黑体字**)呈现了两次:一次就是下面这部分;另一次是在每一系列诊断集的开头处(有证据表明,在一开始询问所有的棘手问题有助于防止患者产生说"不"的否定回答倾向)。如果一组筛查得到了否定答案，那么可以跳过后续的问题，继续前进。

最后两个部分不包含筛查问题，但不要忽略它们。这些问题会提醒你，你需要了解关于患者的背景、人格、感受和一般行为的大量信息。

顺便说一下，有些提问与最近修订的诊断手册不完全一致。例如，我把赌博和其他冲动控制障碍归为一类，而不是和物质使用障碍归为一类。这是因为诊断手册试图将疾病归入在科学上相关的分类组，这些分类组并不总是遵循我们在临床上看到的症状。为了便于管理，我通常坚持使用更传统的分类方式。

筛 查 提 问

A1. 你是否有过这样的时候——在一天中的大部分时间都感到异常沮丧、抑郁或悲伤？

A2. 你是否有过这样一个阶段——觉得在大部分时间都不再喜欢日常活动，或者不能从这些活动中获得乐趣？

B1. 你是否曾在你应该感到沮丧的时候，反而感到了不合理地快乐、欣快和"高兴过度"？

B2. 你（或其他人）是否发现过自己有异常烦躁、易激惹或脾气暴躁的时候？

B3. 你是否有过比平时活跃得多的时候？

C1. 你是否有过突然感到焦虑、恐惧或极度不安的时候？

C2. 你是否有过突然发作的经历——你感到头晕、呼吸困难或心跳加速？

D1. 你是否有过与任何事情有关的恐惧或恐怖感受？例如：动物（如蜘蛛、狗、蛇）；血液、针头或注射；高处；乘坐飞机；密闭空间；雷暴；闪电；在公共场所吃饭；当众说话、唱歌或演奏乐器。

D2. 你是否曾对身处这样一个地方感到焦虑——你很难逃离这个地方或环

境（如商店或电影院）；或者如果你惊恐发作，可能没有人可以在这个地方帮助你？

E1. 你是否有过反复闯入的想法或观念——你试图抵制但无效？

E2. 你是否曾反复执行某些行为，比如洗手、检查厨灶或数数？

F1. 你是否有过创伤性的、应激性的体验，你发现自己在不断重温它或不得不刻意回避它？

G1. 你是否曾频繁地担心？

G2. 你在担心什么？

H1. 你是否有过不寻常的体验，比如看到别人看不到的景象，或听到别人听不到的声音？

H2. 你是否尝到过或闻到过别人尝不到或闻不到的东西，或者是否感觉过皮肤上或身体里有别人感觉不到的东西？

J1. 你是否曾觉得有人在暗中监视你，在背后议论你，或者以其他方式与你作对？

J2. 你是否曾觉得你在生活中有某种特殊的使命——也许是一个神圣的目的或使命？

J3. 你是否有过其他一些看似奇怪却无法解释或说明的体验？

K1. 你是否饮过酒或使用过街头毒品？

K2. 你是否在没有医生建议或处方的情况下服用过处方药或非处方药？

K3. 你是否曾觉得自己饮酒或吸毒过量？

K4. 其他人是否对你饮酒或吸毒表示过担忧？

L1. 你的记忆力怎么样？如果可以，我想测试一下。

L2. 你是否有过被遗忘的人生经历或时期？

L3. 你是否发现过自己在一个陌生的地方，却不记得自己是如何到那里的？

M1. 你总是感到自己整个人很健康吗？

M2. 你是否因为很多种疾病状况接受过治疗？

N1. 你是否曾在别人说你太瘦的时候仍然觉得自己胖?

N2. 你是否曾因感觉吃得太饱而催吐过?

N3. 当你吃得比平时多得多时,你会继续暴饮暴食吗?

P1. 你是否曾感到你的身体出现了严重问题,或害怕你的身体出现严重问题——一些医生无法识别的严重状况?

Q1. 你是否曾觉得你的身体或外表有什么不对劲的地方——其他人似乎没有意识到的地方?

R1. 你容易生气吗?

S1. 你是否有过冲动行为?

S2. 你是否做过拔头发之类的事情?或者破坏性攻击行为……或者从商店偷东西……或者放火?(各症状中间做适当暂停,等待反应。)

T1. 你赌博吗?

U1. 你是否有任何血亲——我指的是父母、兄弟姐妹、祖父母/外祖父母、孩子、叔伯姑舅姨、堂表兄弟姐妹、侄子侄女/外甥外甥女——有过类似的症状?

U2. 在这些亲属中是否有人患过精神疾病,包括抑郁……躁狂……精神病性障碍……精神分裂症……紧张症……极度焦虑……精神病院住院……自杀或企图自杀……酗酒或滥用其他物质……或者犯罪史?(各疾病中间做适当暂停,等待反应。)

心 境 障 碍

A1. 你是否有过这样的时候——在一天中的大部分时间都感到异常沮丧、抑郁或悲伤?

A2. 你是否有过这样一个阶段——觉得在大部分时间都不再喜欢日常活动,或者不能从这些活动中获得乐趣?

如果"是"：

你是否在大多数时间都有这种感觉？

持续了多久？

有过几次这样的发作？

现在有这种感觉吗？

你是否曾从类似的低落时期完全恢复？

有多严重？是否影响了你的工作、家庭生活或社交生活？

你接受过抑郁障碍的治疗吗？

如果接受过，请详细说明。

你因此住过院吗？

在典型的抑郁期：

你有食欲不振吗？

体重有变化吗？如果有，如何变化？

睡眠有变化吗？

如果答案是肯定的，那么是减少还是增加了？几乎每一天都如此吗？

你是否往往早上很早就醒来了，无法继续入睡？

一般是早上感觉更好还是晚上感觉更好，还是没有差别？

你有没有感到行动变得迟缓或加速？如果两种情况都有，在一般情况下，别人能否明显看出来？

你是否感到异常疲劳或精力不足？如果是，几乎每一天都是这样吗？

你是否会感到某件事毫无价值或对某件事过分内疚——而不仅仅是感到身体不适？如果是，几乎每一天都是如此吗？

你有感到自己优柔寡断，或注意力难以集中吗？如果有，几乎每天都是这样吗？

你想过死亡吗？如果想过，那么这种想法持续了多长时间？

你想过自杀吗？如果答案是肯定的，那么请告诉我。

你尝试过自杀吗？如果有，是在什么时候？是如何计划的？

躯体／医学上的严重程度？

心理上的严重程度？

抑郁的时候，手臂或者腿会不会觉得很重，像灌了铅一样沉重？

当你抑郁的时候，你是否有过如此糟糕的感觉，以致你听到了别人听不到的东西，或看到了别人看不到的东西？如果有，请详细说明。

当你抑郁的时候，你是否想过你活该感到难过，是否想过其他人是在试图伤害你或者以其他方式与你作对？如果想过，请详细说明。

当你抑郁的时候，你是否觉得完全没有希望了，或者做什么都没用了？

当你抑郁的时候，如果有好事发生（例如，当你和朋友在一起时，或者升职加薪时），你会感觉更好吗？

当你抑郁的时候，你的感觉是否与你亲近的人去世时不一样？

当你抑郁的时候，是不是几乎所有事情都无法让你感到愉悦？

你是否会在1年中的某个特定季节变得抑郁？如果是，请详细说明。

你是不是那种通常（不仅仅是在抑郁的时候）对拒绝高度敏感的人？

B1. 你是否曾在你应该感到沮丧的时候，反而感到了不合理地快乐、欣快和"高兴过度"？

B2. 你（或其他人）是否发现过自己有异常烦躁、易激惹或脾气暴躁的时候？

B3. 你是否有过比平时活跃得多的时候？

如果对以上三项中的任何一项回答"是"：

这段时间持续了多久？

你有过几次这样的发作？

你现在有这种感觉吗？

你曾从这样一段兴奋的时期完全恢复吗？

有多严重？它是否影响了你的工作、家庭或社交生活？

在此期间：

    你是否接受过任何治疗？如果是，请详细说明。

    你住院了吗？在这样的时期：你是否觉得自己有别人没有的特殊力量或能力（比如有心灵感应或读心术）；或者你是否觉得你是一个特殊或地位显赫的人（例如电影明星）？如果是，请详细说明。

睡眠怎么样？详细情况如何？

如果在这些阶段睡眠少于平时，你觉得自己需要的睡眠比平时少了吗？

是你说话确实比平时多，还是别人说你说话比平时多？

你的想法会从一件事迅速转移到另一件事吗？

你（或其他人）注意到你比平时更容易分心吗？

你是否觉得自己的活动水平加快了，或者别人说你的活动水平加快了？你会比平时做更多的计划吗？

你的性欲如何？

你的判断力呢——你认为它受到任何损害了吗？我的意思是：

    你是否后悔花了很多钱？

    你是否陷入了法律困境？

    你追求性关系的方式对你来说是否不正常？

    你是否听到了别人听不到的东西，或看到了别人看不到的东西？如果是，请详细说明。

    你是否感到被监视或被迫害，或者其他人试图伤害你或以其他方式与你作对？如果是，请详细说明。

焦虑及相关障碍

C1. 你是否有过突然感到焦虑、恐惧或极度不安的时候?

C2. 你是否有过突然发作的经历——你感到头晕、呼吸困难或心跳加速?

  如果"是":

    你有过多少次这样的发作?

    平均多久发生一次?

    这些发作会持续多久?

    有多严重?它是否影响了你的工作、家庭或社交生活?

    你是否因这样的发作接受过治疗?如果接受过,请详细说明。

    你是否因此住过院?

    在发作期间,你有过以下任何感觉吗?

      胸痛或其他胸部不适?

      打寒战还是潮热?

      窒息?

      感觉不真实或与自我分离了?

      感到眩晕、晕头转向、头昏乏力、无力或站立不稳?

      害怕自己会死?

      害怕自己会失去控制或变得疯狂?

      感到心跳加速,还是心律不齐?

      恶心或其他腹部不适?

      麻木还是刺痛?

      出汗?

      呼吸急促或窒息感?

      颤抖?

D1. 你是否有过与任何事情有关的恐惧或恐怖感受?例如:动物(如蜘蛛、

狗、蛇）；血液、针头或注射；高处；乘坐飞机；密闭空间；雷暴；闪电；在公共场所吃饭；当众说话、唱歌或演奏乐器。

  如果"是"，询问所恐惧的每种刺激：

    这种恐惧多久发生一次？

    你有过几次发作？

    这种恐惧对你来说是否合理或是否不相称？

    这种恐惧会导致你回避这种情境吗？

    是否干扰你的日常或工作、社交或个人功能？

    你寻求过治疗吗？

D2. 你是否曾对身处这样一个地方感到焦虑——你很难逃离这个地方或环境（如商店或电影院）；或者如果你惊恐发作，可能没有人可以在这个地方帮助你？

  如果"是"：

    你是否因此回避过商场或电影院（或者其他地方）？

    如果你真的遇到了其中的一种情况，当你处于那个场合的时候，你是否会感到焦虑？

    如果你离开家时出现惊恐发作，你是否会寻求同伴的帮助，找人陪伴你？

E1. 你是否有过反复闯入的想法或观念——你试图抵制但无效？

  如果"是"：

    这些想法多久出现一次？

    你是否试图抵制或压制这些想法／思维？它们是你自己的想法，还是外面某个地方强加给你的？

E2. 你是否曾反复执行某些行为，比如洗手、检查厨灶或数数？

  如果"是"：

    这些行为之所以发生是为了回应某个你无法抗拒的想法或思维吗？就像我们刚才讨论的那样。

这些思维是否让你在执行这些行为时遵循严格的规则？

　　它们能防止坏事发生吗？

　　它们能减轻你的痛苦吗？

　　它们会导致严重的痛苦吗？

　　它们耗费了你多少时间？

　　它们会干扰你的日常生活以及工作、社交或个人功能吗？如果会，请详细说明。

F1. 你是否有过创伤性的、应激性的体验，你发现自己在不断重温它或不得不刻意回避它？

　　如果"是"：

　　　事件是什么？

　　　是什么时候发生的？

　　　它是否引起了严重的恐惧害怕或无助感？

　　　你是否有过再体验经历？

　　　　闯入性的内容是想法还是图像？

　　　　是否有闪回、幻觉、错觉，或者感觉该事件好像再次发生了？

　　　　类似事件的线索会给你带来很多痛苦吗？

　　　　躯体对这些线索的反应有哪些（如心跳加快、血压升高）？

　　　你是否反复试图回避让你想起创伤的事情？如果答案是肯定的，那么你用了下列哪种方式：

　　　你是否试图回避让你想起这件事的感觉、想法或话语？

　　　你是否试图避开让你想起这件事的活动、人或地方？

　　　你已经记不起事件的任何重要特征了吗？

　　　　如果是，是哪个？

　　　你对重要的活动失去兴趣了吗？

　　　　如果是，是哪些？

　　　　到什么程度？

你是否觉得自己与他人隔离开了？

你是否觉得自己失去了感受爱情或者其他强烈情绪的能力？

你是否觉得你的生命会很短暂或不会得到回报——比如没有婚姻、工作或孩子？

你是否有以下这些在事件发生前不存在的症状：

失眠？

易激惹？

注意力不集中？

过度警惕（如频繁扫描周围环境，寻找危险迹象）？

惊跳反应增加？

G1. 你是否曾频繁地担心？

G2. 你在担心什么？

如果患者列出了三个或更多的担忧：

你是否在控制这些担忧方面有困难？

你认为你1个月有几天在担心这些事情？

这样的担心持续几个月了？

它是否给你的工作、家庭生活或个人生活带来了麻烦？

当你担心时：

你是否有不安、急躁或紧张的感觉？

你是否容易感到疲劳？

注意力不集中？

你是否觉得烦躁？

你是否感到肌肉紧张加剧？

你是否睡眠出现问题？

精神病性障碍

H1. 你是否有过不寻常的体验，比如看到别人看不到的景象，或听到别人听不到的声音？

H2. 你是否尝到过或闻到过别人尝不到或闻不到的东西，或者是否感觉过皮肤上或身体里有别人感觉不到的东西？

    如果能听到别人听不到的东西：

        它们有多真实？它们现在听起来像我的声音一样真实吗？

        它们来自你的大脑内部，还是来自外部的某个地方？

        你是在什么时候开始听到声音的？

        声音来自男性还是女性？

        具体是哪个人？

        你听到了多少声音？

        如果有不止一个声音，他们会与彼此交谈吗？

        他们曾经一起谈论过你吗？

        声音多久出现一次？

        如果每天都出现，每天出现的频次如何？

        有声音会命令你该怎么做吗？

        你听从过他们的命令吗？

    如果能看到别人看不到的东西：

        你能像现在看到我一样清楚地看到它们吗？

        你会在什么时候见到它们？如果是每天，那么每天出现的频次如何？

        你是从什么时候开始看到它们的？

    如果能尝到、闻到或触到别人尝不到、闻不到或触不到的东西，请描述这些感觉。

    它们多久出现一次?

    如果每天都出现,每天出现的频次如何?

    当你经历这些的时候,你在做什么?

    你是从什么时候开始有这种感觉的?

  对于所有的幻觉:

    你认为是什么导致了这些体验?

    这些经历与毒品或酒精使用,或与医疗药物的使用,有什么联系吗?

    你有什么身体疾病能够解释这些体验吗?

J1. 你是否曾觉得有人在暗中监视你,在背后议论你,或者以其他方式与你作对?

J2. 你是否曾觉得你在生活中有某种特殊的使命——也许是一个神圣的目的或使命?

J3. 你是否有过其他一些看似奇怪却无法解释或说明的体验?

  (如果患者需要额外的信息,这里有一些例子。我的意思是:

    你是否感觉人们可以听到你未说出口的想法或读出你的想法?

    你是否感觉电视机或收音机里的某个人正在单独给你发送信息?

    你是否想过外面的人可以把想法放进你的脑子,或者把它拿出来?

    你是否觉得自己做了一件很糟糕的事情,应该为此受到惩罚?

    你是否觉得自己是名人,或者你有别人没有的能力或力量?)

  如果对 J1、J2 和 J3 中的任何一个问题回答为"是":

    请详细说明,你注意到了什么?

    你有这些体验多久了?

    你认为哪个人或什么东西应该对这些事件负责?

    你是如何尝试与这些感觉抗争的?

    是否有亲属有过类似的体验?

    这些体验和吸毒或酗酒有什么联系?

物 质 滥 用

K1. 你是否饮过酒或使用过街头毒品？

K2. 你是否在没有医生建议或处方的情况下服用过处方药或非处方药？

K3. 你是否曾觉得自己饮酒或吸毒过量？

K4. 其他人是否对你饮酒或吸毒表示过担忧？

 如果对以上任何一项回答"是"：

  用了哪些物质？

  你用了多久了？

  你现在用吗？

  你是否在停用某种特定物质时出现过戒断症状？

   酒精／镇静剂／安眠药／抗焦虑药：出汗、心跳加速、震颤、失眠、恶心、呕吐、短暂幻觉或幻觉、活动加快、癫痫发作、焦虑？

   可卡因／苯丙胺：悲伤或心境抑郁、疲劳、噩梦栩栩如生、睡眠增加或减少、食欲旺盛、活动加快或减慢？

   阿片类药物：悲伤或心境抑郁、恶心、呕吐、肌肉酸痛、流泪、流鼻涕、瞳孔放大、毛发直立、出汗、腹泻、打哈欠、发烧、失眠？

  你是否发现自己不得不使用越来越多的这种物质来达到同样的效果？

  你是否发现你用的剂量比你想的更大？

  你是否发现你试着控制你对这种物质的使用，但控制不了？

  你的物质使用耗费了很多时间——得到它，使用它，或者从它的影响中恢复？

  你是否发现你的物质使用已经导致你放弃了重要的工作、社交或休闲活动，如家庭生活或与朋友聚会？

  你的物质使用是否导致了痛苦或功能损害？如果答案是肯定的，

那么是怎样的？

你是否在继续使用这种物质，即使你知道它可能会导致你的躯体或心理问题？

物质使用是否曾导致你不能履行责任义务，如上学、上班或照顾孩子？

你是否在使用物质的同时做出过危险行为，比如开车？

物质使用是否导致了法律问题？如果是，有多少，在什么时候？

物质使用是否导致你的社交或人际关系出现了问题？如果是，你还有没有继续使用该物质？

你有对该物质的渴求吗？

思维问题（认知问题）

L1. 你的记忆力怎么样？如果可以，我想测试一下。

请重复一遍（名字、颜色或街道地址）。

今天几号？

现任国家元首是谁？前任是谁……前前任是谁……

用 100 减 7。现在用……减 7……很好，一直减到 60 以下。

L2. 你是否有过被遗忘的人生经历或时期？

如果有，请告诉我。

这种情况多长时间发生一次？

L3. 你是否发现过自己在一个陌生的地方，却不记得自己是如何到那里的？

如果有，请告诉我。

这种情况多长时间发生一次？

几分钟前我让你重复的那三项内容是什么？

躯 体 主 诉

M1. 你总是感到自己整个人很健康吗?

M2. 你是否因为很多种疾病状况接受过治疗?

　　(无论如何回答,都筛查:)

　　　你得过什么病?请详细说明。

　　　你有过其他躯体问题吗?

　　　使用药物?

　　如果对 M1 说"不",对 M2 说"是":

　　　我想问一下人们有时会遇到的一些症状。你:

　　　　有疼痛症状吗?比如这些 [要被视为阳性,每个症状都必须(1)不是由一般医疗状况或药物使用能完全解释的;(2)导致损害或导致患者寻求治疗;(3)超出了与任何看似相关的医疗状况有关的预期不适或损害]:

　　　　头部的任何疼痛(除了头痛)?

　　　　腹痛?

　　　　背痛?

　　　　关节痛?

　　　　胳膊痛还是腿痛?

　　　　胸痛?

　　　　直肠痛?

　　　　月经痛?

　　　　性交痛?

　　　　小便痛?

　　　　胃肠道症状,比如这些 [要被视为阳性,每个症状都必须(1)不是由一般医疗状况或药物使用能完全解释的;(2)导致损害

或导致患者寻求治疗;(3)超出了与任何看似相关的医疗状况有关的预期不适或损害]:

恶心?

腹胀?

呕吐(怀孕期间除外)?

腹泻?

对几种食物的不耐受?

性和泌尿生殖系统症状,比如这些[要被视为阳性,每个症状都必须(1)不是由一般医疗状况或药物使用能完全解释的;(2)导致损害或导致患者寻求治疗;(3)超出了与任何看似相关的医疗状况有关的预期不适或损害]:

对性不感兴趣?

勃起困难还是射精困难?

月经不规律?

月经量多?

孕期一直呕吐?

神经系统症状,比如这些[要被视为阳性,每个症状都必须(1)不是由一般医疗状况或药物使用能完全解释的;(2)导致损害或导致患者寻求治疗;(3)超出了与任何看似相关的医疗状况有关的预期不适或损害]:

平衡或协调受损?

肌肉无力还是麻痹?

喉咙有异物感?

吞咽困难?

失声?

尿潴留?

幻觉?

麻木（摸起来麻木，还是疼得麻木）？

复视？

失明？

耳聋？

癫痫发作？

健忘症？

其他分离性症状？

意识丧失（晕厥除外）？

N1. 你是否曾在别人说你太瘦的时候仍然觉得自己胖？

N2. 你是否曾因感觉吃得太饱而催吐过？

如果对以上两个问题都回答"是"：

那是在什么时候？

现在还是这样吗？

你当时多重？

那时你有多高？

你害怕长胖吗？

你为了减肥做了很多运动吗？

你是否用过泻药减肥？

那时候，你的身材在你看来怎么样？

更瘦、更胖，还是差不多？

那时候，你的体重或体形对你有多重要？

N3. 当你吃得比平时多得多时，你会继续暴饮暴食吗？

如果"是"：

这种情况多久发生一次？

在这些时候，你是否觉得自己已经无法控制自己的进食了？

为了不让体重增加，你是否用过泻药？利尿剂？催吐？过度运动？

P1. 你是否曾感到你的身体出现了严重问题，或害怕你的身体出现严重问题——一些医生无法识别的严重状况？

如果"是"：

请描述你的症状。

它们持续了多久？

你害怕什么疾病或状况？

Q1. 你是否曾觉得你的身体或外表有什么不对劲的地方——其他人似乎没有意识到的地方？

如果"是"：

你是花大量时间思考这个问题，还是试图进行应对？

你采取了什么措施来补救？

冲动控制障碍

R1. 你容易生气吗？

如果"是"：

在什么样的情况下，你会变得非常愤怒？

你是否变得非常愤怒，以致失去了控制？

结果，你有没有毁坏过财物？如果有，频次如何？

结果，你有没有攻击过别人？如果有，频次如何？

S1. 你是否有过冲动行为？

S2. 你是否做过拔头发之类的事情？或者破坏性攻击行为……或者从商店偷东西……或者放火？（各症状中间做适当暂停，等待反应。）

如果对任何一项回答"是"：

在进行这些活动之前，你是否感到了某种紧张？

在活动期间或之后，你是否感到满足、快乐或解脱？

T1. 你赌博吗？

如果"是"：

频次如何？

你是否觉得自己赌博过度——赌博失控？

你是否发现赌博困扰着你——你花了很多时间想办法赚钱去赌博，或者重温你过去的赌博经历，或者计划参加新的赌博？

你是否曾需要投入更多的钱来达到同样的兴奋？

你是否试过控制自己的赌博行为，却控制不了？如果有，情况是怎样的？

这种情况发生过几次？

当你试图控制赌博时，你是否感到不安或易怒？

你是否曾用赌博来逃避你的问题或者应对沮丧或焦虑的情绪？

你是否曾为了挽回损失而赌博？

你是否撒过谎，隐瞒自己赌输了多少？

你是否曾不得不依靠别人的钱来偿还你的赌债？

你是否曾用不属于你的钱去赌博？

赌博是否危及工作、重要的关系或受教育的机会？

家 族 史

U1. 你是否有任何血亲——我指的是父母、兄弟姐妹、祖父母／外祖父母、孩子、叔伯姑舅姨、堂表兄弟姐妹、侄子侄女／外甥外甥女——有过类似的症状？

U2. 在这些亲属中是否有人患过精神疾病，包括抑郁……躁狂……精神病性障碍……精神分裂症……紧张症……极度焦虑……精神病院住院……自杀或企图自杀……酗酒或滥用其他物质……或者犯罪史？（各

疾病中间做适当暂停，等待反应。）

对于任何"阳性"的回应：

 这个亲属当时的症状是什么？

 这个亲属得病时多大？

 你知道这个亲属接受了什么治疗吗？

 这个亲属后来怎么样了？（可能的结果包括康复、继续患病但社会功能良好、无法工作以及反复住院或长期住院。）

从童年到成年

童年

你在哪里出生？

你有几个兄弟姐妹？

你是最年长的，还是最年轻的——排行老几？

你是由父母抚养大的吗？

你的父母相处得怎么样？

 如果他们打架了，怎么办？

 如果他们离了婚或分了居，你当时多大？

你和谁住在一起？

如果你是被领养的，你当时多大？

 你知道收养的背景是怎样的吗？

你小时候的身体状况怎么样？

学校离家多远？

 你是否有过被放学留校的经历？

你在学校有什么行为或者纪律问题？

　　你逃过学吗？

　　你是否被停过学或开除过？

你小时候有很多朋友吗？

你小时候有什么兴趣爱好？

你在校外是否触犯过法律或纪律？

　　如果回答是肯定的，那么你偷过东西吗？

　　放火？

　　故意破坏他人财产？

　　虐待动物或人？

　　半夜离家出走？

成年生活

你结婚了吗？

　　如果结了，结过几次，每次是在多大年龄？

　　早期婚姻是如何结束的——离婚、配偶死亡？

你和谁住在一起？

孩子的数量、年龄？

你有继子女吗？

　　如果有，有多少个？

　　你和他们的关系怎么样？

你现在的职业是什么？

换过几次工作？

　　跳槽的原因？

　　你被解雇过吗？为什么？

如果你现在不工作，你目前的收入来源是什么？

你服过兵役吗？
　　如果服过，是哪个兵种？
　　服役年限？
　　最高达到什么军衔？
　　战斗经历？
　　在部队中有过纪律问题吗？
现在信仰对你来说有多重要？
　　你现在的信仰是什么？
　　和你小时候的信仰不同吗？
　　如果答案是肯定的，那么什么让你改变了？
你目前有哪些休闲活动？
　　参加社团、组织？
　　爱好、兴趣？
你第一次了解性是在什么时候？
当时是什么情况？
你是从多大开始约会的？
你的第一次性经历发生在几岁？
第一次性经历的性质如何？
　　你对此有何感想？
　　能说说你现在的性兴趣吗？
有没有让你困扰的性行为或经历？
你小时候被虐待过吗？
　　性方面？
　　躯体方面？
作为一位成年人，你有没有被强奸或性虐待过？如果有，请详细说明。

社会和人格问题

以下问题将引出患者如何看待自己和与他人互动的信息。在大多数情况下，答案无法让你做出明确的诊断；你需要从其他资源处获取更多信息。

你认为你是什么样的人？
你最喜欢自己的什么地方？
你最不喜欢自己的什么地方？
你是否有很多朋友，还是你多数时候都独自一人？
你和你的伴侣相处得怎么样？
你和家人的相处有什么问题吗？
你是否因为相处困难而回避过任何人？
和朋友之间有问题吗？
你是否在工作中有人际关系的问题？
你倾向于怀疑别人的动机，还是容易相信别人？
你喜欢成为被关注的焦点，还是不喜欢成为被关注的焦点？
你通常是否会在独处时感到自在，还是你发现你需要他人陪伴？
你是否做过被证明是判断力差的事？如果有，是什么？
你是否遇到过某种法律上的困难？如果有，请详细说明。
你是否被捕过？蹲过监狱？如果有，请详细说明。
你是否做过一些可能会让你触犯法律的事情，却从未被发现？
当你做……（这些行为）时，事后你会感到难过吗？
你是否觉得别人会欺骗、剥削或伤害你？如果是，请举例说明。
你是否觉得你的朋友或熟人对你不忠诚？如果是，请举例说明。
你是否会记仇？如果是，请举例说明。
你是否更喜欢自力更生？如果是，请举例说明。

批评或表扬对你影响大吗？如果是，请举例说明。

你是一个迷信的人吗？如果是，请举例说明。

你相信灵异事件吗，比如心灵感应、黑魔法、读心术？如果相信，请举例说明。

你和其他人的关系通常是长久的吗？如果是，请举例说明。

你的心情通常是稳定的，还是起伏不定的？请举例说明。

你是否经常觉得自己感觉"空虚"？如果是，请举例说明。

你是否经常感到愤怒或者经常发脾气或打架？如果是，请举例说明。

你是否喜欢成为被关注的焦点？如果是，请举例说明。

你是否觉得自己很容易被别人的观点影响？如果是，请举例说明。

你是否经常幻想自己获得巨大的成功、理想的爱情、权力和辉煌？如果是，请举例说明。

你是否经常觉得自己值得被特殊对待或关注？如果是，请举例说明。

你是否很难认同别人的感受？如果是，请举例说明。

你是否害怕尴尬或被否定，以至回避参加新的活动或与他人的互动？如果是，请举例说明。

在新的关系中，你是否经常觉得自己不够好？如果是，请举例说明。

在做日常决定时，你是否觉得自己需要很多建议和安慰？如果是，请举例说明。

你是否害怕失去支持而很难不赞同别人的观点？如果是，请举例说明。

你是否过于关注细节，以至有时会忽略目的？如果是，请举例说明。

你是否觉得自己特别固执？如果是，请举例说明。

你是否认为自己是一个完美主义者？如果是，请举例说明。

附 录 E

评估你的访谈

所有患者都是不同的,所有访谈也都是不同的。临床工作者对初始访谈一些方面的重视程度也各不相同。然而,对于典型的访谈而言,大多数临床工作者认为有许多方面都至关重要。这些方面包括事实材料,以及帮助获取信息的条目。我把它们列在本附录中,每一部分都有一个大概的分值。

你可以通过录音或录像为自己的访谈打分,或者在你访谈的时候让同事帮你打分。总分和每一部分的得分应该可以让你知道自己需要在哪里花费更多的时间。所使用的评分系统基于马圭尔(Maguire)及其同事的文章,并从这些文章中延伸而来(见附录F)。

在本次评估的每一部分中,如果被评估的行为或数据项完全没有被观察到或涵盖,则评分为0分。如果被评估项得到完全涵盖(根据病历中的患者病例记录判断),或者所需行为持续存在,则评分为最高分。对于得到部分涵盖的,按比例给予相应的分数。

最高分为200分。对于初学者来说,高于140分的分数都是可以接受的;而高级访谈者的平均分数应该更高。

精神状态检查不包括在自评中,自评旨在评估初始访谈的病史采集部分以及与患者的互动部分。

A. 开始访谈（10分）

访谈者……	否	是
a. 问候患者	0	1
b. 握手	0	1
c. 提到患者的名字	0	1
d. 介绍自己的名字	0	1
e. 介绍身份（受训经历？）	0	1
f. 示意患者在哪里落座	0	1
g. 解释访谈的目的	0	1
h. 提到大概的访谈时间	0	1
i. 提示需要记笔记	0	1
j. 询问患者是否感到舒适	0	1

B. 现病史（58分）

访谈者询问……	否								是
a. 主诉	0	1	2	3	4	5	6	7	8
b. 问题的发作	0		1		2		3		4
c. 应激源	0		1		2		3		4
d. 病程中的关键事件	0		1		2		3		4
e. 当前服用的药物									
1. 名字或描述	0				1				2
2. 剂量	0				1				2
3. 想要获得的效果	0				1				2
4. 明显的副作用	0				1				2
5. 效果持续时间	0				1				2
f. 既往发作史									
1. 类型	0		1		2		3		4

2. 与当前发作的相似性	0	1	2	3	4
3. 既往治疗	0	1	2	3	4
4. 治疗结果	0	1	2	3	4
g. 疾病对工作的影响	0	1	2	3	4
h. 疾病对家庭的影响	0	1	2	3	4
i. 患者对问题的感受	0	1	2	3	4

C. 既往躯体病史（10分）

访谈者询问……	否		是
a. 躯体疾病的相关数据	0	1	2
b. 对药物的过敏史	0	1	2
c. 手术史	0	1	2
d. 既往的住院治疗	0	1	2
e. 相关的系统回顾	0	1	2

D. 个人和社会史（20分）

访谈者询问……	否		是
a. 原生家庭的详细情况	0	1	2
b. 学历	0	1	2
c. 婚史	0	1	2
d. 服兵役史	0	1	2
e. 工作史	0	1	2
f. 性取向和性适应	0	1	2
g. 法律问题	0	1	2
h. 目前的生活状况	0	1	2
i. 休闲活动	0	1	2
j. 社会支持来源	0	1	2

E. 精神障碍家族史（6分）

访谈者询问……	否		是
a. 有助于做出诊断的症状	0	1	2
b. 对治疗的反应	0	1	2
c. 所有直系亲属	0	1	2

F. 筛查问题（26分）

访谈者询问……	否				是
a. 抑郁	0		1		2
b. 惊恐发作	0		1		2
c. 恐惧	0		1		2
d. 强迫	0		1		2
e. 躁狂	0		1		2
f. 精神病性障碍	0		1		2
g. 儿童期虐待	0		1		2
h. 物质滥用（包括药物）	0	1	2	3	4
i. 自杀意念/企图	0	1	2	3	4
j. 暴力史	0	1	2	3	4

G. 建立融洽的关系（18分）

访谈者……	否				是
a. 微笑，在适当的时候点头	0	1	2	3	4
b. 使用患者理解的语言	0	1	2	3	4
c. 回应感受，共情	0	1	2	3	4
d. 保持眼神接触	0		1		2
e. 保持适当的距离	0		1		2
f. 显得自信和放松	0		1		2

H. 访谈技巧的运用（44 分）

访谈者……	差				好
a. 通过询问来获得新信息	0	1	2	3	4
b. 控制访谈流程，同时允许患者在一定范围内进行回应	0	1	2	3	4
c. 澄清不确定的内容以获得完整的信息	0	1	2	3	4
d. 实现自然过渡；如果过渡得不顺畅，能够被识别	0	1	2	3	4
e. 避免使用术语	0	1	2	3	4
f. 提问简短的、单一的问题	0	1	2	3	4
g. 不重复已经问过的问题	0	1	2	3	4
h. 使用开放的、非指导性的问题	0	1	2	3	4
i. 鼓励患者口头和非言语的应答	0	1	2	3	4
j. 鼓励精确地回答（适当的日期、数字）	0	1	2	3	4
k. 寻找并敏感地处理情绪化的材料	0	1	2	3	4

I. 结束访谈（8 分）

访谈者……	否		是
a. 提示访谈快结束了	0	1	2
b. 给出简短、准确的总结	0	1	2
c. 向患者寻求反馈	0	1	2
d. 做出总结陈述，向患者表示感谢和关心	0	1	2

附 录 F

参考文献和推荐阅读

图 书

这些书都是在本书出版前能找到的最新版本,其中部分书籍未来可能会有更新。

American Psychiatric Association. (2013). *Diagnostic and statistical manual of mental disorders* (5th ed.). Washington, DC: Author.(该书被视为当前关于诊断思维的标杆性著作。)

American Psychiatric Association. (2006). *Practice guidelines for the treatment of psychiatric disorders*. Arlington, VA: Author.[该书主要包括《成人精神病学评估》(第二版;*Psychiatric evaluation of adults*,2nd ed.)。]

Bradburn, N. M., Sudman, S., & Wansink, B. (2004). *Asking questions: The definitive guide to questionnaire design* (rev. ed.). San Francisco: Jossey-Bass.

Cannell, C. E., & Kahn, R. L. (1968). Interviewing. In G. Lindzey & E. Aronson (Eds.), *The handbook of social psychology* (2nd ed., pp. 526–595). Reading, MA: Addison-Wesley.

Carlat, D. J. (2012). *The psychiatric interview: A practical guide* (3rd ed.) Philadelphia: Lippincott Williams & Wilkins.

Cormier, L. S., Nurius, P. S., & Osborn, C. J. (2013). *Interviewing and change strategies for helpers* (7th ed.). Belmont, CA: Brooks/Cole.（这是一本适合所有临床心理工作者的详细的大部头教科书，但该书的目标人群是心理学家和社会工作者，内容包括了不同的治疗类型和访谈策略。）

Ekman, P. (2009). *Telling lies: Clues to deceit in the marketplace, politics, and marriage* (4th ed.). New York: Norton.（该书包含了大量关于说谎和识别谎言的资料。）

Gill, M., Newman, R., & Redlich, F. C. (1954). *The initial interview in psychiatric practice*. New York: International Universities Press.（该书是对访谈方式的经典描述，重点关注患者的需求和能力。）

Leon, R. L. (1989). *Psychiatric interviewing: A primer* (2nd ed.). New York: Elsevier.（该书涵盖了很多与本书类似的内容，作者更喜欢用非指导性方法收集信息。）

MacKinnon, R. A., & Yudofsky, S. C. (1986). *The psychiatric evaluation in clinical practice*. Philadelphia: Lippincott.（该书只有前1/3的部分涉及临床访谈，剩下的部分涵盖临床实验室测试、性格测试和评定量表。关于心理动力学个案概念化的部分提供了一些在其他地方不容易获取的信息。）

Morrison, J. (2014). *DSM-5 made easy: The clinician's guide to diagnosis*. New York: Guilford Press.（该书是一本关于日益复杂的和详尽的DSM的学习指南。）

Morrison, J. (2014). *Diagnosis made easier* (2nd ed.). New York: Guilford Press.（该书通过一步一步地呈现，帮助读者理解访谈材料。）

Othmer, E., & Othmer, S. C. (2002). *The clinical interview using DSM-IV-TR*. Washington, DC: American Psychiatric Press.（该书像一本百科全书，它

严格遵循了 DSM 的格式。)

Oyebode, F. (2008). *Sims' symptoms in the mind*. Edinburgh/New York: Saunders Elsevier.(这本英国教科书包含了很多我们没见过的对当前精神科术语和定义的描述。)

Shea, S. C. (1998). *Psychiatric interviewing: The art of understanding* (2nd ed.). Philadelphia: Saunders.(虽然该书有些长篇大论,但它呈现了大量相关内容。)

Sullivan, H. S. (1954). *The psychiatric interview*. New York: Norton.(该书是早期关于如何做初始访谈的经典著作。)

论 文

为了便于添加注释,以下文章将按发表的时间顺序排列,而不是按著者-出版年顺序排列。

Sandifer, M. G., Hordern, A., & Green, L. (1970). The psychiatric interview: The impact of the first three minutes. *American Journal of Psychiatry, 126*, 968–973.(在该研究中,一半访谈者的观察是在实验访谈的前 3 分钟内进行的。这些早期数据有时对诊断有决定性影响。)

Maguire, C. P., & Rutter, D. R. (1976). History-taking for medical students. 1: Deficiencies in performance. *Lancet, ii*, 556–560.[高年级医学生在病史采集方面表现出明显的不足。这些问题包括:回避个人问题,使用术语,缺乏准确性,没有抓住线索,不必要的重复,不清楚的解释,失败的控制,不够便利,以及不恰当的提问风格(引导性问题或复杂的问题)。]

Maguire, P., Roe, P., Goldberg, D., Jones, S., Hyde, C., & O'Dowd, T. (1978).

The value of feedback in teaching interviewing skills to medical students. *Psychological Medicine, 8,* 695–704.［在一项随机试验中，反馈（视频、音频或练习对访谈进行评分）能够增强医学生获取相关准确事实的能力。只有视频组和音频组显示出了技能的提高。］

Maguire, P., Fairbairn, S., & Fletcher, C. (1986). Consultation skills of young doctors. I: Benefits of feedback training in interviewing as students persist. *British Medical Journal, 292,* 1573–1576.（该研究随访了年轻医生在接受视频反馈培训或接受常规访谈技巧教学的5年后的情况。毕业后，两组被试的情况都有所改善，但"接受过反馈培训的医生在准确诊断技能方面保持了优势"。作者的结论是反馈训练应该用于所有医学生。）

Platt, F. W., & McMath, J. C. (1979). Clinical hypocompetence: The interview. *Annals of Internal Medicine, 91,* 898–902.［这篇文章介绍了内科住院医生在初始访谈中遇到的问题，这些问题包括关系不佳、获取的数据不足、未能形成假设、对访谈的过度控制（患者抱怨医生没倾听他们），以及接受患者对实验室数据的报告或对其他医疗保健提供者所说内容的解释，而不是接受主要的症状数据。给出举例说明。］

Rutter, M., & Cox, A. (1981). Psychiatric interviewing techniques: I. Methods and measures. *British Journal of Psychiatry, 138,* 273–282.（这是一系列入门文章。这7篇系列文章是访谈技巧研究的里程碑。这些研究基于对儿童精神病患者的母亲进行的访谈，并比较了学者推荐的四种访谈风格。虽然他们的研究没有得到重复验证，但研究结果非常合乎逻辑，研究方法无懈可击，以至这几篇文章的内容被读者公认为真理。这些文章为本书提供了许多研究基础。）

Cox, A., Hopkinson, K., & Rutter, M. (1981). Psychiatric interviewing techniques: II. Naturalistic study: Eliciting factual material. *British Journal of Psychiatry, 138,* 283–291.（研究结果显示，与更自由的提问方式相比，如果"所采用的指导性提问具有特定的探索性并给出了进行详细

描述的请求"，就更能问出高质量的事实。当访谈者说得少且使用更多开放式提问时，受访者会说得更多。一次问两个问题会导致混乱，但多项选择题有时会有所帮助。）

Hopkinson, K., Cox, A., & Rutter, M. (1981). Psychiatric interviewing techniques: III. Naturalistic study: Eliciting feelings. *British Journal of Psychiatry, 138*, 406–415.（研究人员发现了几种促进情感表达的技巧。其中包括访谈者更少打断谈话，开放式提问多于封闭式提问，直接询问感受，以及解释和表达同情。）

Rutter, M., Cox, A., Egert, S., Holbrook, D., & Everitt, B. (1981). Psychiatric interviewing techniques: IV. Experimental study: Four contrasting styles. *British Journal of Psychiatry, 138*, 456–465.［作者教两位访谈者使用四种访谈风格中的任何一种：（1）"传声筒"风格，访谈者的活动最少；（2）"积极心理治疗"试图探索情感，引出情感联系和意义；（3）采用主动交叉提问的"结构化"方式；（4）一种"系统性探索性"风格，同时高度使用以事实和感受为导向的技术。

Cox, A., Rutter, M., & Holbrook, D. (1981). Psychiatric interviewing techniques: V. Experimental study: Eliciting factual material. *British Journal of Psychiatry, 139*, 29–37.（这篇论文报告了上一篇文章的研究数据。其结论是："在临床诊断访谈开始时，最好是用一段较长的时间，较少地进行详细的询问，并允许知情者以自己的方式表达他们的担忧。"系统性提问是引出高质量事实的必要条件。"当访谈者对事实线索敏感和警觉，并谨慎地选择所使用的提问时，可以获得更好的数据。"）

Cox, A., Holbrook, D., & Rutter, M. (1981). Psychiatric interviewing techniques: VI. Experimental study: Eliciting feelings. *British Journal of Psychiatry, 139*, 144–152.（研究结果显示，不同的访谈方式可以用来引出患者的感受。同一种访谈方式既可以收集到好的真实信息，也可以激活情感表达。）

Cox, A., Rutter, M., & Holbrook, D. (1988). Psychiatric interviewing techniques: A second experimental study: Eliciting feelings. *British Journal of Psychiatry, 152*, 64–72.（研究结果显示，当访谈者使用"主动"的技巧时，如运用解释、情感反映和表达同情，情绪的表达得到了最大化。如果知情者的"自发表达率相对较低"，这一效应就更明显。）

筹备本书时参考的其他资料

Black, A. E., & Church, M. (1998). Assessing medical student effectiveness from the psychiatric patient's perspective: The Medical Student Interviewing Performance Questionnaire. *Medical Education, 32*, 472–478.

Booth, T., & Booth, W. (1994). The use of depth interviewing with vulnerable subjects. *Social Science and Medicine, 39*, 415–423.

Bradburn, N., Sudman, S., & Wansink, B. (2004). *Asking questions: The definitive guide to questionnaire design—for market research, political polls, and social and health questionnaires* (rev. ed.). San Francisco: Jossey-Bass.

Britten, N. (2006). Psychiatry, stigma, and resistance. *British Medical Journal, 317*, 963–964.

Budd, E. C., Winer, J. L., Schoenrock, C. J., & Martin, P. W. (1982). Evaluating alternative techniques of questioning mentally retarded persons. *American Journal of Mental Deficiency, 86*, 511–518.

Eisenthal, S., Koopman, C., & Lazare, A. (1983). Process analysis of two dimensions of the negotiated approach in relation to satisfaction in the initial interview. *Journal of Nervous and Mental Disease, 171*, 49–53.

Eisenthal, S., & Lazare, A. (1977). Evaluation of the initial interview in a walkin clinic. *Journal of Nervous and Mental Disease, 164*, 30–35.

Flores, G. (2005). The impact of medical interpreter services on the quality of health care: A systematic review. *Medical Care Research and Review, 62*, 255–299.

Folstein, M. F., Folstein, S. E., & McHugh, P. R. (1975). Mini-Mental State: A practical method for grading the cognitive state of patients for the clinician. *Journal of Psychiatric Research, 12*, 189–198.

Fowler, J. C., & Perry, J. C. (2005). Clinical tasks of the dynamic interview. *Psychiatry, 68*, 316–336.

Gardner, H. (1983). *Frames of mind: The theory of multiple intelligences.* New York: Basic Books.

Hamann, J., Leucht, S., & Kissling, W. (2003). Shared decision making in psychiatry. *Acta Psychiatrica Scandinavica, 107*, 403–409.

Harrington, R., Hill, J., Rutter, M., John, K., Fudge, H., Zoccolillo, M., et al. (1988). The assessment of lifetime psychopathology: A comparison of two interviewing styles. *Psychological Medicine, 18*, 487–493.

Jellinek, M. (1978). Referrals from a psychiatric emergency room: Relationship of compliance to demographic and interview variables. *American Journal of Psychiatry, 135*, 209–212.

Jensen, P. S., Watanabe, H. K., & Richters, J. E. (1999). Who's up first? Testing for order effects in structured interviews using a counterbalanced experimental design. *Journal of Abnormal Child Psychology, 27*, 439–445.

Kendler, K. S., Silberg, J. L., Neale, M. C., Kessler, R. C., Heath, A. C., & Eaves, L. J. (1991). The family history method: Whose psychiatric history is measured? *American Journal of Psychiatry, 148*, 1501–1504.

Koenigs, M., Young, L., Adolphs, R., Tranel, D., Cushman, F., & Hauser, M. (2007). Damage to the prefrontal cortex increases utilitarian moral judgments. *Nature, 446*, 908–911.

Lovett, L. M., Cox, A., & Abou-Saleh, M. (1990). Teaching psychiatric interview skills to medical students. *Medical Education, 24*, 243–250.

Meyers, J., & Stein, S. (2000). The psychiatric interview in the emergency department. *Emergency Medicine Clinics of North America, 18*, 173–183.

Miller, W. R., & Rollnick, S. (2013). *Motivational interviewing: Helping people change* (3rd ed.). New York: Guilford Press.

Pollock, D. C., Shanley, D. E., & Byrne, P. N. (1985). Psychiatric interviewing and clinical skills. *Canadian Journal of Psychiatry, 30*, 64–68.

Rogers, R. (2003). Standardizing DSM-IV diagnoses: The clinical applications of structured interviews. *Journal of Personality Assessment, 81*, 220–225.

Rosenthal, M. J. (1989). Towards selective and improved performance of the mental status examination. *Acta Psychiatrica Scandinavica, 80*, 207–215.

Stewart, M. A. (1984). What is a successful doctor–patient interview? A study of interactions and outcomes. *Social Science and Medicine, 19*, 167–175.

Torrey, E. F. (2006). Violence and schizophrenia. *Schizophrenia Research, 88*, 3–4.

Wilson, I. C. (1967). Rapid Approximate Intelligence Test. *American Journal of Psychiatry, 123*, 1289–1290.

Wissow, S. L., Roter, D. L., & Wilson, M. E. H. (1994). Pediatrician interview style and mothers' disclosure of psychosocial issues. *Pediatrics, 93*, 289–295.